新型微纳光电子器件

唐婷婷　李朝阳　著

科学出版社

北 京

内 容 简 介

本书内容涵盖各类基于新型材料和结构的光电子器件，采用超构材料、电光材料、磁光材料、热光材料及二维材料设计和制备了包括调制器、光开关、滤波器、传感器、光场调控器件在内的光电子器件。这些光电子器件的提出拓展了一些崭新物理现象的应用领域，如光自旋霍尔效应、磁光古斯-汉森效应等。

本书可作为光学、光电子技术和光通信等专业的高年级本科生、研究生，以及相关专业研究人员的参考书。

图书在版编目(CIP)数据

新型微纳光电子器件 / 唐婷婷, 李朝阳著. —北京:科学出版社, 2024.2
ISBN 978-7-03-069507-9

Ⅰ. ①新… Ⅱ. ①唐… ②李… Ⅲ. ①微电子技术–纳米技术–应用–光电子–电子器件–研究 Ⅳ. ①TN103

中国版本图书馆 CIP 数据核字 (2021) 第 159144 号

责任编辑：叶苏苏/ 责任校对：彭　映
责任印制：罗　科/ 封面设计：义和文创

科学出版社出版

北京东黄城根北街16号
邮政编码：100717
http://www.sciencep.com

四川煤田地质制图印务有限责任公司印刷
科学出版社发行　各地新华书店经销

*

2024 年 2 月第 一 版　开本：B5 (720×1000)
2024 年 2 月第一次印刷　印张：13 1/4
字数：275 000

定价：149.00 元
(如有印装质量问题,我社负责调换)

前　言

负折射率超材料(负折射率介质)的概念最早是由韦谢拉戈(Veselago)于 1968 年提出的。当平面波在这种介质中传播时,电场强度矢量 E、磁场强度 H 和波矢 k 三者满足左手定则,同时波矢 k 与坡印亭矢量 S 呈反向平行的关系,因此这种介质也被命名为"左手介质"、"向后波介质"或"负相速度介质"。由于不存在天然的负折射率超材料,所以这一概念一直没有得到人们的重视。直到 2001 年科学家们制作出了世界上第一块微波段的负折射率超材料,并从理论和实验两方面证明了其存在的合理性,负折射率超材料才以其独特的电磁特性开始成为人们关注的焦点。这种特殊介质可用来制造高定向性的天线、聚焦微波波束、实现"完美透镜"、用于电磁波隐身等,得到了全世界科学家的广泛关注。除了其独特的导波特性,还有很多其他特性,如反常多普勒效应、反切连科夫辐射、反光压效应等。基于这些反常特性,研究人员提出利用负折射率超材料制作小型微波天线、反向耦合器、反常布拉格光栅、相移器等新型器件。

本书紧跟微纳光电子器件研究的前沿,系统总结了作者十余年来以超材料和新型功能材料为基础设计的光电子器件,包括光通信器件、光场调控器件及光学传感芯片。本书从微纳光电子器件的不同用途来组织整理,全书结构合理,条理清晰。

本书在撰写过程中得到了课题组孙萍教授、罗莉副教授、梁潇博士的大力支持,在此表示感谢!由于作者水平有限,书中难免存在不足,敬请广大读者批评指正。

唐婷婷

2023 年 8 月

目　　录

第1章 绪 论

1.1 选 题 背 景

超材料(metamaterials,MTMs)是 20 世纪 60 年代首先由韦谢拉戈提出的假设模型[1,2],40 年后在微波范围内获得了实验证明[3-5]。虽然现代集成光子学领域的进展突飞猛进,但在缩小光子器件尺寸和以亚波长分辨率成像方面仍有待突破。而天然材料常受限于其光学特性,难以实现新的突破。超材料为克服现代光学、材料科学及其应用的局限性提供了新的途径。超材料是一种人工结构,其特性是天然材料无法具备的。这些人工材料本质上由精心设计的"亚原子"制成,亚原子的尺寸通常比常规原子大得多,又比入射光的波长小得多,从而使其具有特殊的光学性质。亚原子组合在一起后将产生新的自由度,进而操控光波。这种材料的特别之处是通过调整折射率、介电常数和磁导率,将光波引导到特定轨迹中,或者将某些振幅、相位或偏振特性施加到透射光或反射光上[6-15]。超材料与电磁场的反常相互作用,使超材料独具特点并有许多特别的应用,如利用负折射率超材料电磁特性制成的超透镜,以及利用各向异性人工超材料制成的超透镜及利用负极化率超材料制成的隐形装置等[16-18]。

负折射率超材料是指当平面波在其中传播时,电场强度矢量 E、磁场强度 H 和波矢 k 三者满足左手定则,所以负折射率超材料也被命名为左手介质(left-handed medium, LHM),相应的普通介质称为右手介质(right-handed medium, RHM)。在左手介质中,电场强度矢量 E、磁场强度 H 和坡印亭矢量 S 三者仍然满足右手定则,因此左手介质的波矢 k 与坡印亭矢量 S 呈反向平行的关系。韦谢拉戈把在左手介质中的波描述成"向后波",因此很多研究人员将左手介质称为"向后波介质"[19]或"负相速度介质"[20]。通过进一步的研究发现,当光从真空或其他普通介质入射到左手介质中时,在左手介质内部会发生负折射,即入射光线与折射光线位于法线的同一侧。这种现象可以通过定义左手介质的折射率为负来实现,即 $n = -\sqrt{\varepsilon\mu}$。另外,由于负折射率超材料的介电常数和磁导率可以部分为负,也可以全部为负,所以负折射率超材料可分为单负介质(single negative medium, SNM)[21]和双负介质(double negative medium, DNM)[22],其中单负介质又可以分为负介电常数(epsilon-negative, ENG)介质和负磁导率(mu-negative, MNG)介质。而右手介质的介电常数和磁导率均为正，因此又称为双正介质（double positive medium, DPM）。

研究人员通过相位匹配的方法来解释负折射现象。考虑如图 1-1 所示的两种介质的界面，其中介质 1 是正折射率介质。当平面波从介质 1 入射到界面时具有波矢 k_1，折射入介质 2 时具有波矢 k_2。根据波动量守恒的原则，它们的切向分量 k_{1t} 和 k_{2t} 是相等的。这样 k_2 的法向分量就有两种可能性了：一种是 k_2 远离界面传播，另一种是 k_2 类似于反射波靠近界面传播。这两种情况如图 1-1 中的"例 1"和"例 2"所示。根据能量守恒的观点，两种介质中坡印亭矢量 S_1 和 S_2 的法向分量必须保持在 x 轴的正方向。这样"例 1"描述的介质 2 就是普通的正折射率介质。然而如果介质 2 是支持向后波的负折射率超材料，那么波矢 k_2 的方向就必须与坡印亭矢量 S_2 相反，也就是说 k_2 的法向分量沿 x 轴的负方向。此时，介质 2 中的波矢可以用图中的"例 2"来表示，能量传播方向沿相位增加的方向，所以具有负的折射角。因此，可以认为介质 2 是具有负折射率的介质。

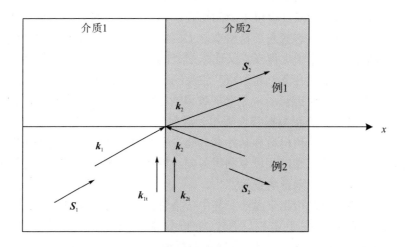

图 1-1   由相位匹配条件决定的两种介质界面的折射

1.2   超材料的研究进展

超材料在光学频段具有独特的电磁特性[23-27]。术语"超材料"早期主要与具有负折射率的新材料有关，现在涉及的应用更为广泛，可表示任何尺寸小于其工作波长的微纳结构材料，其将产生天然材料所不具备的新的光与物质的相互作用。目前，在微波、光学、声学领域均可以利用超材料获得所需特性以实现相关应用[28-30]。

虽然负折射率超材料有很多新奇的性质，但自然界中并不存在天然的负折射率超材料。因此，在负折射概念被提出后的 30 年里，这一学术假设并没有被人们所接受，而是处于几乎无人理睬的境地，直到 20 世纪末、21 世纪初才出现转机。

1999 年，英国科学家 Pendry[31,32]等通过一种巧妙的电介质棒和开口谐振环(split ring resonator, SRR)结构分别实现了负介电常数和负磁导率。从此以后，韦谢拉戈的理论假设逐渐被更多的人所接受，人们开始对这种新型材料产生更多的兴趣。

2000 年，美国物理学家根据 Pendry[31,32]的建议，将金属丝板和开口谐振环板(SRR 板)有规律地排列在一起，制作出了世界上第一块等效介电常数和等效磁导率同时为负数的介质[33]。2001 年，Shelby 等首次在实验上证实了当电磁波斜入射到左手介质材料与右手介质材料的分界面时，折射波方向与入射波方向在分界面法线的同侧[34]。该现象说明电磁波以负的折射角偏转，从而证明了负折射率超材料的存在。2001 年的实验突破为形成负折射率超材料的研究热潮奠定了历史性的基础。

2002 年底，麻省理工学院孔金甄教授等科学家从理论上证明了负折射率超材料存在的合理性[35,36]，并称这种人工介质可用来制造高定向性的天线[37,38]、聚焦微波波束[39]、实现"完美透镜"[40,41]、用于电磁波隐身[42,43]等。至此，负折射率超材料的应用才开始引起学术界、工业界尤其是军方的广泛关注。

2003 年是负折射率超材料研究获得多项突破的一年。美国西雅图波音幻影工厂(Boeing Phantom Works)的 C. Parazzoli 利用斯内尔定律(Snell law)从实验上证实了负折射现象的存在[44]；加拿大多伦多大学电机系的研究人员 G.V.Eleftheriades 在传输线模型中直接观测到了负折射定律[45,46]；艾奥瓦州立大学的 S. Foteinopoulou 也发表了利用光子晶体实现负折射率的理论仿真结果[47]；美国麻省理工学院的 E.Cubukcu 和 K.Aydin 在《自然》杂志发表文章，描述了电磁波在二维光子晶体中具有负折射现象的实验结果[48]。2003 年美国物理学会"三月年会"上，麻省理工的豪瞿教授和美国东北大学的帕里米教授的两个实验组亲自做实验演示，证明他们的确成功制备了折射率为负数的左手介质样品——一种楔形的三棱镜。当微波从一种介质进入这个三棱镜时，按照经典的折射定律可确定波的折射率的确为负数。他们同时证明了从点光源发出的波可以在一个矩形的左手介质平板中将发生聚焦(而来自点光源的光线在普通的平板玻璃中却是发散的)。这一证据证明了具有负折射率的"左手"物质确实能够聚光，应用具有负折射系数的左手材料制作"完美透镜"(又称"超级透镜")是完全可能的。几组物理学家在 2003 年 3 月举行的美国物理学会年会上发表的实验结果，为负折射率超材料的存在提供了有力的证据。因此，负折射率超材料被 2003 年 12 月 19 日出版的美国《科学》(Science)杂志评为"2003 年十大科学突破"之一。

近年来，各国科学家都在不断努力，试图将负折射率超材料从微波段扩展到光波段。由于光波段的金属不能再当作导体来处理，而应当作等离子体，因此不能简单地通过缩小微波段负折射率超材料的比例来获得光波段的负折射率超材料。目前已经有多种方式可以实现红外波段的负折射率超材料，包括改进的金属开口谐振环结构[49]、平行的纳米线对[50,51]、共振 Plasmonic[①] 球[52] 及混合的 Plasmonic 球和 Polaritonic[②] 球结构[53-55]。2007 年 10 月，普林斯顿大学的一个研究小组制作出一种由半导体介质做成的负折射率超材料[56]。它基于电介质响应的各向异性，利用介电常数在水平方向和垂直方向的不同来实现介质的负折射率。由于半导体制作的工艺成熟，成本较低，所以这一研究成果对于负折射率超材料的普遍应用具有十分重大的意义。2008 年，西北工业大学的一个研究小组提出一种基于树枝状单元的双负介质模型，制作出在红外波段磁导率、介电常数、折射率同时为负的新型材料[57]。同年 9 月，美国劳伦斯伯克利国家实验室张翔教授领导的研究小组在世界顶级杂志《自然》上发表文章，宣布他们通过级联的渔网结构成功获得了三维负折射率超材料[58]，从而为制作光波段的新型器件提供了有力保障。

在不同的科学领域，如场定位和亚波长聚焦，发现了超材料的另一个有趣应用，即近零折射率超材料。这种材料以其相对介电常数和磁导率实部为近零正值（即 0～1）或近零负值（-1～0）为特征，可分为近零介电常数(epsilon-near-zero，ENZ)超材料、近零磁导率(mu-near-zero，MNZ)超材料、近零介电常数和磁导率(mu and epsilon-near-zero，EMNZ)超材料三种。它在实际中的应用非常广泛：可用于调整光的相位，以获得准确定向的电磁束；实现光学纳米电路，约束电磁场，设计角滤波器，增强透射，产生反常隧穿效应，设计增强聚焦的新型透镜及实现基于散射消除的隐身装置等[59-67]。

ENZ 超材料在场定位和聚焦效应方面具有独特的电磁特性。在常规材料和 ENZ 超材料的界面上，为了匹配边界条件，电场的法向分量将会很大，从而使 ENZ 超材料在场约束、定位和亚波长分辨成像等方面独具潜力。由于超材料存在损耗，因此 ENZ 超材料中的透射光也不可避免地被大量吸收。而对于各向异性的 ENZ 超材料来说，情况则完全不同。2012 年，Feng 论证了光在空气-ENZ 波导结构中的反斯内尔(anti-Snell)定律折射现象，如图 1-2 所示，他提出利用各向异性的 ENZ 超材料的损耗可以增强光的透射，这是由于当材料损耗增加时，斜入射的传播损耗将相应减小[68]。这一预测由 Sun 等在银锗多层结构中得到实验证实[69]。2013 年，Daniel 等采用金属-ENZ-介质波导结构，不需要棱镜或光栅耦合器，在平面金属-介质界面产生了 p 偏振入射光和表面等离子体共振的直接耦合[70]，利用 ENZ 超材料实现了强电磁场局部化和对表面等离激元的超快控制，调制幅度达到

---

① 表面等离子体。
② 极化。

20%，实现了 ENZ 超材料在光开关领域的应用。2016 年，Reza Abdi-Ghaleh 等研究了 ENZ-磁光波导结构中透射光的磁光特性，并提出这种多层结构可以增强光的圆偏振(circular polarization，CP)滤波特性，从而可实现如 CP 滤波器的单向集成光子元件[71]。

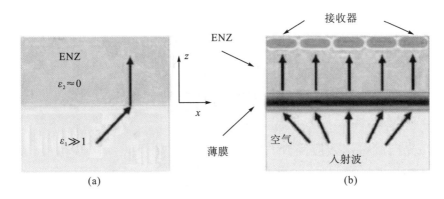

图 1-2　ENZ 超材料的光路图：(a)Feng 等的空气-ENZ 波导结构；(b)空气中不同方向的光入射到 ENZ 材料中

而 EMNZ 超材料因其磁导率和介电常数都接近于零，可与周围介质匹配，从而实现边界无反射和介质内部电场强度的均匀分布，因此在增强光的定向辐射[72]和辐射模式定型[73]方面的性能优于 ENZ 超材料，它可精确控制不同光束的辐射形状和功率分配，也可用于半模式微波滤波器[74]和完美相干天线[75]的设计。一般来说，EMNZ 的损耗会使透射光极大地衰减，而近期研究表明[76,77]，当光透过具有 EMNZ 超材料的波导结构时，因其具有各向异性的介电常数和磁导率，材料损耗将会增强 p 偏振光和 s 偏振光的透射，这为进一步研究超材料波导中的光学效应提供了理论支持。

除了 ENZ 超材料，还有一种特殊的超材料——双曲超材料(hyperbolic metamaterial，HMM)，它是极具各向异性的单轴材料，由一系列亚波长的薄金属层和介质层交替组成，它在垂直于单轴的方向上表现得像金属，而在其正交方向上则表现得像电介质。最初引入 HMM 超材料是为了克服光学成像[78]的衍射极限，而后基于其光子态密度的宽带奇异行为[79]衍生了一系列的现象和应用，包括超分辨率成像、隐身术[80]、量子电动效应增强、热超导性、超导性等[81-85]。而在集成光子学方面，由于其在金属和介质的界面处可激发表面等离子波，因此 HMM 得到了广泛的关注。2007 年，Grace 等首次提出由高掺杂 InGaAs 和本征 AlInAs 交替组成的基于半导体工艺的 HMM，厚度约为 9μm，其表现出强烈的各向异性介电常数，在红外长波区域内对所有入射角都呈现出负折射率的特性，负折射光谱区的带宽为 27%[86]。2012 年，Naik 等通过在硅衬底上交替沉积 16 层 ZnAlO/ZnO，形成了多层平面 HMM 结构，每层厚度约为 60nm。该结构在近红外光谱范围内实现了负折射率，并且品质因数比金属结构高 3 个数量级[87]。最近，Kalusniak 等采用重掺杂 ZnGaO 作为等离子成分生成 HMM，在通信波长范围内对非寻常光呈负折射率特性，并且其成像低于衍射极限[88]。

下一步，超材料的研究将集中在把负折射率超材料推广到更高频率的波段，尽可能减小材料的损耗，同时使负折射率超材料的制作工艺更加简单、成本更加低廉。

1.3　超材料波导中的物理现象

1.3.1　光自旋霍尔效应简介

1972 年，英伯特(Imbert)在实验中证实了费奥多罗夫(Fedorov)提出的全反射圆偏振光束在垂直入射面方向上会产生微小移动，即所谓的 Imbert-Fedorov(IF)效应[89]，其中光束横向移动就是 IF 位移。IF 效应的物理根源在于光束在反射和透射时光子集体的自旋-轨道相互作用，因而这一现象后来也称为光自旋霍尔效应(spin Hall effect of light, SHEL)。

2004 年，Onoda 等经过深入研究，提出了使用伯利(Berry)相位的相关理论来解释光自旋霍尔效应，并给出了计算其自旋分裂的完整理论表达式[90]。Onoda 等认为在不均匀的折射率介质中，Berry 相位的存在将导致波包质心在垂直折射率梯度的方向产生横向移动，这是光子自旋-轨道角动量相互作用的结果，且光子总角动量守恒。2006 年，Bliokh 等以傍轴光束传输理论为基础，推导论证了线偏振光束在垂直折射率梯度方向上会产生圆偏振分量的自旋分裂[91]。与电子的自旋霍尔效应相比，光自旋霍尔效应中的两种圆偏振光相当于自旋电子，而折射率梯度则相当于外场。一般情况下，光自旋霍尔效应中的光束分裂很小，通常仅有波长的几分之一，在实验上直接测量的难度很大[92]。2008 年，美国的 Hosten 等将量子力学中的弱测量(weak measurement)方法引入光自旋霍尔效应的测量中，首次从实验上测得玻璃棱镜透射光的自旋分裂值[93]。此后，研究者们陆续观测到其他许多结构中的自旋分裂[94,95]。此外，利用人工设计的纳米材料和超材料波导也可以使圆偏振光束的分裂变得很大[96,97]，这一现象在光子学、光通信、测量学和量子信息处理方面具有重要的应用潜力[98]。

1.3.2　光自旋霍尔效应的研究进展

近些年，湖南大学的文双春、罗海陆课题组在金属薄膜[99]、单层石墨烯[100]

等各种基本结构的光自旋霍尔效应方面做了大量的研究工作。2013 年，美国加州大学伯克利分校的张翔教授在 *Science* 上报道了利用光学超表面实现光自旋霍尔效应增强的成果[101]。由于超表面上相位的不连续性打破了系统的轴对称性，从而使圆偏振光横向位移增强的现象在垂直入射的情况下也可以被直接观察到。2016 年，Bliokh 等研究了单轴晶体板透射光的自旋霍尔效应并提出了单轴晶体的圆形双折射概念。相对于线性双折射，他们从理论和实验上证实了单轴晶体中的圆形双折射现象是光自旋霍尔效应的新例子[102]。2017 年，Kort-Kamp 研究了石墨烯族材料中光子自旋霍尔效应的拓扑相变，该成果发表在《物理评论快报》(*Physical Review Letters*) 上[103]。他的研究表明，外部静电场与高频圆偏振激光的结合可以实现对电磁波束位移的灵活调控，光自旋霍尔效应呈现出与自由空间辐射度、材料属性及非平凡拓扑性质相关的丰富依赖性。同年，中国科学院的罗先刚等在《光：科学与应用》(*Light: Science & Applications*) 上发表了在单个纳米孔径结构上实现宽带光自旋霍尔效应的研究成果[104]。以往的阵列型超表面受限于多个微元的集体响应，而单个结构无法实现类似功能。罗先刚等首次证明了单个非手性纳米孔可以用作超分子来实现巨大的光自旋霍尔效应。通过控制自旋相关的动量，该种纳米孔径可以在深亚波长量级完全控制相位梯度，从而形成光学超表面的独特构件。在应用方面，四川大学张志友课题组及湖南大学文双春课题组均做出了很好的尝试，如以光自旋霍尔效应弱测量为基础判定金属厚度[99]、石墨烯层数[100]、铁的磁光系数[105]、测量材料的手性[106]等。

近年来，本课题组集中研究了超材料波导中的光自旋霍尔现象。例如，2016 年我们研究了双曲超材料波导光子隧穿结构中的光自旋霍尔增强现象，在没有任何其他增强方式的情况下，自旋分裂的最大值可达 38 μm[107]。同年，我们还研究了含有 ENZ 超材料的三层光波导透射的光自旋霍尔效应，发现各向异性 ENZ 超材料的介电常数的虚部可显著影响自旋分裂[96]。2017 年，我们对各向异性 ENZ 超材料进行了扩展，首次研究了介电常数与磁导率均近于零的超材料薄板透射光的光自旋霍尔效应，发现该种超材料的光损耗能增大光自旋霍尔效应中的自旋分裂，这是一种非常新奇的现象[97]。同年，我们还研究了棱镜耦合的各向异性超材料波导中反射光的光自旋霍尔效应，结果表明减小波导损耗的同时增大超材料的各向异性可显著增强光自旋霍尔效应[108-110]。

1.3.3　古斯-汉森效应简介

几何光学理论指出，当光入射到不同透明介质组成的分界面时，会产生反射与折射现象。而这一过程中入射光与反射光之间的几种基本关系满足著名的斯内尔反射定律。但是随着对这一基本光学现象研究的逐渐深入，人们发现实际的情况要复杂许多，相较于经典的斯内尔反射定律，光在实际的反射过程中会出现如

图 1-3 所示的四种类型的非镜面反射现象，即①古斯-汉森（Goos-Hänchen，GH）位移，反射光在入射面内的移动；②GH 角位移，入射面的反射角偏转；③英伯特-费奥多罗夫（Imbert-Fedorov，IF）位移，反射光在垂直入射面方向上的横向移动；④IF 角位移，反射角在垂直入射面方向的偏转[92]。其中，GH 位移由 F. Goos 和 H. Hänchen 于 1947 发现并进行了实验验证。上述四种效应自提出以来，一直是经久不衰的研究热点[103]。

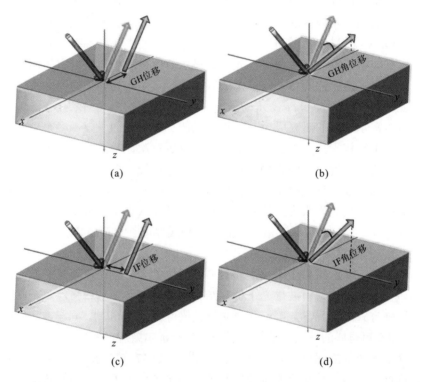

(a)

(b)

(c)

(d)

图 1-3　四种非镜面反射现象：(a) GH 位移；(b) GH 角位移；(c) IF 位移；(d) IF 角位移

上述四种非镜面反射均与入射光的偏振态有关，但区别在于 GH 位移的本征偏振态为线偏振，IF 位移的本征偏振态为圆偏振。最初，人们将上述现象产生的根源都归结于光反射时部分光能量能透入第二层介质的一个薄层范围内，形成迅衰场后在入射面内或垂直入射面传输很短距离后再返回第一层介质，即只考虑全反射的情况。后来在研究过程中人们逐渐发现，GH 位移同样可以发生在部分反射、共振耦合等情况中。而在对 IF 位移的研究过程中，人们逐渐发现其并不仅是简单的反射、透射现象，而是与光子动量、角动量守恒有关的，因此后来 IF 效应也称为光自旋霍尔效应。一般情形下的 GH 位移与 IF 位移是非常微小的，如空气-玻璃界面处，因此两种效应的实验测量及应用存在较大的难度。

2008 年，Hosten 等为光自旋霍尔效应的测量做出了里程碑式的工作，他们成功地将量子力学中的弱测量方法应用到光自旋霍尔效应的测量中[93]，使得微小的自旋分裂得到显著放大，并较为精确地测量出了玻璃棱镜中透射光的 SHEL 位移值。在此之后，各种情形下的光自旋霍尔效应的实验测量工作迅速展开。2013 年，类似的弱测量方法也引入了 GH 位移的测量中[111]。本章重点介绍 GH 位移，其研究进展将在后面详细论述。

1.3.4　古斯-汉森位移的研究进展

多年来，人们对于 GH 位移的研究可大致分为三个方面：利用各种光学结构对 GH 位移进行增强[110,111]、使用特殊材料结合外部因素实现对 GH 位移的灵活调控[19,20,112]、利用 GH 位移设计各类光学器件[92,113,114]。

第一，GH 位移提出不久后，T. Tamir 等的研究表明由不同材料构成的多层光学结构表面可以使反射光的 GH 位移得到明显增强，其值可达到光束宽度的量级[115]。后来发现，在半导体[116]、表面等离子波导[117]、泄漏波导[118]、非对称双棱镜[119]、双金属波导[120]等诸多结构中都可以产生增强的 GH 位移。第二，在GH 位移的调控方面人们也做了大量工作。2006 年，M. Peccianti 等研究了向列型液晶结构中的可调 GH 位移[117]。2013 年，上海交通大学曹庄琪课题组将磁流体引入双面金属包覆波导的导波层中，实现了全光可调的 GH 位移[121]。2015 年，本课题组系统研究了棱镜耦合的磁光波导结构中磁场可调的 GH 位移[122]，并提出了磁光古斯-汉森位移的概念。最近，若干文献报道了太赫兹波在含有单层石墨烯或石墨烯条带等结构中电可调的 GH 位移[112,122]。第三，人们利用 GH 位移已经设计出一些光学器件。例如，上海交大曹庄琪教授课题组利用双面金属波导超高阶导模增强的 GH 位移分别设计了位移传感器、温度传感器、振荡场折射率传感器、湿度传感器等[123-125]。

1.4　本　章　小　结

本章介绍了超材料的研究进展和独特性能，阐述了超材料波导中光自旋霍尔效应和 GH 位移的原理，同时，详细介绍了针对金属薄膜、单层石墨烯等的光自旋霍尔效应和 GH 位移研究。

第2章　超材料波导及器件的基础理论

　　自然界存在的电介质可通过外加电场产生的原子和分子级的局部电磁相互作用而引起宏观响应，并可用介电常数和磁导率来描述。这些参数只在晶格展现出某种空间上的有序，并且在波长比晶格间距要大得多时才有意义。所以，合成特殊材料参数必须接近散射体本身，如原子和分子，其对精确度的要求使这项工作变得异常困难。尽管如此，长波长条件在尺度上比原子和分子量级条件要容易实现得多。对于足够长的波长，如射频或微波频率，电磁散射体的尺寸是完全可以实现的，它还会像晶格的原子和分子一样对所加电场做出响应。此外，当波长比障碍物间距大得多时，这些有序的电磁散射体阵列就会表现为具有电介质特征的有效介质并展现出电介质的特性。这种介质称为人工介质，负折射率超材料就是基于人工介质原理实现的。

　　名词"人工介质"是1948年由贝尔实验室的 Winston E. Kock 提出的，他发现可以设计出某种尺寸的电磁结构来模拟自然界固体对电磁辐射的响应[126]。由于大型器件生产迫切需要能够替代自然介质的轻型低损耗新型介质，所以 Kock 的想法得到了极大的支持。他的早期研究包括利用大型金属透镜构成的平行金属平面设计天线，从而代替笨重的电介质透镜天线[127,128]。采用类似于堆栈的电磁波导，Kock 的金属透镜具有超光速的相速度，增加了真空中输入电磁波的相位。除此之外，波长大于平板间隙的光波在该透镜中的有效折射率为正且小于 1。不久后，Kock 意识到相位增强的金属透镜仅是广泛的电磁结构中的一种，毋庸置疑，这些电磁结构在某些频率上与其对应的电介质具有一定的相似性。为了设计具有相位延迟的透镜，Kock 分析了金属结构和自然界电介质对电磁响应的相似度。首先，他注意到如果人工介质具有类似于自然介质的折射特性，那么波长必须比晶格间距长得多。在长波长领域，人工介质的周期性扰动与波长相比是很小的，所以可以根据定义设计出宏观的有效介质参数。类似于入射到固体的 X 射线，当介质的波长与晶格间距可比拟时，将发生衍射现象。以上每种情况都暗示着导体平面的晶格类似于固体晶体的晶格。Kock 注意到这种晶格的每一个导体元都类似于电偶极子，在电场的影响下发生极化并产生新的电偶极矩。Kock 的人工介质实验是由导线、球和磁盘组成的，结果表明人工介质具备自然介质的特性，包括各向异性、由衍射引起的散射和频率色散(包括反常色散)，这意味着人工介质和自然介质一样具有类似的特性和多样的结构。Kock 从实质上认识到了在微波、太赫兹或远红外波段的应用中自然介质并不是必不可少的，因为这些频率相应的波长对于制作人工介质而言已经足够长了。从这个意义上讲，人工介质与如今光子晶体之间的关系非常密切。光子晶体的折射率也是由空间介质的周期性决定的，并且对于特定频率或特定传播角度的光具有禁带，这类似于固体介质中的能带。

2.1　负介电常数和负磁导率的实现机理

众所周知，当等离子体低于等离子体共振频率 ω_p 时具有负的介电常数，此时等离子体的传播常数变成虚数。在这个频率段，当电磁波入射到等离子体上时，反射波会在等离子体中被大幅衰减。此时的等离子频率就类似于特定电磁波导模式的截止频率，低于这个频率可以认为波导是感应的负载自由空间，R. N. Bracewell 在 1954 年观察到了这一现象[129]。1962 年，Walter Rotman 开始研究并利用人工电介质制作等离子体模型[130]，他考虑了 Kock 的人工电介质，并采用周期微波网络理论来确定其色散特性。然而他的理论无法精确地考虑介质的介电常数，而仅局限于介质的折射率。Rotman 还注意到如果磁导率与自由真空中的相近，那么各向同性的等离子体可以通过一个折射率小于 1 的介质来建模。包含球和圆盘的介质因其中的导体包含物与所加电场方向垂直，所以它们有限的尺寸使有效介质产生了抗磁性的响应。棒状的电介质或导电的线介质，它们是由沿入射电场方向的细线棒组成。这种介质的色散特性非常像等离子体。尽管上述很多工作都暗示了负介电常数的存在，但一直到 Rotman 的电介质棒被重新发现时，才清楚为什么线介质类似于等离子体[131]。

很明显，构建任何微波段的电磁材料都依赖于金属的特性。实质上，金属由自由电子离子化的气体组成，可以认为它是等离子体。当电磁波长低于其等离子频率时，可以认为金属体材料介电常数的实部是负的。尽管如此，金属的等离子频率一般是在电磁光谱波长非常短的紫外区域。由于微波段人工电介质要求的波长较长，这一条件就使金属无法应用于微波波段。尽管金属在低于等离子频率的介电常数为负，但是介电常数虚部的存在通常会带来极大的损耗。因此，为了实现微波频段低损耗的负介电常数，有必要降低金属的等离子频率。

这一问题被 Pendry 等解决了[132,133]，他们提出与 Rotman 相同的结构，即置于周期晶格中的非常薄的导体线网格，并且从一个新的角度进行了研究。由于细线对电子的空间限制，结构的电子有效体密度被降低了，同时等离子频率也同样降低了。尽管如此，更重要的是线列的自感应系数证实了它能够将电子限制在线中的超强能力。这种超强能力将结构的等离子频率降低到了吉赫兹(GHz)量级。这样，金属线的阵列因其宏观类似于等离子的特性，产生了微波段的负有效介电常数。

在排除自然各向同性介质实现负磁导率的可能性之前，韦谢拉戈（Veselago）讨论了这种物质的本质。他想象了一种具有磁等离子频率的磁荷气体，在该频率下可认为磁导率是负的。这个障碍物当然是组成微粒本身——假想的磁荷。在合成负有效介电常数的过程中，Pendry 和 Rotman 利用的都是人工介质与简单自然介质相同的电动力学特性。实际上，正如韦谢拉戈本人所认识到的一样，合成各向同性的负磁导率介质是很困难的，也没有先例。

1999 年，Pendry 等[134]制作出了一种具有奇特磁学特性的微结构人工介质，发现其类似于线网介质的磁学特性，其中磁场和电流沿着线的轴向方向。因此，这种介质具有严格的抗磁性，并且其磁导率随着线直径的减小趋近并达到自由空间的值。如图 2-1 所示，内置的围绕圆柱中心轴的柱形电磁结构的功能类似于平行板电容器。Pendry 等发现了一个非常重要的特性。图 2-1 中描述的开口谐振环（split ring resonator, SRR）之间具有相当大的电容，所以表现出非常强的电场。除此之外，虽然电流不能穿越间隙，但垂直于环所在平面的磁场使两个环同时具有电流。合成的电容沿圆柱结构自然感应系数的方向产生了一个谐振响应，其相对有效磁导率的形式如下：

$$\mu_{\text{eff}} = 1 - \cfrac{\pi r^2 / a^2}{1 - \cfrac{2l\,\mathrm{j}\rho}{\omega\rho\mu_0} - \cfrac{3l}{\pi^2 \mu_0 \omega^2 C r^3}} \tag{2-1}$$

式中，r 为 SRR 的半径；a 为同一个平面的 SRR 的晶格间距；l 为平面之间的距离；ρ 为金属片的电阻损耗；C 为金属片之间的电容。从 μ_{eff} 的表达式可以清楚地看到，由 SRR 阵列所构成人工介质的有效磁导率在谐振频率附近达到非常大的值，并且只受电阻损耗量的限制。这个谐振频率为

$$\omega_0 = \sqrt{\frac{3l}{\pi^2 \mu_0 C r^3}} \tag{2-2}$$

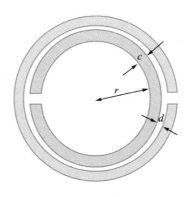

图 2-1   开口谐振环

　　尽管如此，μ_{eff} 看起来具有另一个更大的优点：当式 (2-1) 右边第二项大于 1 时，有效磁导率变成了负数。此时，有效磁等离子频率 ω_{mp} 为

$$\omega_{\text{mp}} = \sqrt{\frac{3l}{\pi^2 \mu_0 C r^3 \left(1 - \dfrac{\pi r^2}{a^2}\right)}} \tag{2-3}$$

　　在空气中的 SRR 阵列具有由 ω_0 和 ω_{mp} 确定的频率禁带，这意味着有效磁导率在这个区域为负。虽然这个现象存在的频率段很窄，但是磁等离子频率可以存在于 GHz 的波段。这样，Pendry 等提出的完全由无磁介质组成的 SRR 阵列就成功模拟了人工磁等离子体，并在微波段实现了负的有效磁导率。

　　如图 2-1 所示，其中，r 为小开口谐振环的内环半径，c 为小环的厚度，d 为两环间的间隙长度。Pendry 等制作了两种独特的电磁结构，一种是 Rotman 的电介质棒并发现其类似微波段等离子体的性质，其 $\varepsilon < 0$；另一种是微波段的 SRR，其 $\mu < 0$。随后，他们与加州大学圣地亚哥分校的 Smith 等合作实现了最早利用导体线和 SRR 组成的左手介质[135-137]。为了制作简单，可以采用标准的微波材料。将 SRR 铜环平面放置在玻璃纤维衬底上，大量这样的板又可以集合成一个周期阵列。这个研究小组制作了对称的 SRR 阵列，通过仿真并通过一维和二维的传输实验，确保了 SRR 在垂直于环的方向具有负磁导率。尽管如此，空气中的 SRR 阵列在谐振频率附近具有一个禁带，但这还不能说明其最终具有负磁导率，因为 SRR 介质同样具有电响应。Smith 等采用将 SRR 阵列插入印刷线介质中，这样在有效等离子频率下具有负介电常数。事实上，他们的仿真和实验揭示了 SRR 阵列在谐振频率和等离子频率确定的某个传播区域具有负的有效磁导率。更有趣的是，合成的金属线和 SRR 材料同时具有负的有效介电常数和磁导率，从而形成了左手介质。

　　应该注意到，Smith 等采用与方程式 (2-1) 不同的有效磁导率方程，保证了相对有效磁导率在频率无限大时达到单位 1。这个表达式为

$$\mu_{\text{eff}} = 1 - \frac{F\omega_0^2}{1 - \omega^2 - \omega_0^2 - \text{j}\omega\Gamma} \tag{2-4}$$

$$\varepsilon_{\text{eff}} = 1 - \frac{\omega_{\text{ep}}^2}{1 - \omega^2} \tag{2-5}$$

　　在制作出有效介电常数和磁导率为负的介质后，下一步工作就是确定它是否具有负的有效折射率。2001 年，Shelby 和 Smith 等在《自然》杂志上发表文章，报道了合成的金属线和 SRR 介质具有负折射率[33]。如图 2-2 所示，方形的 SRR 印在玻璃纤维衬底的一面上并与另一面的导体线耦合，这样每个板被集合在一起形成二维周期棱柱状的方形晶格，并将其放置在空气中。当频率为 10.5GHz 的微波以 18.43° 的角度入射时，会以 -61° 的角度射出。根据斯内尔定律，介质的折射

率为 −2.7。当谐振频率为 10.5GHz 时，介质的带宽为 500MHz 或 5%，在这个频带内，折射率为负。

图 2-2　金属线和开口谐振环

这是由加州大学圣地亚哥分校的研究小组首次实现的双负介质，韦谢拉戈的研究成果再次进入了科研人员的视野中。

2.2　红外波段负折射率超材料

最早的负折射率介质是在微波段实现的，近年来红外波段的负折射率超材料也逐步被制作出来。下面介绍四种红外波段负折射率超材料的实现方案。

2.2.1　简单的短线对

用有限长度的线对不仅可以取代 SRR 作为磁谐振器，在同样的频率下还可以同时实现介电常数为负，从而得到负的折射率[49]。虽然这种方式不需要其他连续的线，但是使用有限金属线对来达到负的介电常数和磁导率的条件是非常严格的。

这种基本的线对单元胞如图 2-3[51]所示。在线对的排列上，常用的 SRR 被一对简单的平行线所取代，并且保留了连续的线。短线对是由一对被厚度为 t_s 的电介质间隔物分开的金属片对组成的，它实际上是一个双隙的 SRR 结构被展平形成的线对排列。入射电磁波波矢和极化方向如图 2-3 所示，短线对具有电感性(沿短线方向)和电容性(在接近短线对的高低两端之间)，并且能够提供产生负磁导率的磁谐振。短线对的感应系数 L 是近似给出的，例如，对于平行板 $L = \mu_0 (l \cdot t_s)/w$，其中，$\mu_0$ 为真空磁导率，l 为短线的长度，w 为宽度，t_s 为两条线之间的间距。短线对上下两半的电容可由两个平板的电容器公式 $C = \varepsilon_r \varepsilon_0 (l \cdot w)/4t_s$ 确定，其中，ε_0 为真空介电常数，ε_r 为两线间区域的相对介电常数。此时磁谐振频率为

$$f_m = \frac{1}{2\pi\sqrt{LC}} = \frac{1}{\pi l}\frac{1}{\sqrt{\varepsilon_r \varepsilon_0 \mu_0}} = \frac{c_0}{\pi l \sqrt{\varepsilon_r}} \tag{2-6}$$

式中，c_0 为真空中的光速。从式中可以看出，磁谐振频率与线对的长度成反比，但与线的宽度和间距无关。

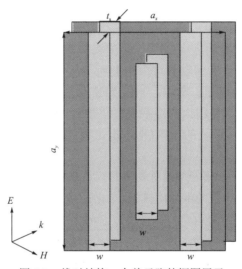

图 2-3　线对结构一个单元胞的框图展示

　　然而，简单的短线对结构却很难得到负的折射率，这是因为短线的电谐振频率通常在磁谐振频率之上，从而阻止了介电常数 ε 与磁导率 μ 同时为负。为了使材料折射率为负，短线对应该与连续的线格连接从而得到负的介电常数，因此在短线对的两端放置两条另外的连续线。如果在三个方向上重复此基本周期结构，负折射率超材料就得以实现了。

　　仿真结果显示这种短线对与连续的线相连接的结构可以用来制作红外波段的负折射率超材料，同时还可以改进或改变负折射率超材料的特性[51]。短线对以其独特的几何结构形成了负折射率超材料，使得制作光频段负折射率超材料的工作得到了极大简化。

　　这个短线对结构比常用的 SRR 结构具有更加显著的优点，它采用平行板结构，故可以采用微加工技术来制作。除此之外，制作短线对负折射率超材料可以直接使用集成电路中复杂的多级互连方式，这就实现了工艺上的兼容，负折射率超材料的制作成本和复杂程度都被极大地降低了。

2.2.2　镀膜的 Polaritonic 球

　　三维的电介质球可以实现红外波段的负磁导率，其中负磁导率是由球中的泄漏谐振腔激发的。这些局部谐振可以通过介电常数很大的无磁谐振球来实现。磁偶极子谐振通常很微弱，可以通过使用介电常数较大的材料来引起谐振。然而，材料原本很大的介电常数在接近红外频率波段时迅速减小，而晶体或剩余射线区的 Polaritonic 谐振可以在红外波段满足这个条件。Polaritonic 材料的相对介电常数为[53]

$$\varepsilon_r(\omega)=\varepsilon(\infty)\left(1+\frac{\omega_L^2-\omega_T^2}{\omega_L^2-\omega^2-i\omega\gamma}\right) \tag{2-7}$$

式中，$\varepsilon(\infty)$ 为介电常数的高频极限；ω_T 为横向光声子频率；ω_L 为纵向光声子频率；γ 为衰减常数[138]。这些参数可由利戴恩-萨克斯-特勒 (Lyddane-Sachs-Teller) 关系 $\omega_L^2/\omega_T^2=\varepsilon(0)/\varepsilon(\infty)$ 确定，其中，$\varepsilon(0)$ 为静态介电常数，可以选择 LiTaO$_3$ 球来实现。由于 LiTaO$_3$ 球具有很大的静态介电常数 $\varepsilon(0)$，所以这个很大的介电常数在球的磁偶极矩下产生了强烈的谐振(不一定是材料的谐振)，并且使它更容易产生负的有效磁导率[46]。

　　为了实现介电常数和磁导率同时为负的双负介质，可以将上述 LiTaO$_3$ 球镀上一层薄的德鲁德(Drude)模型的半导体材料，如图 2-4[130]所示。德鲁德色散模型如下：

$$\varepsilon_r(\omega)=1-\frac{\omega_p^2}{\omega^2-i\omega\gamma} \tag{2-8}$$

式中，ω_p 为等离子共振频率。满足该模型的金属和半导体都可以在特定频段实现负的介电常数。为了实现介电常数和磁导率在同一频段均为负值，可以在介质球的核心$(r<r_1)$实现 $\mu_r^{eff}<0$，而在镀膜的包层$(r_1<r<r_2)$实现 $\varepsilon_r^{eff}<0$。

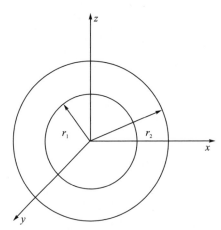

图 2-4　镀膜 LiTaO$_3$ 球的结构示意图

这种由镀膜 Polaritonic 球组成的人工材料在红外波段具有负折射率，结构简单，易于实现。下一步的工作将集中在如何实现制作具有这种结构的双负介质。目前，直径为 20nm 的类似洋葱的多层球和镀膜的非晶体已制作成功，较大的镀膜球也已经实现。这里必须指出，由于长波近似的限制，实际晶格和高度的周期性在该结构中并不是必需的。而对于该结构而言，填充系数和介质球密度更加重要[139]。

2.2.3　半导体负折射率超材料

2007 年 10 月，普林斯顿大学的一个研究小组制作了一种由半导体介质做成的负折射率超材料[49]。这种介质基于电介质响应的各向异性，利用介电常数在水平方向和垂直方向的不同来实现介质的负折射率。由于半导体制作工艺成熟，成本较低，因此这一研究成果对于负折射率超材料的普遍应用具有十分重大的意义。

半导体负折射率超材料(semiconductor negative index material, SNIM) 采用 n^+-InGaAs/i-AlInAs 异质结的结构，即 n 掺杂的 InGaAs 与离子注入的 AlInAs 异构材料构成的异构结，其相对磁导率为 1，相对介电常数具有各向异性，其张量形式如下：

$$\vec{\varepsilon} = \varepsilon_0 \begin{pmatrix} \varepsilon_\perp & 0 & 0 \\ 0 & \varepsilon_\perp & 0 \\ 0 & 0 & \varepsilon_\parallel \end{pmatrix} \tag{2-9}$$

式中，$\varepsilon_\perp < 0$，$\varepsilon_\parallel > 0$。根据文献[140]的理论研究结果，当强各向异性的电介质材料在两个方向上的介电常数符号相反时，介质中传播的横磁模(transverse magnetic mode，TM 模) 具有负的折射率。这里要求的强各向异性是利用折射率为正和折射率为负的介质层交错排列来实现的。当入射 TM 波的波长大于临界波长 $\lambda_0 = 10.1\,\mu m$ 时，介质的折射率为正；而当入射 TM 波的波长为 $10.1\,\mu m < \lambda < 13.5\,\mu m$ 时，介质对所有入射角的 TM 波都具有负折射率。半导体负折射率超材料采用非掺杂的 $Al_{0.48}In_{0.52}As$ 介质层与 n 掺杂的 $Ga_{0.47}In_{0.53}As$ 介质层交错排列，每层厚度为 80nm，并通过分子束外延法生长在 InP 衬底上，总的厚度大约为 $8\mu m$。实际操作中，介质层厚度需要足够大以避免系统的能级量子化效应，同时还要小于入射波长以便可以利用有效介质近似的方法计算介质层的折射率。其中，n^+-InGaAs/i-AlInAs 异质结的有效介电常数张量可以通过 AlInAs 层的介电常数和掺杂的 InGaAs 的德鲁德模型得到[141]。这样，有

$$\varepsilon_{AlInAs} = \varepsilon_{\infty\text{-}AlInAs} \tag{2-10}$$

$$\varepsilon_{\text{InGaAs}}(\omega) = \varepsilon_{\infty\text{-InGaAs}} \left[1 - \frac{\omega_p^2}{(\omega^2 - i\omega/\gamma)} \right] \tag{2-11}$$

式中，介质层的高频介电常数为 $\varepsilon_{\infty\text{-AlInAs}} = 10.23$，$\varepsilon_{\infty\text{-InGaAs}} = 12.15$；$\omega_p$ 为等离子频率；衰减系数 $\gamma = 0.1 \times 10^{-12}\ \text{s}^{-1}$。当 $\lambda = \lambda_0$ 时，$\varepsilon_{\infty\text{-InGaAs}} = 0$，其中，$\lambda_0$ 随着掺杂浓度 n_d 的增加而减小。多层结构的有效介电常数张量是单轴各向异性的，AlInAs 和 InGaAs 的相对介电常数分别为 ε_1 和 ε_2，$\varepsilon_\perp$ 和 $\varepsilon_\parallel$ 与它们的关系如下：

$$\varepsilon_\perp = \frac{2\varepsilon_1\varepsilon_2}{\varepsilon_1 + \varepsilon_2} \tag{2-12}$$

$$\varepsilon_\parallel = \frac{\varepsilon_1 + \varepsilon_2}{2} \tag{2-13}$$

式中，$\varepsilon_1 = \varepsilon_{\infty\text{-AlInAs}}$，$\varepsilon_2 = \varepsilon_{\text{InGaAs}}(\omega)$。当频率远大于 InGaAs 层的等离子频率时，$\varepsilon_\perp$ 近似等于 $\varepsilon_\parallel$，这时多层结构表现为各向同性的介质，其有效介电常数为 $(\varepsilon_{\text{AlInAs}} + \varepsilon_{\text{InGaAs}})/2$。随着波长的增加，当频率接近各向同性 InGaAs 层的等离子频率时，多层结构的 $\varepsilon_\perp$ 逐渐减小，最终当 $\lambda > \lambda_0$ 时，$\varepsilon_\perp$ 变为负，如图 2-5 所示为介电常数分量与波长的变化关系。

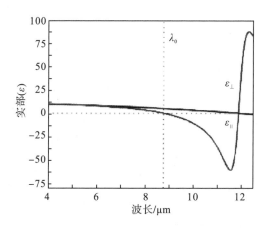

图 2-5 半导体负折射率超材料的色散曲线

2.2.4 树枝状单元结构

2008 年，西北工业大学的一个研究小组提出了一种基于树枝状单元(dentritic cells)的双负介质模型，制作出在红外波段磁导率、介电常数、折射率同时为负的新型材料[57,142]。通过电化学沉积法在导体玻璃衬底上沉积了银质树枝单元，并使用平板电极得到了大面积的银质树枝单元，如图 2-6 所示[57]。在这个过程中，通过适当调节所加电压、电解质浓度和沉积时间可以得到大小不同的银质树枝单元，从而实现了在红外波段的负折射率介质。同时，利用两个银质树枝单元形成了一种类似三明治的结构，其在同样的电压下沉积，其中一个单元镀聚乙烯醇薄膜。在制作过程中，将两个样品面对面黏合，并采用硅树脂对其中的缝隙进行密封。该方法发展了无序结构平板电极化学电沉积法，制备出多响应频带、低损耗、大尺寸的红外波段双负介质。银质树枝结构样品在红外波段 1.28～2.60 μm 波长范围内，出现峰高为 11%～59% 的多频带透射通带谱，具有明显的平板聚焦效应[142]。与由上向下的刻蚀技术相比，该方法的制备工艺简单、易于大面积制作、成本低廉，应用前景十分广泛。

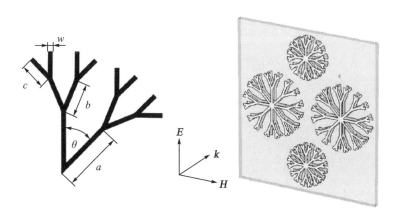

图 2-6 双负介质的随机树枝单元模型

图中 a、b、c 为树枝模型各部分长度，w 为宽度，θ 为各单元间夹角

由于双负介质能够降低光速甚至使传播的光停下来，所以数据储存和处理方式完全发生了改变，因此成为了研究的热点。如果采用树枝状单元结构形成的负折射率超材料制作透明楔形光学波导，那么能够使可见光在很宽频段内以非常小的损耗使传播停止，这在信息处理系统和通信网络中非常有用[143]。

2.3 负折射率超材料平板波导的基本特性

2.3.1 ENG-MNG 介质组合形成的大孔径单模波导

考虑如图 2-7 所示的由两种介质构成的平板波导，其边界为完美导体平面。两个介质的厚度分别为 d_1 和 d_2，电磁参数分别为 ε_1、μ_1 和 ε_2、μ_2。

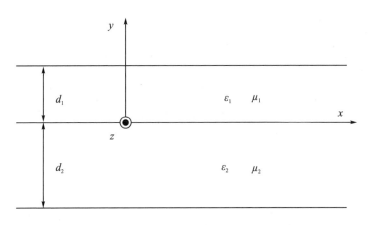

图 2-7　填充单负折射率超材料的双层平板波导

选择 x 方向为导波的传播方向，根据 $y=d_1$ 和 $y=-d_2$ 的边界条件，可得横电模(transverse electric mode，TE 模)的电场和磁场表达式分别为

$$E^{\mathrm{TE}}=\begin{cases}\hat{z}E_0^{\mathrm{TE}}\,\mathrm{e}^{-\mathrm{j}\beta_{\mathrm{TE}}x}\sin\left(k_{\mathrm{t2}}^{\mathrm{TE}}d_1\right)\sin\left[k_{\mathrm{t1}}^{\mathrm{TE}}\left(d_1-y\right)\right],&y>0\\\hat{z}E_0^{\mathrm{TE}}\,\mathrm{e}^{-\mathrm{j}\beta_{\mathrm{TE}}x}\sin\left(k_{\mathrm{t1}}^{\mathrm{TE}}d_2\right)\sin\left[k_{\mathrm{t2}}^{\mathrm{TE}}\left(y+d_2\right)\right],&y<0\end{cases}\tag{2-14}$$

$$H^{\mathrm{TE}}=\begin{cases}\mathrm{j}\hat{x}\omega^{-1}E_0^{\mathrm{TE}}\,\mathrm{e}^{-\mathrm{j}\beta_{\mathrm{TE}}x}-\mu_1^{-1}k_{\mathrm{t1}}^{\mathrm{TE}}\sin\left(k_{\mathrm{t2}}^{\mathrm{TE}}d_2\right)\cos\left[k_{\mathrm{t1}}^{\mathrm{TE}}\left(d_1-y\right)\right]-\hat{y}\omega^{-1}\beta_{\mathrm{TE}}E_0^{\mathrm{TE}}\,\mathrm{e}^{-\mathrm{j}\beta_{\mathrm{TE}}x}\\\times\mu_1^{-1}\sin\left(k_{\mathrm{t2}}^{\mathrm{TE}}d_2\right)\sin\left[k_{\mathrm{t1}}^{\mathrm{TE}}\left(d_1-y\right)\right],&y>0\\\mathrm{j}\hat{x}\omega^{-1}E_0^{\mathrm{TE}}\,\mathrm{e}^{-\mathrm{j}\beta_{\mathrm{TE}}x}\,\mu_2^{-1}k_{\mathrm{t2}}^{\mathrm{TE}}\sin\left(k_{\mathrm{t1}}^{\mathrm{TE}}d_1\right)\cos\left[k_{\mathrm{t2}}^{\mathrm{TE}}\left(y+d_2\right)\right]-\hat{y}\omega^{-1}\beta_{\mathrm{TE}}E_0^{\mathrm{TE}}\,\mathrm{e}^{-\mathrm{j}\beta_{\mathrm{TE}}x}\\\times\mu_2^{-1}\sin\left(k_{\mathrm{t1}}^{\mathrm{TE}}d_1\right)\sin\left[k_{\mathrm{t2}}^{\mathrm{TE}}\left(y+d_2\right)\right],&y<0\end{cases}$$

$$\tag{2-15}$$

式中，E_0^{TE} 为该模式的振幅；$k_{ti}^{\mathrm{TE}}=\sqrt{k_i^2-\beta_{\mathrm{TE}}^2}$，$k_i^2=\omega^2\mu_i\varepsilon_i$，$i=1$，2。通过对偶性可以得到相应 TM 模的场分布表达式。对于 ENG 和 MNG 介质的平板波导，介电常数和磁导率其中一个参数为负，因此有 $k_i^2<0$。对于 β 为实数的导模，k_{ti} 始终为虚数。而对于 DPM 和 DNM 平板波导，$k_i^2>0$，k_{ti} 为实数或虚数取决于 β 的大小。方程式(2-13)和式(2-14)及相应 TM 模的场分布表达式在上述任意情况下都是有效的。根据 $y=0$ 界面上电场和磁场切向分量的边界条件可以得到 TE 模和 TM 模的色散方程如下：

$$\frac{\mu_1}{k_{\mathrm{t1}}^{\mathrm{TE}}}\tan\left(k_{\mathrm{t1}}^{\mathrm{TE}}d_1\right)=-\frac{\mu_2}{k_{\mathrm{t2}}^{\mathrm{TE}}}\tan\left(k_{\mathrm{t2}}^{\mathrm{TE}}d_2\right)\tag{2-16}$$

$$\frac{\varepsilon_1}{k_{\mathrm{t1}}^{\mathrm{TM}}}\cot\left(k_{\mathrm{t1}}^{\mathrm{TM}}d_1\right)=-\frac{\varepsilon_2}{k_{\mathrm{t2}}^{\mathrm{TM}}}\cot\left(k_{\mathrm{t2}}^{\mathrm{TM}}d_2\right)\tag{2-17}$$

　　根据介质参数的不同选择,上述色散方程揭示了波导中导模的一些有趣特性,包括大孔径下的单模传输特性[144]。普通介质构成的波导在具有较大孔径(平板波导的距离, $d = d_1 + d_2$)时更容易将入射平面波的能量耦合进波导。然而,大孔径波导的缺点是会激发多个导模,从而引起信号色散,降低通信质量。所以,通常选择波导孔径以控制波导的工作频率高于主要截止频率且低于二阶和高阶截止频率,这样就能有效避免多模传播。当 ENG 介质和 MNG 介质分别填充图 2-7 中的上下两部分时,即 $\varepsilon_1 < 0$、$\mu_1 > 0$ 和 $\varepsilon_2 > 0$、$\mu_2 < 0$,波导就能够克服这种波导孔径的限制,即使在大孔径的情况下,也能保持单模传输。

　　由于 $k_1^2 = \omega^2 \mu_1 \varepsilon_1 < 0$,$k_2^2 = \omega^2 \mu_2 \varepsilon_2 < 0$,对于导模而言,$\beta_{\text{TE}}$ 和 β_{TM} 应该为实数。因此,$k_{\text{t}i} = \text{j}\sqrt{\left|k_i\right|^2 + \beta^2}$ 是纯虚数,其中 $i=1$,2。此时,TE 模和 TM 模的色散方程式(2-16)和式(2-17)可以改写为

$$\frac{\mu_1}{\sqrt{\left|k_1\right|^2 + \beta_{\text{TE}}^2}} \tan\left(\sqrt{\left|k_1\right|^2 + \beta_{\text{TE}}^2}\, d_1\right) = -\frac{\mu_2}{\sqrt{\left|k_2\right|^2 + \beta_{\text{TE}}^2}} \tan\left(\sqrt{\left|k_2\right|^2 + \beta_{\text{TE}}^2}\, d_2\right) \quad (2\text{-}18)$$

$$\frac{\varepsilon_1}{\sqrt{\left|k_1\right|^2 + \beta_{\text{TM}}^2}} \cot\left(\sqrt{\left|k_1\right|^2 + \beta_{\text{TM}}^2}\, d_1\right) = -\frac{\varepsilon_2}{\sqrt{\left|k_2\right|^2 + \beta_{\text{TM}}^2}} \cot\left(\sqrt{\left|k_2\right|^2 + \beta_{\text{TM}}^2}\, d_2\right) \quad (2\text{-}19)$$

　　对于由无损耗的 ENG 和 MNG 介质组成的波导,我们的目标是找到 β 有实数解的条件。由于方程式(2-18)和式(2-19)中具有实变量的双曲正弦函数和余弦函数的单调特性和渐近线的限制,我们可以观察到有趣的色散特性。首先,由于方程式(2-18)和式(2-19)对于所有的 SNM 组合都是有效的,当 μ_1 和 μ_2 具有相同的符号时,方程式(2-18)不存在 β_{TE} 的实数解。同样,如果 ε_1 和 ε_2 具有相同的符号,从方程式(2-19)中无法解出任何 TM 模。而对于 ENG-ENG 或 MNG-MNG 介质组合,两种介质的介电常数和磁导率具有相同的符号,即 $\varepsilon_1 \cdot \varepsilon_2 > 0$,$\mu_1 \cdot \mu_2 > 0$,波导的波数始终是虚数。因此,只有在"共轭"组合中,即一对 ENG 和 MNG 介质平板波导中,方程式(2-18)和式(2-19)两边具有相同的符号,这时可能存在 β_{TE} 和 β_{TM} 的实数解。为了进一步理解方程式(2-18)和式(2-19)实数解的物理意义,假设两个平板波导的参数和 d_1 是已知的,从而获得 d_2 和 β 之间的关系。因此,方程式(2-18)和式(2-19)可以重新写为

$$d_2^{\text{TE}} = \frac{\tanh^{-1}\left[\dfrac{|\mu_1|\sqrt{\left|k_2\right|^2 + \beta_{\text{TE}}^2}}{|\mu_2|\sqrt{\left|k_1\right|^2 + \beta_{\text{TE}}^2}} \tanh\left(\sqrt{\left|k_1\right|^2 + \beta_{\text{TE}}^2}\, d_1\right)\right]}{\sqrt{\left|k_2\right|^2 + \beta_{\text{TE}}^2}} \quad (2\text{-}20)$$

$$d_2^{\text{TM}} = \frac{\tanh^{-1}\left[\dfrac{|\varepsilon_2|\sqrt{|k_1|^2 + \beta_{\text{TM}}^2}}{|\varepsilon_1|\sqrt{|k_2|^2 + \beta_{\text{TM}}^2}}\tanh\left(\sqrt{|k_1|^2 + \beta_{\text{TM}}^2}\,d_1\right)\right]}{\sqrt{|k_2|^2 + \beta_{\text{TM}}^2}} \tag{2-21}$$

很明显，只有在上述反双曲正切函数的取值在 0～1 时，d_2 才有解。这意味着并非对所有 d_1 和 β 的组合都有 d_2 的解。尽管如此，当这一条件满足时，由于双曲正切函数的单调性和非周期性，d_2 的解是唯一的。具体地说，对于参数已知的 ENG 和 MNG 介质平板波导组合，当 d_1 固定时，$\beta_{\text{TE}}\left(\beta_{\text{TM}}\right)$ 与 $d_2^{\text{TE}}\left(d_2^{\text{TM}}\right)$ 是一一对应的。与之不同的是，在 DPM-DPM 的谐振腔组合中由于横向场的周期分布，d_2 的解常有很多个。此外，在 ENG-MNG 波导中，横向场分量以双曲正弦的方式变化，并且集中在 ENG-MNG 界面上。为了实现方程式(2-20)和式(2-21)中反双曲正弦函数的变量小于 1，必须有

$$\tanh\left(\sqrt{|k_1|^2 + \beta_{\text{TE}}^2}\,d_1^{\text{TE}}\right) < \frac{|\mu_2|\sqrt{|k_1|^2 + \beta_{\text{TE}}^2}}{|\mu_1|\sqrt{|k_2|^2 + \beta_{\text{TE}}^2}} \tag{2-22}$$

$$\tanh\left(\sqrt{|k_1|^2 + \beta_{\text{TM}}^2}\,d_1^{\text{TM}}\right) < \frac{|\varepsilon_1|\sqrt{|k_2|^2 + \beta_{\text{TM}}^2}}{|\varepsilon_2|\sqrt{|k_1|^2 + \beta_{\text{TM}}^2}} \tag{2-23}$$

如果方程式(2-22)和式(2-23)的右边项比 1 大，无论 d_1^{TE} 和 d_1^{TM} 取任何值，不等式都是成立的。如果右边项比 1 小，那么 d_1^{TE} 和 d_1^{TM} 只有在某些范围内取值时不等式才能成立。因此，由于色散方程的对称性，当 d_1 在有限范围内取值时，d_2 在 0～+∞ 存在唯一解，反之亦然；当 d_2 固定时，d_1 在无限大的范围内也有唯一解。换句话说，对于任何给定的 β，两个相应厚度 d_1 和 d_2 中只有一个会被限制在一个有限的变化区间中。

2.3.2　DPM-DNM 组成的次波长小型化谐振腔

考虑如图 2-8 所示的 DPM-DNM 组合，将两个完全反射镜放置在双层介质的两边，形成一个一维的谐振腔[145]。

在直角坐标系下，$z = 0$ 和 $z = d_1 + d_2$ 两个平面都是理想导体平面。这里选择电场和磁场的方向分别沿 x 轴和 y 轴正方向，并且介质都是无损耗的。在 $0 \leqslant z \leqslant d_1$ 区域内，电场和磁场可以写为

$$E_{x1} = E_{o1}\sin\left(n_1 k_o z\right) \tag{2-24}$$

$$H_{y1} = \frac{n_1 k_o}{\mathrm{i}\,\omega\mu_1} E_{o1}\cos\left(n_1 k_o z\right) \tag{2-25}$$

式中，$k_o = \sqrt{\varepsilon_o \mu_o}$ 为真空中的波数，ε_o 和 μ_o 分别为真空中的介电常数和磁导率。

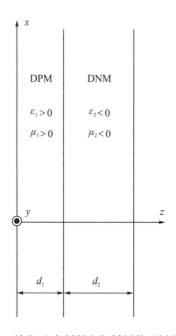

图 2-8　填充正-负折射率超材料的平板谐振腔

在区域 $d_1 \leqslant z \leqslant d_1 + d_2$ 内，由于 $\varepsilon_2 > 0$，$\mu_2 > 0$，电场和磁场分别为

$$E_{x2} = E_{o2}\sin\left[n_2 k_o\left(d_1 + d_2 - z\right)\right] \tag{2-26}$$

$$H_{y2} = \frac{n_2 k_o}{\mathrm{i}\,\omega\mu_2} E_{o2}\cos\left[n_2 k_o\left(d_1 + d_2 - z\right)\right] \tag{2-27}$$

式中，下标"1"和"2"分别为 DPM 区域和 DNM 区域的参量。这里需特别强调，n_1 和 n_2 的符号选择对最终结果并没有影响。为了满足两种介质界面的边界条件，必须有

$$E_{x1}\big|_{z=d_1} = E_{x2}\big|_{z=d_1} \tag{2-28}$$

$$H_{x1}\big|_{z=d_1} = H_{x2}\big|_{z=d_1} \tag{2-29}$$

将电场和磁场的表达式代入该边界条件，可得

$$E_{o1}\sin\left(n_1 k_o d_1\right) - E_{o2}\sin\left(n_2 k_o d_2\right) = 0 \tag{2-30}$$

$$\frac{n_1}{\mu_1} E_{o1}\cos\left(n_1 k_o d_1\right) + \frac{n_2}{\mu_2} E_{o2}\cos\left(n_2 k_o d_1\right) = 0 \tag{2-31}$$

为了得到非零解，即 $E_{o1} \neq 0$，$E_{o2} \neq 0$，方程式 (2-27) 和式 (2-28) 的行列式必须为零。也就是说，有

$$\frac{n_2}{\mu_2}\sin(n_1 k_o d_1)\cos(n_2 k_o d_2) + \frac{n_1}{\mu_1}\sin(n_2 k_o d_2)\cos(n_1 k_o d_1) = 0 \qquad (2\text{-}32)$$

上式可简化为

$$\frac{n_1}{\mu_1}\tan(n_2 k_o d_2) + \frac{n_2}{\mu_2}\tan(n_1 k_o d_1) = 0 \qquad (2\text{-}33)$$

从上面的色散方程可以看出，n_1、μ_1、n_2、μ_2 和 k_o 均随频率的改变而改变。注意到 n_1 和 n_2 的符号无论取正还是取负都不会改变色散方程 (2-30)。由于 $\varepsilon_1 < 0$、$\mu_1 < 0$、$\varepsilon_2 > 0$、$\mu_2 > 0$，上式可以进一步简化成

$$\frac{\tan(n_2 k_o d_2)}{\tan(n_1 k_o d_1)} = \frac{n_2 |\mu_1|}{n_1 |\mu_2|} \qquad (2\text{-}34)$$

从式中可以看出，方程式 (2-31) 对 DNM 和 DPM 的厚度没有明确的限制，却对两种介质的切向厚度比值有限制。只要满足方程式 (2-31)，这种谐振腔即使在厚度远小于 $\lambda/2$ 时也存在非零解。与常见的 DPM-DPM 谐振腔不同，当 d_2 减小时，d_1 的取值也会减小。如果假设 ω、d_1 和 d_2 可以进行微量近似，那么方程式 (2-31) 可以进一步简化为

$$\frac{d_1}{d_2} \cong \frac{|\mu_2|}{|\mu_1|} \qquad (2\text{-}35)$$

这一关系揭示了在一维谐振腔中存在非零解的条件。介质层的厚度可以按照需要增大或减小，谐振腔的总厚度可以比标准的 $\lambda/2$ 小得多。所以，从原则上来说，对于一个给定频率，当第二层介质是双负折射率超材料且厚度比 d_1/d_2 满足上述条件时，可以实现很薄的次波长谐振腔。例如，假设频率为 2GHz 的微波在谐振腔中传播，其中负折射率超材料的介电常数为 $-0.5\varepsilon_o$，磁导率为 $-0.5\mu_o$，正折射率介质的介电常数为 ε_o，磁导率为 μ_o。根据色散方程的限制，介质层厚度比为 $d_1/d_2 \cong 0.5$。此时，可以将负折射率超材料的厚度选择为 $d_2 = \lambda_o/10$，空气层的厚度为 $d_1 = \lambda_o/20$，其中，λ_o 为真空中的波长。这样，整个谐振腔的厚度为 $d_1 + d_2 = 3\lambda_o/20$。对于 2GHz 的微波而言，厚度仅为 2.25cm。这显然比常规谐振腔中 $\lambda_o/2$（约 7.50cm）的厚度要小得多。因此，在低频应用中，负折射率超材料的引入可以实现相当小型化的谐振腔。

这种想法也被应用到填充同轴 DNM-DPM 层的圆柱体和同心 DNM-DPM 层的介质球中。

一维谐振腔已经在实验上由 Hrabar 等实现[146]，还可以通过填充 DNM 和 DPM 实现小型化的二维和三维谐振腔。

2.3.3 DPM-DNM 组成的反向耦合器

由于 DNM 平板波导的导波特性，当它与 DPM 波导放置在一起时，其具有反向耦合的特性。也就是说，如果其中一个波导中的能量传播方向向右，那么另一个波导的能量可能沿相反方向引导。注意到在平面电路中已经观察到类似的现象，负折射率传输线耦合器已经由 Caloz 等进行研究[147]。

考虑如图 2-9 所示的波导结构，其中两种波导间和周围都是真空，介电常数和磁导率分别为 ε_{o} 和 μ_{o}。在这个图中，能量流的反向耦合可由相位和坡印亭矢量的形式进行简单描述[148]。利用这一结构的严格模式分析，可以得到 TE 模的色散方程：

$$\mathrm{Disp}_1 \cdot \mathrm{Disp}_2 = c_1 \cdot c_2 \tag{2-36}$$

其中，

$$\mathrm{Disp}_i = \left[\sqrt{k_i^2 - \beta^2}\cot\left(\sqrt{k_i^2 - \beta^2}\cdot\frac{d_i}{2}\right) + \mu_i\sqrt{\beta^2 - k_{\mathrm{o}}^2} \right] \\ \times \left[\sqrt{k_i^2 - \beta^2}\tan\left(\sqrt{k_i^2 - \beta^2}\cdot\frac{d_i}{2}\right) - \mu_i\sqrt{\beta^2 - k_{\mathrm{o}}^2} \right] \tag{2-37}$$

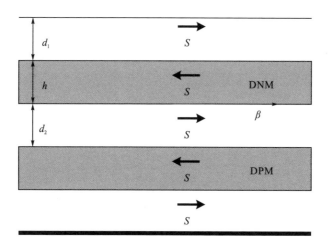

图 2-9 负折射率超材料组成的反向耦合器

方程式(2-37)是单个平板波导的色散方程，由独立波导中 TE 波奇模和偶模色散方程的乘积得到，其中，β 为波数，$k_i = \omega\sqrt{\mu_i}\sqrt{\varepsilon_i}\ (i=1,2)$，$k_{\mathrm{o}} = \omega\sqrt{\mu_{\mathrm{o}}}\sqrt{\varepsilon_{\mathrm{o}}}$。方程式(2-36)右边的系数表达式为

$$c_i = \frac{1}{2} e^{-h\sqrt{\beta^2 - k_o^2}} \left[\beta^2 \left(\mu_i^2 - \mu_o^2 \right) + \mu_o^2 k_i^2 - \mu_i^2 k_o^2 \right] \sin\left(\sqrt{k_i^2 - \beta^2} \cdot d_i \right) \qquad (2\text{-}38)$$

采用同样方法可以得到 TM 模的色散关系。当两个波导离得较远时，也就是说当 h 足够大时，色散方程的右边项为零，方程式(2-36)变成了两个"去耦"开放波导的色散方程。每个波导中的模式都不受影响，因此不存在任何耦合。当 h 逐渐减小时，每个波导中的场分布可扩展到另一个波导区域。这样可以得出一系列的新模式，它们满足通过求解边值问题得到的包含场分布的色散方程。其中，这些模式的特性可以通过微扰法得出。这里，可以简单地描述 DPM-DNM 和 DPM-DPM 波导耦合器的不同。在一个标准的定向耦合器中，当参数一定时，无耦合时的波数 $\beta_1^{\text{no coupling}}$ 和 $\beta_2^{\text{no coupling}}$ 是一定的。而当 h 逐渐减小时，$\beta_1^{\text{coupling}}$ 和 $\beta_2^{\text{coupling}}$ 的差值也逐渐变大，同时它们的耦合长度周期也在减小。在 DPM-DNM 反向耦合器中，$\beta_1^{\text{coupling}}$ 和 $\beta_2^{\text{coupling}}$ 的差值随 h 的减小而减小，从而增大了耦合长度周期。而当波导具有相同的波数时，即 $\beta_1^{\text{coupling}} = \beta_2^{\text{coupling}}$ 时，耦合长度周期则变得无穷大。因此，通过进一步减小间距 h 可以使耦合效率呈指数增加，而非普通的正弦变化。这样的结果就是能量被持续不断地导入另一个波导，并且变化指数随 h 的减小而增大。实际上，这种现象是由两种模式的传播常数具有相同的实部和相反的虚部而引起的。所以，反向耦合器在其禁带中类似于周期波纹的波导，而具有反射的能量能有效地进入单一波导且与入射波分离。这意味着入射和反射的能量处于不同的波导中。

2.4　光自旋霍尔效应的理论研究方法

实际的光束可被视为由具有不同角谱分量的多个平面波叠加而成，其中各个角谱分量与光束传输中心呈很小的夹角。当实际的线偏振光束在适当的环境或分界面中传播时，各个平面波分量的偏振状态和相位将发生微小的变化。然后这些分量相互干涉，最终使整个光束中的左旋圆偏振分量和右旋圆偏振分量发生分离，这就是光自旋霍尔效应的波动光学解释[149]。利用以上思想，本节将介绍偏振光束在介质分界面反射或透射时自旋相关分裂的计算方法。

光自旋霍尔效应的分析方法为角谱分析法，即首先将入射光场经傅里叶变换变为角谱形式，然后利用反射(折射)角谱与入射角谱之间的关系，得到反射(折射)光束的角谱表达式，再进行傅里叶反变换得到反射(折射)光束场的分布，最后利用质心积分公式得到光束质心坐标。

考虑入射光束为腰宽 w_0 的高斯光束，假设入射面为 xoz 平面，该光束的角谱为[150]

$$\tilde{E}_i(k_{ix}, k_{iy}) = (e_{ix} + i\sigma e_{ix}) \frac{w_0}{\sqrt{2\pi}} \exp\left[-\frac{w_0^2(k_{ix}^2 + k_{iy}^2)}{4}\right] \tag{2-39}$$

式中，k_{ix}、k_{iy} 分别为入射波的 x 分量和 y 分量；$\sigma=\pm1$ 分别为左、右圆偏振光。根据三维空间坐标系中的坐标变换可得光束角谱反射、折射矩阵分别为[151]

$$\boldsymbol{M}_R = \begin{bmatrix} r_{pp} - \dfrac{k_{ry}}{k_0}(r_{ps} - r_{sp})\cot\theta_i & r_{ps} - \dfrac{k_{ry}}{k_0}(r_{pp} - r_{ss})\cot\theta_i \\[3mm] r_{sp} - \dfrac{k_{ry}}{k_0}(r_{pp} - r_{ss})\cot\theta_i & r_{ss} - \dfrac{k_{ry}}{k_0}(r_{ps} - r_{sp})\cot\theta_i \end{bmatrix} \tag{2-40}$$

$$\boldsymbol{M}_T = \begin{bmatrix} r_{pp} - \dfrac{k_{ty}}{k_0}(t_{ps} - t_{sp})\cot\theta_i & r_{ps} - \dfrac{k_{ty}}{k_0}(t_{pp} - t_{ss})\cot\theta_i \\[3mm] r_{sp} - \dfrac{k_{ty}}{k_0}(t_{pp} - t_{ss})\cot\theta_i & r_{ss} - \dfrac{k_{ry}}{k_0}(t_{ps} - t_{sp})\cot\theta_i \end{bmatrix} \tag{2-41}$$

式中，$r_{ij}(i,j=\mathrm{s,p})$ 与 $t_{ij}(i,j=\mathrm{s,p})$ 分别为反射与透射系数，其值均由前面介绍的转移矩阵法计算得到；$\eta = \cos\theta_t / \cos\theta_i$，其中，$\theta_t$、$\theta_i$ 分别为折射角和入射角。假设 $\tilde{E}_i^H$ 和 $\tilde{E}_i^V$ 分别为入射光束角谱的 H 分量和 V 分量，则反射、透射角谱分别为

$$\begin{bmatrix} \tilde{E}_r^H \\[2mm] \tilde{E}_r^V \end{bmatrix} = \begin{bmatrix} r_{pp} - \dfrac{k_{ty}}{k_0}(r_{ps} - r_{sp})\cot\theta_i & r_{ps} - \dfrac{k_{ty}}{k_0}(r_{pp} - r_{ss})\cot\theta_i \\[3mm] r_{sp} - \dfrac{k_{ty}}{k_0}(r_{pp} - r_{ss})\cot\theta_i & r_{ss} - \dfrac{k_{ry}}{k_0}(r_{ps} - r_{sp})\cot\theta_i \end{bmatrix} \begin{bmatrix} \tilde{E}_i^H \\[2mm] \tilde{E}_i^V \end{bmatrix} \tag{2-42}$$

$$\begin{bmatrix} \tilde{E}_t^H \\[2mm] \tilde{E}_t^V \end{bmatrix} = \begin{bmatrix} t_{pp} - \dfrac{k_{ty}}{k_0}(t_{ps} - \eta t_{sp})\cot\theta_i & t_{ps} - \dfrac{k_{ty}}{k_0}(t_{pp} - \eta t_{ss})\cot\theta_i \\[3mm] t_{sp} - \dfrac{k_{ty}}{k_0}(\eta t_{pp} - t_{ss})\cot\theta_i & t_{ss} - \dfrac{k_{ry}}{k_0}(\eta t_{ps} - t_{sp})\cot\theta_i \end{bmatrix} \begin{bmatrix} \tilde{E}_i^H \\[2mm] \tilde{E}_i^V \end{bmatrix} \tag{2-43}$$

结合圆偏振与线偏振的关系，有

$$\tilde{E}_r^H = (\tilde{E}_{r+} + \tilde{E}_{r-})/\sqrt{2}$$
$$\tilde{E}_r^V = (\tilde{E}_{r-} - \tilde{E}_{r+})/\sqrt{2} \tag{2-44}$$

$$\tilde{E}_t^H = (\tilde{E}_{t+} + \tilde{E}_{t-})/\sqrt{2}$$
$$\tilde{E}_t^V = i(\tilde{E}_{t-} - \tilde{E}_{t+})/\sqrt{2} \tag{2-45}$$

式中，$\tilde{E}_{r+}$ 和 $\tilde{E}_{r-}$ 分别为左、右圆偏振分量的角谱。于是，可得反射光、透射光的圆偏振角谱分量，再由傅里叶反变换得到圆偏振光场分量：

$$E_r(x_r, y_r, z_r) = \iint \tilde{E}_r(k_{rx}, k_{ry})\exp\left[i(k_{rx}x_r + k_{ry}y_r + k_{rz}z_r)\right]dk_{rx}dk_{ry} \tag{2-46}$$

$$E_r(x_t, y_t, z_t) = \iint \tilde{E}_t(k_{tx}, k_{ty})\exp\left[i(k_{tx}x_t + k_{ty}y_t + k_{tz}z_t)\right]dk_{tx}dk_{ty} \tag{2-47}$$

最后，由质心积分可得到自旋横移，即 SHEL 位移：

$$\Delta y_{\mathrm{r}} = \frac{\iint E_{\mathrm{r}\pm} \cdot E_{\mathrm{r}\pm}^{*} y_{\mathrm{r}} \, \mathrm{d} x_{\mathrm{r}} \, \mathrm{d} y_{\mathrm{r}}}{\iint E_{\mathrm{r}\pm} \cdot E_{\mathrm{r}\pm}^{*} \, \mathrm{d} x_{\mathrm{r}} \, \mathrm{d} y_{\mathrm{r}}} \tag{2-48}$$

$$\Delta y_{\mathrm{t}} = \frac{\iint E_{\mathrm{t}\pm} \cdot E_{\mathrm{t}\pm}^{*} y_{\mathrm{r}} \, \mathrm{d} x_{\mathrm{t}} \, \mathrm{d} y_{\mathrm{t}}}{\iint E_{\mathrm{t}\pm} \cdot E_{\mathrm{t}\pm}^{*} \, \mathrm{d} x_{\mathrm{t}} \, \mathrm{d} y_{\mathrm{t}}} \tag{2-49}$$

2.5 古斯-汉森效应的研究方法

当一束有限宽度的入射光在界面发生全反射时，其反射光束强度的最大值与入射光强度的最大值之间存在纵向偏移[152-154]，这种光束侧位移称为古斯-汉森（Goos-Hänchen, GH）位移。GH 位移的产生是由于实际入射光都不是理想的单色平面波且具有一定的空间谱宽，也就是说实际光线由一光束构成。当这束光指向同一入射点时，存在一定的入射角宽度$\Delta\theta$。如果将入射光分解成一系列单色平面波，那么每个平面波分量都具有与其他分量不同的切向分量。这样，在经历全反射时，每个平面波分量都会获得与其他分量略有不同的相移。这些反射的平面波分量相互叠加后，形成实际的反射光束。这时，反射光束强度的最大值与入射光强度的最大值之间就会存在一段纵向偏移，这就是 GH 位移。然而在光频内两层介质表面单次反射产生的 GH 位移很小，只有光波长的数量级。国内外相关科研团队研究了在不同条件下的 GH 位移增强效应以获得较大 GH 位移的方法，包括利用棱镜波导耦合结构、双金属包覆层波导、泄漏波导结构、非对称双棱镜结构及超材料波导结构等[155-157]。

2006 年，刘选斌等在泄漏波导结构上研究了导模激发条件下的 GH 位移增强效应[158]。他们采用棱镜波导耦合系统，由棱镜、空气隙、导波层和衬底组成，其中空气隙为耦合层，弱吸收介质为导波层，如图 2-10 所示。理论分析表明，反射光的 GH 效应与棱镜波导耦合系统的本征损耗和辐射损耗密切相关。在满足相位匹配条件时，入射光被最大程度地耦合到波导中，导波模式被激发。此时，系统的本征损耗与辐射损耗越接近，得到的 GH 位移就越大。当辐射损耗大于本征损耗时，GH 位移为正，而当本征损耗大于辐射损耗时，GH 位移为负。陈麟等在研究双面金属包覆波导对 GH 效应的增强时也得到了相同的结论[159]。在棱镜波导耦合系统中，还可以采用具有负介电常数的金属为导波层，在金属的上下表面分别激发表面等离子波，而由于金属层厚度很小（几十纳米），上下界面的表面等离子波会在金属中相互耦合，产生可以传播很远的长程等离子波（long-range surface plasmon，LRSP），从而增加了入射光在波导中的穿透深度，并显著增加了光束侧位移[160,161]。

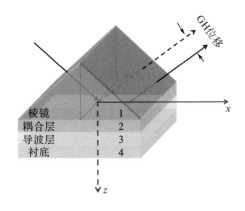

图 2-10 棱镜波导耦合结构中的 GH 效应示意图

在实验方面，H.Gilles 等在 2002 年提出了利用偏振调制和位置灵敏探测器进行 GH 位移测量的方法。这种方法具有很高的测量精度和灵敏度[162]，是目前比较主流的 GH 位移测量方法。此外，基于 GH 效应的光束平移调节与控制技术也得到相应研究。2006 年，M. Peccianti 等在 *Nature Physics* 报道了利用向列型液晶全光可调的双折射性质，得到了可调的非线性 GH 位移[163]。上海交通大学曹庄琪教授所在课题组将光学非线性材料引入双面金属包覆波导的导波层中，利用外加电场改变导波层参数从而实现对反射光侧向位移的控制，在实验中对光束平移控制的范围达到 720μm[164]。上海大学陈玺博士等也提出了利用电光晶体材料实现对透射光侧向位移控制的方法[165]。作者在 2014 年 1 月首次提出了在棱镜耦合波导系统中引入磁光材料作为导波层，利用外加磁场对 GH 效应进行调制，从而发现了一种新型的磁光古斯-汉森 (magneto-optic Goos-Hänchen, MOGH) 效应[166]。由于磁光材料的非互易性，当外加磁场方向相反时可以得到一种对参数变化更加敏感的 MOGH 位移，从而实现更高灵敏度的折射率传感功能。此外，磁光效应还可以实现对偏振方向不同的光的传播常数进行调制，为 GH 效应提供了更加灵活的操控方式和更多的新功能。

GH 位移的增强效应和调制方式开辟了其在表面光学、导波光学、集成光学、光通信等领域广阔的应用前景，可以利用这一特殊的物理现象设计和制作新型高灵敏度的传感器，如温度传感器、折射率传感器、微位移传感器，同时还可用于新型滤波器、调制器、偏振器和超棱镜的设计。

2.5.1 转移矩阵法

对于三种情形下的多层光学结构，计算光束反射系数和透射系数的最常用方法为转移矩阵法[167]。利用该方法可计算出任意多层结构的反射系数和透射系数，包括四个分量，即 r_{pp}、r_{ss}、r_{sp}、r_{ps} (t_{pp}、t_{ss}、t_{sp}、t_{ps})，该方法的具体论述如下 (图 2-11)。

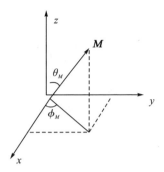

图 2-11 磁化矢量示意图

假设材料的介电张量可表示为

$$\boldsymbol{\varepsilon} = \begin{pmatrix} \varepsilon_0 & i\varepsilon_1\cos\theta_M & -i\varepsilon_1\sin\theta_M\cos\phi_M \\ -i\varepsilon_1\cos\theta_M & \varepsilon_0 & i\varepsilon_1\sin\theta_M\sin\phi_M \\ i\varepsilon_1\sin\theta_M\cos\phi_M & -i\varepsilon_1\sin\theta_M\sin\phi_M & \varepsilon_0 \end{pmatrix} \quad (2\text{-}50)$$

其中，相对磁导率 $\mu=1$。

在第 n 层介质中传播的平面波可以表示为 $\boldsymbol{E}^{(n)} = \boldsymbol{E}_0^{(n)}\exp\left[i(\omega t - \boldsymbol{k}\cdot\boldsymbol{r})\right]$，波动方程的形式为

$$\boldsymbol{k}^{2(n)}\boldsymbol{E}_0^{(n)} - \boldsymbol{k}^{(n)}(\boldsymbol{k}^{(n)}\cdot\boldsymbol{E}_0^{(n)}) = \frac{\omega^2}{c^2}\varepsilon^{t(n)}\boldsymbol{E}_0^{(n)} \quad (2\text{-}51)$$

式中，$\boldsymbol{E}_0^{(n)}$ 为第 n 层介质中的电场复振幅；$\boldsymbol{k}^{(n)}$ 为复波矢；t、ω、c 和 $\boldsymbol{r}$ 分别为时间、角频率、真空相速度和位置矢量；而介电张量 $\boldsymbol{\varepsilon}$ 取方程式 (2-50) 的形式，各层的磁导率均取 $\mu=1$。不失一般性，各层波矢可写作 $\boldsymbol{k}^{(n)} = \frac{\omega}{c}(\hat{y}N_y + \hat{z}N_z)$，其中，$\hat{y}$、$\hat{z}$ 分别为正 y 和正 z 方向的单位矢量。根据斯内耳定律，各介质层波矢的 y 分量 $\frac{\omega}{c}N_y$ 相等。求解方程式 (2-2) 便可得到各层波矢 z 分量 $\frac{\omega}{c}N_z$，其包含四个解，即 $N_{zj}^{(n)}(j=1,2,3,4)$，各向同性介质中有 $N_{zj}^{(n)} = N_{z0}^{(n)}$。在各层中均有 $N_{z0}^{(n)2} = N^{(n)2} - N_y^2$，$N^{(n)2} = \varepsilon_0^{(n)}$。根据各层界面边界的连续性条件，可以得到联系结构中各层电场振幅的 4 阶方阵 $\boldsymbol{Q}$，即有

$$\boldsymbol{E}_0^{(0)} = \begin{bmatrix} E_{0s}^{(i)} \\ E_{0s}^{(r)} \\ E_{0p}^{(i)} \\ E_{0p}^{(r)} \end{bmatrix} = \boldsymbol{Q}\boldsymbol{E}_0^{(4)} = \boldsymbol{Q}\begin{bmatrix} E_{0s}^{(t)} \\ 0 \\ E_{0p}^{(t)} \\ 0 \end{bmatrix} \quad (2\text{-}52)$$

式中，$\boldsymbol{E}_0^{(0)}$ 和 $\boldsymbol{E}_0^{(4)}$ 为结构两侧空气中的电场振幅；上标 i、r、t 分别为入射波、反

射波和透射波；下标 s、p 为偏振态。矩阵 $\boldsymbol{Q}$ 由下式得到

$$\boldsymbol{Q} = \boldsymbol{D}^{(0)-1} \prod_{n=1}^{3} \boldsymbol{D}^{(n)} \boldsymbol{P}^{(n)} \boldsymbol{D}^{(n)-1} \boldsymbol{D}^{(4)} \tag{2-53}$$

式中，矩阵 $\boldsymbol{D}^{(n)}(n=1,2,3)$ 和 $\boldsymbol{P}^{(n)}(n=1,2,3)$ 分别为各层的动态矩阵 (dynamic matrix) 和传输矩阵 (propagation matrix)。在磁性介质中，动态矩阵各元素 $D_{ij}(i,j=1,2,3,4)$ 分别为

$$\begin{aligned}
D_{1j}^{(n)} = &-\mathrm{i}\,\varepsilon_1^{(n)} N_{z0}^{(n)2} \cos\theta_M^{(n)} - \mathrm{i}\,\varepsilon_1^{(n)} N_y N_{zj}^{(n)} \sin\theta_M^{(n)} \sin\phi_M^{(n)} \\
&-\mathrm{i}\,\varepsilon_1^{(n)2} N_{zj}^{(n)} \sin\theta_M^{(n)} \cos\phi_M^{(n)} \sin\phi_M^{(n)}
\end{aligned} \tag{2-54}$$

$$\begin{aligned}
D_{2j}^{(n)} = &-\mathrm{i}\,\varepsilon_1^{(n)} N_{z0}^{(n)2} N_{zj}^{(n)} \cos\theta_M^{(n)} - \mathrm{i}\,\varepsilon_1^{(n)} N_y N_{zj}^{(n)2} \sin\theta_M^{(n)} \sin\phi_M^{(n)} \\
&-\mathrm{i}\,\varepsilon_1^{(n)2} N_{zj}^{(n)2} \sin\theta_M^{(n)} \cos\phi_M^{(n)} \sin\phi_M^{(n)}
\end{aligned} \tag{2-55}$$

$$D_{3j}^{(n)} = N_{z0}^{(n)2}(N_{zj}^{(n)2} - N_{zj}^{(n)2}) - \varepsilon_1^{(n)2} \sin^2\theta_M^{(n)} \sin^2\phi_M^{(n)} \tag{2-56}$$

$$\begin{aligned}
D_{4j}^{(n)} = &-(\varepsilon_0^{(n)} N_{zj}^{(n)} - \mathrm{i}\,\varepsilon_1^{(n)} N_y \sin\theta_M^{(n)} \cos\phi_M^{(n)})(N_{z0}^{(n)2} - N_{zj}^{(n)2}) \\
&+\varepsilon_1^{(n)2} \sin\theta_M^{(n)} \sin\phi_M^{(n)} (N_{zj}^{(n)} \sin\theta_M^{(n)} \sin\phi_M^{(n)} - N_y \cos\theta_M^{(n)})
\end{aligned} \tag{2-57}$$

特别地，各向同性层中的动态矩阵 $\boldsymbol{D}^{(n)}(n=1,2,3)$ 为

$$\boldsymbol{D}^{(n)} = \begin{bmatrix}
1 & 1 & 0 & 0 \\
N_{z0}^{(n)} & -N_{z0}^{(n)} & 0 & 0 \\
0 & 0 & \dfrac{N_{z0}^{(n)}}{N^{(n)}} & \dfrac{N_{z0}^{(n)}}{N^{(n)}} \\
0 & 0 & -N^{(n)} & N^{(n)}
\end{bmatrix} \tag{2-58}$$

各介质层中的传输矩阵 $\boldsymbol{P}^{(n)}(n=1,2,3)$ 为

$$\boldsymbol{P}^{(n)} = \begin{bmatrix}
\mathrm{e}^{\mathrm{i}(\omega/c)N_{z1}^{(n)}d^{(n)}} & 0 & 0 & 0 \\
0 & \mathrm{e}^{\mathrm{i}(\omega/c)N_{z2}^{(n)}d^{(n)}} & 0 & 0 \\
0 & 0 & \mathrm{e}^{\mathrm{i}(\omega/c)N_{z3}^{(n)}d^{(n)}} & 0 \\
0 & 0 & 0 & \mathrm{e}^{\mathrm{i}(\omega/c)N_{z4}^{(n)}d^{(n)}}
\end{bmatrix} \tag{2-59}$$

式中，$d^{(n)}$ 为第 n 层介质的厚度。于是，计算可得反射系数与透射系数分别为

$$r_{pp} = \left(\frac{E_{0p}^{(r)}}{E_{0p}^{(i)}}\right)_{E_{0s}^{(i)}=0} = \frac{Q_{11}Q_{43} - Q_{41}Q_{13}}{Q_{11}Q_{33} - Q_{13}Q_{31}}, \quad r_{ps} = \left(\frac{E_{0p}^{(r)}}{E_{0s}^{(i)}}\right)_{E_{0s}^{(i)}=0} = \frac{Q_{41}Q_{33} - Q_{43}Q_{31}}{Q_{11}Q_{33} - Q_{13}Q_{31}} \tag{2-60}$$

$$r_{sp} = \left(\frac{E_{0s}^{(r)}}{E_{0p}^{(i)}}\right)_{E_{0s}^{(i)}=0} = \frac{Q_{11}Q_{23} - Q_{21}Q_{13}}{Q_{11}Q_{33} - Q_{13}Q_{31}}, \quad r_{ss} = \left(\frac{E_{0s}^{(r)}}{E_{0s}^{(i)}}\right)_{E_{0p}^{(i)}=0} = \frac{Q_{21}Q_{33} - Q_{23}Q_{31}}{Q_{11}Q_{33} - Q_{13}Q_{31}} \tag{2-61}$$

$$t_{pp} = \left(\frac{E_{0p}^{(t)}}{E_{0p}^{(i)}}\right)_{E_{0s}^{(i)}=0} = \frac{Q_{11}}{Q_{11}Q_{33} - Q_{13}Q_{31}}, \quad t_{ps} = \left(\frac{E_{0p}^{(t)}}{E_{0s}^{(i)}}\right)_{E_{0p}^{(i)}=0} = \frac{-Q_{31}}{Q_{11}Q_{33} - Q_{13}Q_{31}} \tag{2-62}$$

$$t_{ss} = \left(\frac{E_{0s}^{(t)}}{E_{0s}^{(i)}} \right)_{E_{0p}^{(i)}=0} = \frac{Q_{33}}{Q_{11}Q_{33} - Q_{13}Q_{31}}, \quad t_{sp} = \left(\frac{E_{0s}^{(t)}}{E_{0p}^{(i)}} \right)_{E_{0s}^{(i)}=0} = \frac{-Q_{13}}{Q_{11}Q_{33} - Q_{13}Q_{31}} \quad (2\text{-}63)$$

式中，Q_{ij} 为矩阵 $\boldsymbol{Q}$ 的各对应元素。

2.5.2 静态相位法

GH 位移是 s 偏振光或 p 偏振光在介质表面反射时，相对于几何反射点的横向位移，一般这些介质的反射系数与入射角的关系都较为复杂（图 2-12）。

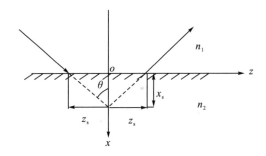

图 2-12 介质界面发生全反射时的 GH 位移示意图

GH 位移的本质是几何光学的衍射校正，因为所有入射光并不是严格意义上的单色平面波，而在空间分布上具有一定谱宽，其可以看作是一系列单色平面波的叠加，每个平面波的切向分量相较于其他波矢都略有不同，反射时将经历不同的相移，而实际的反射光束就是由这些反射分量合成的[168]，相关研究表明，这些平面波相移的总和就是反射光束在入射平面内的横向位移。

如图 2-12 所示，光从介质 n_1 入射到介质 n_2 的界面，且 $n_1 > n_2$，即从光密介质入射到光疏介质，将发生全反射现象，入射角为 θ。反射光相对于入射光束质心发生的位移为 $2z_s$，光的穿透深度为 x_s。根据斯内尔定律，入射光在界面处发生全反射后，其反射系数为

$$r = \exp(i\phi) = \exp(-i2\varphi) \quad (2\text{-}64)$$

当 s 偏振光和 p 偏振光入射时，其反射光的相移分别为

$$\phi_s = \arctan\left[\frac{(n_1^2 \sin^2\theta - n_2^2)^{1/2}}{n_1 \cos\theta} \right] \quad (2\text{-}65)$$

$$\phi_p = \arctan\left[\left(\frac{n_1}{n_2} \right)^2 \frac{(n_1^2 \sin^2\theta - n_2^2)^{1/2}}{n_1 \cos\theta} \right] \quad (2\text{-}66)$$

考虑到入射光由许多单色平面波组成，故先计算由两个略有不同的分量组成的简单波包，在此基础上再讨论入射光的整体规律。假设这两个平面波分量的波矢在 z 轴上的分量为 $\beta \pm \Delta\beta$，则在分界面处，入射波包的复振幅为

$$I(z) = \left[\exp(\mathrm{i}\Delta\beta z) + \exp(-\mathrm{i}\Delta\beta\varphi)\right]\exp(\mathrm{i}\beta z)$$
$$= 2\cos(\Delta\beta z)\exp(\mathrm{i}\beta z) \tag{2-67}$$

对于这些不同分量之间的差值 $\Delta\beta$ 很小，所以可利用微分公式将全反射相移展开为

$$\phi(\beta \pm \Delta\beta) = \phi(\beta) \pm \frac{\mathrm{d}\phi}{\mathrm{d}\beta}\Delta\beta \tag{2-68}$$

因此，在界面处反射波包的复振幅为

$$R(z) = \{\exp[\mathrm{i}(\Delta\beta z - 2\Delta\phi)] + \exp[-\mathrm{i}(\Delta\beta z - 2\Delta\phi)]\}\exp[\mathrm{i}(\beta z - 2\varphi)]$$
$$= 2\cos[\Delta\beta(z - 2z_\mathrm{s})]\exp[\mathrm{i}(\beta z - 2\phi)] \tag{2-69}$$

式中，

$$z_\mathrm{s} = \frac{\mathrm{d}\phi}{\mathrm{d}\beta} \tag{2-70}$$

上式即为波包在 z 轴的横移表示式。由此可推导出实际反射光与几何光学预测的反射点之间的垂直距离为

$$L = 2z_\mathrm{s}\cos\theta = -\frac{\mathrm{d}\phi}{\mathrm{d}\beta}\cos\theta = -\frac{1}{k_0 n_1}\frac{\mathrm{d}\varphi}{\mathrm{d}\theta} \tag{2-71}$$

将式 (2-28) 和式 (2-29) 代入式 (2-34) 可得，对于不同偏振入射时对应的 GH 位移：

$$L_\mathrm{s} = \frac{2\sin\theta}{k_0(n_1^2\sin^2\theta - n_2^2)^{1/2}} \tag{2-72}$$

$$L_\mathrm{p} = \frac{L_\mathrm{s}}{[(n_1/n_2)^2 + 1]\sin^2\theta - 1} \tag{2-73}$$

2.5.3　高斯光束法

当入射光为高斯光束时，其光场分布为

$$\psi_\mathrm{in}(x, z = 0) = \exp\left(-\frac{x^2}{2w_x^2 + \mathrm{i}\beta_0 x}\right) \tag{2-74}$$

式中，w_0 为光束的束腰半径，$w_x = w_0\sec\theta_0$。当入射角为 θ 时，入射光在 x 方向的波矢分量为 β_0。对上式进行傅里叶积分展开，可得

$$\psi_\mathrm{in}(x, z = 0) = \frac{1}{\sqrt{2\pi}}\int I(\beta)\exp(\mathrm{i}\beta x)\mathrm{d}\beta \tag{2-75}$$

式中，$I(\beta)$ 为入射光的傅里叶频谱分布：

$$I(\beta) = w_x\exp[-(w_x^2/2)(\beta - \beta_0)^2] \tag{2-76}$$

由前面的分析可知，入射光由多个单色平面波叠加而成，对于每一个平面波分量，经界面全反射后，反射系数有所不同，即 $r = r(\beta)$。对各个分量进行逆向积分，可得反射光的光场分布为

$$\psi_{\text{ref}}(x, z = 0) = \frac{1}{\sqrt{2\pi}} \int r(\beta) I(\beta) \exp(\mathrm{i}\beta x) \mathrm{d}\beta \qquad (2\text{-}77)$$

式 (2-77) 为普适公式，对于实际中的常用光束，各频谱分量入射角的取值范围一般在 $-\pi/2 \sim \pi/2$，因此上式可进一步写为

$$\psi_{\text{ref}}(x, z = 0) = \frac{1}{\sqrt{2\pi}} \int_{-k}^{k} r(\beta) I(\beta) \exp(\mathrm{i}\beta x) \mathrm{d}\beta \qquad (2\text{-}78)$$

式中，k 为入射介质平面内的光波矢，积分上限、下限分别为 k、$-k$。GH 位移值即为 $|\psi_{\text{ref}}(x, z = 0)|$ 最大值所在位置。

GH 位移首先由古斯 (Goos) 和汉森 (Hänchen) 经实验证明，即反射光束将在几何光学预测的反射位置处发生位移。在一般情况下，GH 位移仅为波长量级，不容易被直接观察到。因此，为了实现其在集成光子学和光学传感中的潜在应用，需要增强 GH 位移。实现增强 GH 效应的方法有很多，如棱镜-波导耦合系统、Kretschmann 结构和金属-绝缘体-金属结构等[169-171]，此外超材料的负折射率和各向异性也可以增强 GH 位移[172]，本节就双曲超材料 (HMM) 组成的新型光波导结构中的 GH 效应展开了研究，分析不同波导结构对 GH 位移的影响，探讨其传感特性及其应用，并对 GH 效应进行实验验证。

2.6　古斯-汉森位移及光自旋霍尔效应的弱测量

前面推导了适用于磁性和非磁性材料中 GH 位移和光自旋霍尔效应的一般性计算方法，利用该方法可以计算各种多层结构中由反射、透射所产生的 GH 位移和自旋相关分裂。然而，由于这两种效应都是微弱的光学效应，实验中想要方便且精确地测量它们实属不易，近年来科研人员广泛使用量子领域中一种有效的测量方法，这种方法可对 GH 位移和光束自旋分裂进行放大，称为弱测量。下面分别介绍光自旋霍尔效应和 GH 位移的弱测量装置及其放大机制。

2.6.1　光自旋霍尔效应的弱测量装置

光自旋霍尔效应的测量装置如图 2-13 所示[96]，该测量光路由 Hosten 于 2008 年提出，文章发表于 *Science*。图中测量的是 BK7 玻璃棱镜折射光的自旋霍尔效应，该装置也适用于测量反射光的自旋霍尔效应。

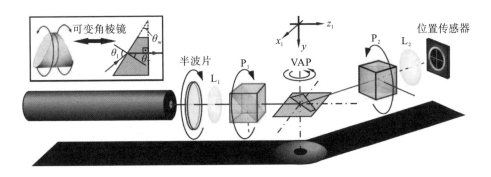

图 2-13　光自旋霍尔效应的测量装置[96]

图 2-13 中的光源为 633nm 的 He-Ne 激光器，输出光为线偏振高斯光束，光束的束腰半径在毫米量级。首先，光源输出的光束经过一个半波片，可用于灵活地调节光强。为了使光束在空气-棱镜界面产生更明显的自旋分裂，需要对光束进行缩小，图中使用 25mm 的短焦透镜 L_1 来实现这一目标。经透镜缩束以后，通过格兰偏振镜 P_1 对光束进行偏振选择，以获得水平或垂直偏振光。经偏振镜输出的光束在棱镜处发生反射与折射，产生初始的光束自旋分裂。为了使光束只在一个界面发生自旋分裂，图中使用变角棱镜使光束在第二个界面垂直通过。经过棱镜所产生的自旋分裂很小，引入格兰偏振镜 P_2 使分裂后的左、右旋圆偏振光通过后发生相消干涉，使自旋分裂得以放大，从而可以直接测出分裂大小，P_2 与 P_1 接近垂直。测量前用一个长焦透镜 L_2（图中为 125mm）对光束进行准直，其中 L_2 与 L_1 形成共焦腔。最后，使用位置传感器获取光斑坐标，也可以使用光束质量分析仪来获取光斑位置与光强分布信息。

2.6.2　光自旋霍尔效应的弱测量放大原理

上述弱测量装置可以分别用量子语言和经典的波动光学语言来描述，下面简要论述分析过程。

1. 量子语言描述

量子弱测量是相对于以往量子强测量而言的。该方法引入前选择态（preselection）与后选择态（postselection），当前选择态与后选择态接近正交时，可使实验装置中输出的观测量得到显著放大。实验中，将系统的可观测量 $\hat{A}$ 与测量仪器进行耦合，从而根据仪器指针变化得到可观测量的变化。Hosten 等首先从单光子角度考虑，把光自旋霍尔效应的实验测量视为自旋算符沿波包中心传播方向投影的相关测量。而实验中的可观测量即自旋泡利算符 $\hat{\sigma}_3$，它对应两个本征的量

子态 $|+\rangle$ 及 $|-\rangle$ ，而 meter 与光束的空间横向分布相对应。对于实际光束而言，可将其看作由多个相互独立的单光子组成，因此使用上述单光子的方法也可以得到同样的结果。

由于可观测量与仪器之间发生的耦合是很弱的耦合，所以要想从测量仪器中得到可观测量的可靠信息需要引入后选择态使各单独的分量发生干涉，从而使可观测量得到放大。初始的微小可观测量与放大后的可观测量之间由弱值 A_w 进行关联，弱值即所说的放大倍数。弱值可以表示为一个含有前选择态 ψ_i 与后选择态 ψ_f 的表达式[173]

$$A_w = \frac{\langle \psi_f | \hat{A} | \psi_i \rangle}{\langle \psi_f | \psi_i \rangle} \tag{2-79}$$

当前、后选择态接近正交时，上式的值将很大，即放大倍数很大。

以平行偏振光情形为例，偏振镜 P_1 输出的光束偏振态可表示为

$$\psi_i = | H \rangle = \frac{1}{\sqrt{2}} (|+\rangle + |-\rangle) \tag{2-80}$$

光束在通过棱镜后发生自旋分裂，假设自旋分裂值为 δ ，即可观测量 $\hat{A}$ 与仪器发生弱耦合的耦合常数，耦合过程中的相互作用可用哈密顿量表示为 $H_I = k_y \hat{A} \delta$ 。光束通过 P_2 以后发生后选择态，其状态表示为

$$\psi_f = | V \pm \Delta \rangle = -i\exp(\mp \Delta) |+\rangle + i\exp(\pm i\Delta) |-\rangle \tag{2-81}$$

式中，Δ 为 P_1 与 P_2 的夹角，其值很小，称为放大角。结合以上各式可得纯虚数的弱值形式，即

$$A_w = \mp \cot \Delta \approx m \frac{i}{\Delta} \tag{2-82}$$

而弱值的虚部还与另一类放大机制相对应，即测量装置中动量空间的移动，这类放大机制即传播放大(对应放大倍数 F)。传播放大随着光束传输距离的增大而增大。图 2-13 中的光束在通过两个透镜缩束及准直的过程中就引入了这种放大机制，即

$$F = \frac{4\pi \langle y_{L_2}^2 \rangle}{z_{eff} \lambda} \tag{2-83}$$

式中，$\langle y_{L_2}^2 \rangle$ 为光束经过第二个透镜后的横向空间分布；z_{eff} 为 L_2 的有效焦距。

最终，总的放大倍数可写为

$$A_w^{mod} = \mp F | A_w | = \mp F \cot \Delta \approx \mp F / \Delta \tag{2-84}$$

弱测量的两种放大机制原理如图 2-14 所示。

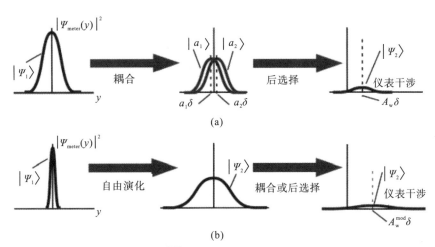

图 2-14　弱测量两种放大机制示意图[96]：(a)仪器耦合后和后选择弱值放大；(b)弱值自由演化
后选择耦合放大弱值

2. 波动光学语言描述

　　光自旋霍尔效应的弱测量放大机制也可由波动光学理论来解释。前选择和弱
耦合部分的推导已在前面的内容中给出，我们已经得到了折射光的角谱表达式，
即 $\tilde{E}_t^H$。光束透射发生自旋分裂后将经过第二个偏振镜 P_2，而 P_2 和 P_1 间只有一个
很小的夹角 $\varDelta$。光束经过 P_2 后的电场为 $\boldsymbol{M}_{P_2} \tilde{\boldsymbol{E}}_t^H$，其中[173]

$$\boldsymbol{M}_{P_2} = \sin \varDelta e_{tx} + \cos \varDelta e_{ty} \tag{2-85}$$

再由质心积分公式便可以得到放大后的质心坐标，即

$$\frac{\iint y_t I \mathrm{d}x_t \mathrm{d}y_t}{\iint I \mathrm{d}x_t \mathrm{d}y_t} \tag{2-86}$$

式中，I 为光强。由此可以得到经过弱测量放大后的 SHEL 位移，再通过适当近似，
可以得到光束最终通过第二个偏振镜传播到透镜 L_2 后的 SHEL 位移为

$$A_w^{mod} \delta_t^H \approx \frac{z}{z_R} \cot \varDelta \left(\eta - \frac{t_s}{t_p} \right) \frac{\cot \theta_i}{k_0} \tag{2-87}$$

式中，z 为 L_2 的焦距；z_R 为光束通过 L_1 后的瑞利距离。从上式可以明显看出，放
大后的 SHEL 位移不仅与放大角 $\varDelta$ 有关，还与光束的传播距离有关，这一结论与
前面使用量子语言论述弱测量放大机制时得到的结论一致。

2.6.3　古斯-汉森位移的弱测量装置

　　既然上述弱测量方法可用于测量微小的光自旋霍尔效应，那么是否也可以用来测量同样很微弱的光束位移——GH 位移呢？答案是肯定的。与本书类似的弱测量装置于 2013 年由 Jayaswal V 等首次用于测量玻璃棱镜中全反射光束的 GH 位移[114]，随后类似的装置多次被用于测量不同结构中的 GH 位移[173,174]，均获得了很好的实验结果，下面将简要介绍 Jayaswal V 等所使用的 GH 位移的弱测量实验装置，如图 2-15 所示。

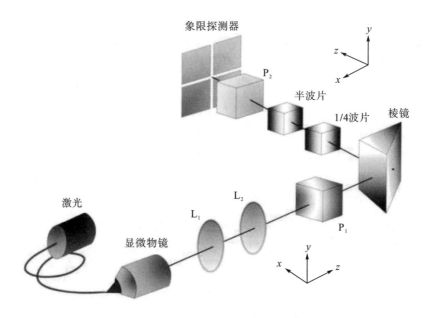

图 2-15　GH 位移的弱测量装置[115]

由于 GH 位移发生在光束入射面内，在需要改变入射角的情况下直接测量纯 p 偏振光或 s 偏振光的 GH 位移比较复杂且容易产生误差，此时更适合于弱测量装置的是两种偏振光的 GH 位移之差。如图 2-6 所示，考虑一个笛卡儿参考系，其中，y 轴在垂直方向上，z 轴在光束传播方向上。图中光源为单模光纤耦合 826nm 激光二极管，使用 20 倍物镜准直光束。为了减少棱镜中因多次反射所产生的额外问题，图中使用扩束器来产生束腰为 260μm 的准直高斯光束。使用格兰激光偏振镜 P_1 作为偏振选择装置，在测量过程中将偏振角 α 设置为 45°。棱镜使用的是 BK-7 等腰直角棱镜，它在入射光波长为 826nm 时的折射率为 1.51。后选择部分包括 1/4 波片、半波片各 1 个及格兰偏振镜 P_2，其中半波片及 1/4 波片用于抵消全反射过程中 s 偏振分量与 p 偏振分量的相位差，最后使用象限探测器或 CCD 接收光束信号。第二个偏振镜 P_2 的偏振角设置为 $\beta=\alpha+90°+\Delta$，其中，Δ 为放大角。下面将解释为何这种装置可以测量 p 偏振光与 s 偏振光的 GH 位移之差。

2.6.4 古斯-汉森位移的弱测量放大原理

在全内反射中，假设 s 偏振光和 p 偏振光反射后产生的相位突变分别为 δ_p 和 δ_s，二者不同且大小与入射角有关。经历全反射后的 s 偏振和 p 偏振分量可以分别表示为[115]

$$
\left| \begin{array}{l} \dfrac{1}{\sqrt{2}} \mathrm{e}^{-\mathrm{i}\frac{\delta}{2}} \exp\left[-\dfrac{(x-D_p)^2}{w_0^2} \right] \\[4mm] \dfrac{1}{\sqrt{2}} \mathrm{e}^{\mathrm{i}\frac{\delta}{2}} \exp\left[-\dfrac{(x-D_s)^2}{w_0^2} \right] \end{array} \right| \tag{2-88}
$$

式中，$\delta = \delta_p - \delta_s$ 为 s 偏振和 p 偏振分量的相位差。使用半波片和 1/4 波片补偿相位，其琼斯矩阵可写为

$$
\left| \begin{array}{cc} \mathrm{e}^{\mathrm{i}\frac{\delta}{2}} & 0 \\[4mm] 0 & \mathrm{e}^{-\mathrm{i}\frac{\delta}{2}} \end{array} \right| \tag{2-89}
$$

补偿相位后的光束可写为

$$
\left| \begin{array}{l} \dfrac{1}{\sqrt{2}} \exp\left[-\dfrac{(x-D_p)^2}{w_0^2} \right] \\[4mm] \dfrac{1}{\sqrt{2}} \exp\left[-\dfrac{(x-D_s)2}{w_0^2} \right] \end{array} \right| \tag{2-90}
$$

两偏振镜 P_1 和 P_2 有一定夹角，光束通过相位补偿再经过 P_2 后的光场分布可写为

$$
f(x) = \cos\beta\cos\alpha \exp\left[-\dfrac{(x-D_p)^2}{w^2} \right] + \sin\beta\sin\alpha \exp\left[-\dfrac{(x-D_s)^2}{w^2} \right] \tag{2-91}
$$

可进一步写作

$$
f(x) = \cos(\alpha+\beta)\phi(x-a; \varepsilon, w_0, \Delta_{\mathrm{GH}}) \tag{2-92}
$$

其中，$a = \dfrac{1}{2}(D_p + D_s)$，$\tan(\varepsilon) \approx \varepsilon$，并且有

$$
\Phi(x) = \dfrac{1}{2} \left\{ (1+\varepsilon)\exp\left[-\dfrac{\left(x-\frac{1}{2}\Delta_{\mathrm{GH}}\right)^2}{w^2} \right] - (1-\varepsilon)\exp\left[-\dfrac{\left(x-\frac{1}{2}\Delta_{\mathrm{GH}}\right)^2}{w^2} \right] \right\} \tag{2-93}
$$

上式说明波函数由两个高斯光束叠加而成，中心为 $x = \pm\dfrac{1}{2}\Delta_{\mathrm{GH}}$。显然，当满

足条件 $\frac{1}{2}\Delta_{GH}/w=\varepsilon=1$ 时，两个高斯光束干涉叠加为一个高斯光束，其质心移动可表示为

$$\frac{1}{2}\Delta_{GH}/\varepsilon; \quad \frac{1}{2}\Delta_{GH}\cot\varepsilon \tag{2-94}$$

2.7　本　章　小　结

　　本章介绍了 SPR 阵列、短线对、Polaritonic 球、树枝状单元结构等负折射率超材料，研究了负折射率超材料中负介电常数和负磁导率的实现机理，推导了几种负折射率超材料平板波导的基本特性，阐明了光波导、光自旋霍尔效应、GH 位移的基本研究方法。结合负折射率超材料理论和弱测量放大原理，详细阐述了平面波导中 SHEL 和 GH 位移的弱测量放大效应，为后续章节提供了理论方法和依据。

第3章 负折射率超材料光波导及谐振腔

3.1 引 言

负折射率超材料光波导具有许多独特的导模特性[112,175-177]，所以分析光在这种波导中的传输和衰减特性成为一项非常有意义的工作。目前，大部分对负折射率波导的研究都是在假设其参数分布为各向同性的条件下进行的。然而根据第 2 章对负折射率超材料实现原理的分析可知，大部分负折射率超材料其实是各向异性的，并且电磁参数分量不会完全为负。本章以新型半导体负折射率超材料(详见2.3.3 节)为例，首先分析这种介质构成的各向异性矩形波导的导模特性，并在此基础上提出了一种新型矩形谐振腔，讨论了该谐振腔有解的条件。由于大部分负折射率超材料是有损耗的，因此 3.4 节分析了各向同性负折射率超材料波导的吸收特性，这为进一步研究各向异性负折射率超材料波导的吸收特性打下了基础。

3.2 半导体负折射率超材料构成的矩形波导

3.2.1 理论分析

采用改进后的马卡梯里(Marcatili)方法分析横截面如图 3-1 所示的 $2a \times 2b$ 矩形波导，根据麦克斯韦方程可知：

$$\nabla \times \boldsymbol{E} = -\mathrm{j}\omega\mu_0 \boldsymbol{H} \tag{3-1}$$

$$\nabla \times \boldsymbol{H} = \mathrm{j}\omega\varepsilon_0\varepsilon_\mathrm{r} \boldsymbol{E} \tag{3-2}$$

将上述矢量方程展开后，电磁场的分量分别为

$$\frac{\partial \boldsymbol{E}_z}{\partial y} - \frac{\partial \boldsymbol{E}_y}{\partial z} = -\mathrm{j}\omega\mu_0 \boldsymbol{H}_x \tag{3-3}$$

$$\frac{\partial \boldsymbol{E}_x}{\partial z} - \frac{\partial \boldsymbol{E}_z}{\partial x} = -\mathrm{j}\omega\mu_0 \boldsymbol{H}_y \tag{3-4}$$

$$\frac{\partial \boldsymbol{E}_y}{\partial x} - \frac{\partial \boldsymbol{E}_x}{\partial y} = -\mathrm{j}\omega\mu_0 \boldsymbol{H}_z \tag{3-5}$$

$$\frac{\partial \boldsymbol{H}_z}{\partial y} - \frac{\partial \boldsymbol{H}_y}{\partial z} = \mathrm{j}\omega\varepsilon_0\varepsilon_\mathrm{r}\boldsymbol{E}_x \tag{3-6}$$

$$\frac{\partial \boldsymbol{H}_x}{\partial z} - \frac{\partial \boldsymbol{H}_z}{\partial x} = \mathrm{j}\omega\varepsilon_0\varepsilon_\mathrm{r}\boldsymbol{E}_y \tag{3-7}$$

$$\frac{\partial \boldsymbol{H}_y}{\partial x} - \frac{\partial \boldsymbol{H}_x}{\partial y} = \mathrm{j}\omega\varepsilon_0\varepsilon_\mathrm{r}\boldsymbol{E}_z \tag{3-8}$$

这里，关于 z 的偏导数可以替换为 $-\mathrm{j}\beta$。

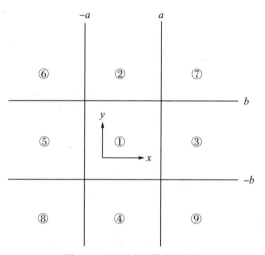

图 3-1　矩形波导横截面图

由于大部分光功率集中在波导芯中传输，所以电磁场的波形类似于横电磁模（transverse electric and magnetic mode，TEM 模），主要有两种模式。一种是电磁场的主要分量为 $\boldsymbol{E}_y$ 和 $\boldsymbol{H}_x$，并且 $\boldsymbol{H}_y$ 很小，近似为零，这种电场主要沿 y 方向偏振的模式称为 E_{mn}^y 模。另一种是电磁场的主要分量为 $\boldsymbol{E}_x$ 和 $\boldsymbol{H}_y$，并且 $\boldsymbol{E}_y$ 很小，近似为零，这种电场主要沿 x 方向偏振的模式称为 E_{mn}^x 模。本章主要分析 E_{mn}^y 模的传播特性，E_{mn}^x 模的传播特性可以采用同样的方法得到。由于 $H_y = 0$，方程式(3-3)～式(3-8)可以写成：

$$\frac{\partial \boldsymbol{E}_z}{\partial y} + \mathrm{j}\beta\boldsymbol{E}_y = -\mathrm{j}\omega\mu_0\boldsymbol{H}_x \tag{3-9}$$

$$-\mathrm{j}\beta\boldsymbol{E}_x - \frac{\partial \boldsymbol{E}_z}{\partial x} = 0 \tag{3-10}$$

$$\frac{\partial \boldsymbol{E}_y}{\partial x} - \frac{\partial \boldsymbol{E}_x}{\partial y} = -\mathrm{j}\omega\mu_0\boldsymbol{H}_z \tag{3-11}$$

$$\frac{\partial \boldsymbol{H}_z}{\partial y} = \mathrm{j}\omega\varepsilon_0\varepsilon_\mathrm{r}\boldsymbol{E}_x \tag{3-12}$$

$$-\mathrm{j}\beta \boldsymbol{H}_x - \frac{\partial \boldsymbol{H}_z}{\partial x} = \mathrm{j}\omega\varepsilon_0\varepsilon_\mathrm{r}\boldsymbol{E}_y \tag{3-13}$$

$$-\frac{\partial \boldsymbol{H}_x}{\partial y} = \mathrm{j}\omega\varepsilon_0\varepsilon_\mathrm{r}\boldsymbol{E}_z \tag{3-14}$$

由于

$$\nabla \cdot \boldsymbol{H} = 0 \tag{3-15}$$

可得

$$\boldsymbol{H}_z = \frac{1}{\mathrm{j}\beta}\frac{\partial \boldsymbol{H}_x}{\partial x} \tag{3-16}$$

将式(3-16)代入式(3-12)和式(3-13)可得

$$\boldsymbol{E}_x = \frac{-1}{\omega\varepsilon_0\varepsilon_\mathrm{r}\beta}\frac{\partial^2 \boldsymbol{H}_x}{\partial x \partial y} \tag{3-17}$$

$$\boldsymbol{E}_y = \frac{1}{\omega\varepsilon_0\varepsilon_\mathrm{r}\beta}\left(\beta^2 \boldsymbol{H}_x - \frac{\partial^2 \boldsymbol{H}_x}{\partial x^2}\right) \tag{3-18}$$

又由式(3-14)可得

$$\boldsymbol{E}_z = \frac{-1}{\mathrm{j}\omega\varepsilon_0\varepsilon_\mathrm{r}}\frac{\partial \boldsymbol{H}_x}{\partial y} \tag{3-19}$$

将式(3-18)和式(3-19)代入式(3-9)可得 $\boldsymbol{E}_{mn}^{y}$ 模的场分量 $\boldsymbol{H}_x$ ，即

$$\frac{\partial^2 \boldsymbol{H}_x}{\partial x^2} + \frac{\partial^2 \boldsymbol{H}_x}{\partial y^2} + k_0^2\left(\varepsilon_\mathrm{r} - n_\mathrm{eff}^2\right)\boldsymbol{H}_x = 0 \tag{3-20}$$

其中，$k_0 = w\sqrt{\varepsilon_0\mu_0}$，$n_\mathrm{eff} = \dfrac{\beta}{k_0}$。

最后，通过求解式(3-20)可以得出 $\boldsymbol{H}_x$ 在不同区域的解：

$$\boldsymbol{H}_x = \begin{cases} C_1\cos(k_x x)\cos(k_y y) & \text{(a)} \\ C_2\cos(k_x x)\exp\left[-\gamma_y(y-b)\right] & \text{(b)} \\ C_3\cos(k_y y)\exp\left[-\gamma_x(x-a)\right] & \text{(c)} \\ C_4\cos(k_x x)\exp\left[\gamma_y(y+b)\right] & \text{(d)} \\ C_5\cos(k_y y)\exp\left[\gamma_x(x+a)\right] & \text{(e)} \end{cases} \tag{3-21}$$

上式(a)~式(e)分别为区域 1~5 中 $\boldsymbol{H}_x$ 的表达式，其中：

$$\gamma_y^2 = k_0^2\left(\varepsilon_\parallel - 1\right) - \frac{\varepsilon_\parallel}{\varepsilon_\perp}k_y^2 \tag{3-22}$$

$$\gamma_x^2 = k_0^2\left(\varepsilon_\parallel - 1\right) - k_x^2 \tag{3-23}$$

由于在边界 $y = \pm b$ 上，$\boldsymbol{H}_x$ 和 $\boldsymbol{E}_z$ 是连续的，而在边界 $x = \pm a$ 处，$\boldsymbol{H}_z$ 和 $\boldsymbol{E}_y$ 是连续的，因此根据在两个方向上连续的边界条件，可以推出矩形波导的色散方程。

假设区域①中充满了半导体负折射率超材料，周围区域②～⑨均为真空，下面推导该矩形波导的色散方程。通过马卡梯里近似，认为区域⑥～⑨的传输功率极小，也就是说电磁场极弱，所以可以忽略它们的影响。半导体负折射率超材料由 n^+-GaInAs/i-AlInAs 异质结的周期结构形成，具有如下介电常数分布[59]：

$$\boldsymbol{\varepsilon} = \varepsilon_0 \begin{pmatrix} \varepsilon_\parallel & 0 & 0 \\ 0 & \varepsilon_\parallel & 0 \\ 0 & 0 & \varepsilon_\perp \end{pmatrix} \tag{3-24}$$

式中，$\varepsilon_\perp < 0$，$\varepsilon_\parallel > 0$，$\varepsilon_0$ 为真空中的介电常数。$\varepsilon_\perp$ 和 $\varepsilon_\parallel$ 与 AlInAs 和 InGaAs 的相对介电常数 ε_1 和 ε_2 的关系如下[178]：

$$\varepsilon_\perp = \frac{2\varepsilon_1\varepsilon_2}{\varepsilon_1 + \varepsilon_2}, \quad \varepsilon_\parallel = \frac{\varepsilon_1 + \varepsilon_2}{2} \tag{3-25}$$

式中，$\varepsilon_1 = 10.23$，$\varepsilon_2 = 12.15\left(1 - \omega_p^2/\omega^2\right)$。

将方程式(3-21)的(a)和(b)代入方程式(3-19)，并且根据 E_z 在 $y=b$ 处连续的边界条件可得

$$C_1 \frac{k_y}{\varepsilon_\parallel} \sin\left(k_y b\right) = C_2 \gamma_y \tag{3-26}$$

又根据 H_x 在 $y=b$ 处连续，可得

$$C_1 \cos\left(k_y b\right) = C_2 \tag{3-27}$$

将方程式(3-26)和式(3-27)两边相除，可得

$$\tan\left(k_y b\right) = \frac{\varepsilon_\parallel \gamma_y}{k_y} \tag{3-28}$$

所以

$$k_y b = \arctan\left(\frac{\varepsilon_\parallel \gamma_y}{k_y}\right) + n_1 \pi \quad (n_1 = 0, 1, \cdots) \tag{3-29}$$

然后，将方程式(3-21)的(a)和(d)代入方程式(3-19)，并且根据 E_z 在 $y=-b$ 处连续的边界条件可得

$$C_1 \frac{k_y}{\varepsilon_\parallel} \sin\left(-k_y b\right) = -C_4 \gamma_y \tag{3-30}$$

又根据 H_x 在 $y=-b$ 处连续，可得

$$C_1 \cos\left(-k_y b\right) = C_4 \tag{3-31}$$

将方程式(3-30)和式(3-31)两边相除，可得

$$\tan\left(k_y b\right) = \frac{\varepsilon_\parallel \gamma_y}{k_y} \tag{3-32}$$

所以

$$k_y b = \arctan\left(\frac{\varepsilon_\| \gamma_y}{k_y}\right) + n_2 \pi \quad (n_2 = 0, 1, \cdots) \tag{3-33}$$

将方程式(3-29)和方程式(3-33)两边相加，可得

$$k_y b = \arctan\left(\frac{\varepsilon_\| \gamma_y}{k_y}\right) + \frac{1}{2} n \pi \quad (n = 0, 1, \cdots) \tag{3-34}$$

由于 E^y_{mn} 在 x 方向的电场趋近于零，因此色散方程不受介电常数分量的影响[179-181]。采用同样的方法，根据在边界 $x = \pm a$ 连续的条件，可得

$$k_x a = \arctan\left(\frac{\gamma_x}{k_x}\right) + \frac{1}{2} m \pi \quad (m = 0, 1, \cdots) \tag{3-35}$$

矩形波导的传播常数为

$$\beta = \sqrt{k_0^2 \varepsilon_\| - \frac{\varepsilon_\|}{\varepsilon_\perp} k_y^2 - k_x^2} \tag{3-36}$$

由色散方程式(3-34)和式(3-35)可知，不同于普通的双负介质矩形波导，在半导体负折射率超材料矩形波导中，E^y_{mn} 的零阶模依然存在。其中有三方面原因：首先，由于半导体负折射率超材料的三个介电常数分量不全为负，γ_y 始终为实数；其次，由于 $\varepsilon_\| > 0$，当 $n = 0$ 时方程式(3-34)仍然有解；最后，由于 E^y_{mn} 模的 $\boldsymbol{E}_x$ 为零，x 方向的色散方程与正折射率介质相同，不影响零阶模的存在。因此，E^y_{00} 模能够在半导体负折射率超材料矩形波导中传播。

在色散方程式(3-34)和式(3-35)中，如果 k_x 和 k_y 均为实数，那么矩形波导中的传播模式为导模。而当 k_x 和 k_y 均为虚数时，满足色散方程的模式为表面模。此时，假设 $k_y = j\alpha_y$，$k_x = j\alpha_x$，其中 α_y 和 α_x 是正实数。通过简单地推导，可以得出表面模的色散方程。

在 y 方向，有

$$\tanh\left(\alpha_y b\right) = -\frac{\varepsilon_\| p_y}{\alpha_y} \quad (当 \; n \; 为偶数时) \tag{3-37}$$

$$\coth\left(\alpha_y b\right) = \frac{\varepsilon_\| p_y}{\alpha_y} \quad (当 \; n \; 为奇数时) \tag{3-38}$$

式中，$p_y = \sqrt{k_0^2 (\varepsilon_\perp - 1) + \alpha_y^2 \frac{\varepsilon_{r\perp}}{\varepsilon_{r\|}}}$。

在 x 方向，有

$$\tanh\left(\alpha_x a\right) = -\frac{p_x}{\alpha_x} \quad (当 \; m \; 为偶数时) \tag{3-39}$$

$$\coth\left(\alpha_x a\right) = \frac{p_x}{\alpha_x} \quad (当 \; m \; 为奇数时) \tag{3-40}$$

式中，$p_x = \sqrt{k_0^2\left(\varepsilon_{r\perp}-1\right)+\alpha_x^2}$ 。

3.2.2 数值仿真

本节通过数值仿真计算半导体负折射率超材料矩形波导的导模特性。首先，选择 $\omega_p = 2\times10^{14}\,\mathrm{rad/s}$ 和 $a=8\,\mu\mathrm{m}$，讨论 E_{00}^y 模的色散曲线。考虑 $b=0.5a$、$b=a$ 和 $b=1.5a$ 三种情况下 β/k_0 随 a/λ 的变化曲线（即布里渊图），如图 3-2 所示。随着矩形波导归一化长度 a/λ 的增加，有效折射率也随之增大。从图中同时可以看出，当矩形波导的长度 a 一定时，宽度 b 的增大引起了矩形波导有效折射率的减小。这意味着宽度 b 越大，矩形波导对导模的限制能力越差。因此，在长度一定的填充半导体负折射率超材料的矩形波导中，a/b 的值越大，波导对导模的限制就越强。为了进一步验证这个分析结果，图 3-3 给出了当矩形波导宽度 b 一定时，由不同长度引起的有效折射率的改变，包括 $a=0.5b$、$a=b$ 和 $a=1.5b$ 三种情况。当矩形波导的宽度 $b=8\,\mu\mathrm{m}$ 时，长度 a 的增加引起了矩形波导有效折射率的增加。也就是说，在宽度一定的填充半导体负折射率超材料的矩形波导中，长宽比越大，波导对导模的限制就越强。这是由于半导体负折射率超材料的各向异性使 x 和 y 方向的色散方程不同，因此整个波导的有效折射率受 a 和 b 比值变化的影响，这不同于各向同性负折射率超材料矩形波导中的情况[182]。

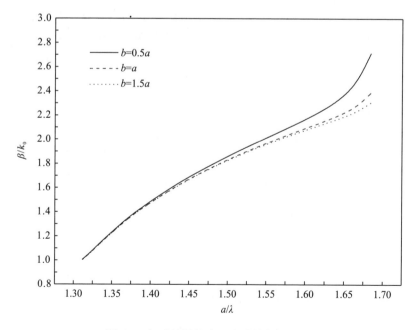

图 3-2　矩形波导长度一定时的布里渊图

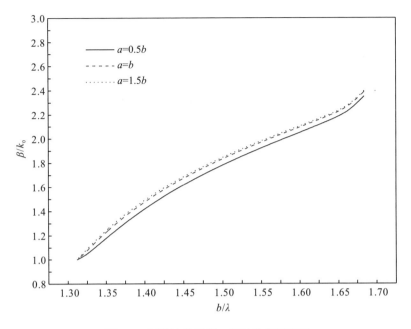

图 3-3　矩形波导宽度一定时的布里渊图

　　下面考虑当矩形波导形状一定时，不同模式的色散曲线。这里依然选择 $\omega_p = 2 \times 10^{14}\,\text{rad/s}$，$a = 8\,\mu\text{m}$ 和 $b = 4\,\mu\text{m}$。在图 3-4 中，给出了 E_{00}^y、E_{10}^y、E_{01}^y 和 E_{11}^y 模的布里渊图。从图中可以看出，随着归一化宽度 b/λ 的增大，E_{00}^y 模与 E_{10}^y 模、E_{01}^y 模与 E_{11}^y 模分别呈现出简并的趋势。通过进一步分析可知，在半导体负折射率超材料矩形波导中，n 相等的 E_{mn}^y 模通常具有简并的趋势，而对于 m 相等的 E_{mn}^y 模，其有效折射率差值随归一化宽度的增大变得越来越大，如图 3-4 中的 E_{00}^y 模和 E_{01}^y 模、E_{10}^y 模和 E_{11}^y 模。利用这一特性，可以通过矩形波导直接将 m 相等而 n 不相等的 E_{mn}^y 模区分开来，从而实现一种有效而简单的模式滤波器。同时发现，相比于 E_{00}^y 模和 E_{10}^y 模，E_{01}^y 模和 E_{11}^y 模的简并趋势明显较强，这是由于 n 的增大使矩形波导中低阶模的简并增强。这种模式的简并特性在各向同性的负折射率超材料矩形波导中并不存在[182]。

　　因此，可以说在半导体负折射率超材料矩形波导中，由于半导体负折射率超材料有着无磁和各向异性介电常数的特性，矩形波导中的传播模式具有与普通介质波导或各向同性的负折射率超材料波导截然不同的色散特性。利用此特性可以制作简易而实用的波导器件[183]，从而为新型光子器件的设计和制作开辟崭新的思路。

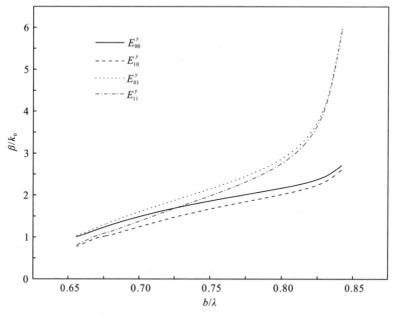

图 3-4　不同模式的布里渊图

3.3　半导体负折射率超材料构成的谐振腔

3.3.1　谐振方程的推导

根据 2.4.2 节的介绍可知，负折射率超材料的引入可以实现小型化的谐振腔，这种谐振腔已经由一维发展至三维[184,185]。本节采用两种相对磁导率为 1 的无磁各向异性介质构成如图 3-5 所示的矩形谐振腔，无磁各向异性的正折射率介质和负折射率超材料夹在两个反射镜间，分别填充于 $z<0$ 和 $z>0$ 的区域内。这里的负折射率超材料采用 3.2 节描述和分析的半导体负折射率超材料，其相对磁导率为 1，介电常数张量满足方程式(3-24)，而各向异性无磁的正折射率介质也可以通过上述半导体异质结实现，只要介电常数张量满足 $\varepsilon_{\parallel}>0$ 且 $\varepsilon_{\perp}>0$ 或 $\varepsilon_{\parallel}<0$ 且 $\varepsilon_{\perp}>0$，该半导体超常媒介就具有正折射率介质的特性[143]。为了方便分析，这里令正折射率介质的介电常数分量为 $\varepsilon_x^-=\varepsilon_y^-=\varepsilon_{\parallel}^-$ 和 $\varepsilon_z^-=\varepsilon_{\perp}^-$，负折射率超材料的介电常数分量为 $\varepsilon_x^+=\varepsilon_y^+=\varepsilon_{\parallel}^+$ 和 $\varepsilon_z^+=\varepsilon_{\perp}^+$。

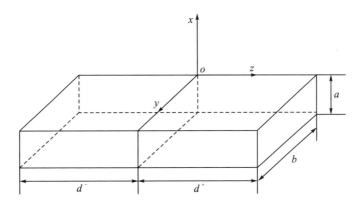

图 3-5　正-负折射率超材料矩形谐振腔示意图

下面以 E_{11}^y 模为例对该矩形谐振腔的谐振方程进行推导，此时电磁场的主要分量为 E_y 和 H_x。假设组成矩形谐振腔的两种介质均为无损耗介质，在 $-d^- < z < 0$ 的区域内，电场和磁场分别为

$$H_x^- = H_0^- \sin\left[k_z^- \left(z + d^- \right) \right] \tag{3-41}$$

$$E_y^- = \frac{k_z^-}{\mathrm{i}\,\omega\varepsilon_{\parallel}^-} H_0^- \cos\left[k_z^- \left(z + d^- \right) \right] \tag{3-42}$$

而在 $0 < z < d^+$ 的区域内，电场和磁场的分量分别为

$$H_x^+ = H_0^+ \sin\left[k_z^+ \left(d^+ - z \right) \right] \tag{3-43}$$

$$E_y^+ = -\frac{k_z^+}{\mathrm{i}\,\omega\varepsilon_{\parallel}^+} H_0^+ \cos\left[k_z^+ \left(d^+ - z \right) \right] \tag{3-44}$$

式中，上角标"−"和"+"分别为正折射率介质和负折射率超材料中的场分布；k_z^+ 和 k_z^- 分别为各个矩形波导的传播常数[186]，可通过 3.2 节中矩形波导传播常数的公式(3-34)～式(3-36)进行计算。为了保证电磁场的连续性，谐振腔界面的边界条件为

$$E_y^-\big|_{z=0} = E_y^+\big|_{z=0}$$

$$H_x^-\big|_{z=0} = H_x^+\big|_{z=0} \tag{3-45}$$

因此，有

$$H_0^- \sin\left(k_z^- d^- \right) - H_0^+ \sin\left(k_z^+ d^+ \right) = 0$$

$$\frac{k_z^-}{\varepsilon_{\parallel}^-} H_0^- \cos\left(k_z^- d^- \right) + \frac{k_z^+}{\varepsilon_{\parallel}^+} H_0^+ \cos\left(k_z^+ d^+ \right) = 0 \tag{3-46}$$

为了得到非零解，即 $H_0^- \neq 0$，$H_0^+ \neq 0$，式(3-46)的行列式必须为零，也就是说，有

$$\frac{k_z^+}{\varepsilon_\parallel^+}\sin\left(k_z^- d^-\right)\cos\left(k_z^- d^-\right) + \frac{k_z^-}{\varepsilon_\parallel^-}\sin\left(k_z^+ d^+\right)\cos\left(k_z^- d^-\right) = 0 \qquad (3\text{-}47)$$

上式可以简化为

$$-\frac{k_z^- \cot(k_z^- d^-)}{\varepsilon_\parallel^-} = \frac{k_z^+ \cot(k_z^+ d^+)}{\varepsilon_\parallel^+} \qquad (3\text{-}48)$$

为了方便讨论，假设 $d^- + d^+ = d$，$d^- = d^+$，$a = b = 0.5\lambda$，$x = d/\lambda$（归一化长度）和 $k = k_z/k_0$。谐振方程可以写成

$$-\frac{k^- \cot(k^- \pi x)}{\varepsilon_\parallel^-} = \frac{k^+ \cot(k^+ \pi x)}{\varepsilon_\parallel^+} \qquad (3\text{-}49)$$

只要满足该谐振方程，谐振腔中就存在非零解。

3.3.2　作图法求解谐振方程

利用作图法对谐振方程式(3-49)进行求解，当归一化长度 x 的取值在某一区间变化时，方程左边的函数值用虚线表示，而方程右边的函数值用实线表示，两条曲线的交点即为谐振方程的解。考虑 k^- 和 k^+ 分别为实数和虚数的情况对该矩形谐振腔的谐振模式进行分析。负折射率超材料具有式(3-25)的色散模型，而正折射率介质可由两种方式实现，$\varepsilon_\parallel > 0$ 且 $\varepsilon_\perp > 0$ 或 $\varepsilon_\parallel < 0$ 且 $\varepsilon_\perp > 0$[143]，因此本节分三种情况对该谐振腔进行讨论。这里选择入射光的波长均为 $\lambda = 10\,\mu m$。

1. k^- 和 k^+ 均为实数

选择 $\omega_p = 1.1\omega_0$，当 $\varepsilon_\parallel^- = 5$，$\varepsilon_\perp^- = 3$ 时，谐振方程左右两边的函数值如图 3-6 所示，而当 $\varepsilon_\parallel^- = -3$，$\varepsilon_\perp^- = 1$ 时的解则如图 3-7 所示。谐振腔的本征模可以通过图中实线和虚线的交点得出。从图中可以看出，当正折射率介质的 $\varepsilon_\parallel^-$ 为正时，谐振方程的第一个解出现在 $x=0.28$ 处，较 $\varepsilon_\parallel^-$ 为正时第一个解出现的 $x=2.62$ 处要小得多。这就意味着以 $\varepsilon_\parallel^- > 0$ 且 $\varepsilon_\perp^- > 0$ 的方式实现的正折射率介质有利于减小谐振腔的尺寸，通过谐振腔尺寸的微小变化就可以获得同样的谐振模式。此时，谐振方程有无数个解。而当 $\varepsilon_\parallel^- < 0$ 时，两条曲线只在 $x=2.62$ 处有唯一的一个交点，因此加强了对谐振腔设计的限制。

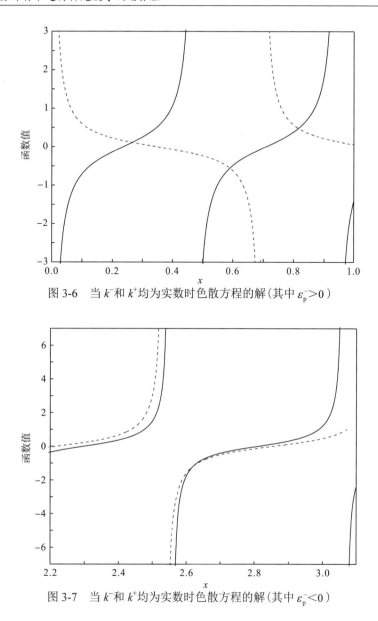

图 3-6　当 k^- 和 k^+ 均为实数时色散方程的解（其中 $\varepsilon_p^->0$）

图 3-7　当 k^- 和 k^+ 均为实数时色散方程的解（其中 $\varepsilon_p^-<0$）

2. k^- 为实数，k^+ 为虚数

选择 $\omega_p=1.31\omega_0$，当 $\varepsilon_\parallel^-=5$，$\varepsilon_\perp^-=3$ 时，谐振方程左右两边的函数值如图 3-8 所示，而当 $\varepsilon_\parallel^-=-3$，$\varepsilon_\perp^-=1$ 时的解则如图 3-9 所示。谐振腔的本征模可以通过图中实线和虚线的交点得出。当正折射率介质的 $\varepsilon_\parallel$ 为正时，谐振方程的第一个解出现在 $x=0.61$ 处，较 $\varepsilon_\parallel^-$ 为正时第一个解出现的 $x=0.79$ 处要小得多。这是由于 $\varepsilon_\parallel^->0$ 使谐振方程右边的函数值错过了左边函数值的第一个周期，所以没有交叉点。因

此，$\varepsilon_\parallel^- <0$ 的正折射率介质的引入使谐振方程第一个解出现时对应的谐振腔较长，这就意味着以 $\varepsilon_\parallel^- >0$ 且 $\varepsilon_\perp^- >0$ 的方式实现的正折射率介质有利于减小谐振腔的尺寸，实现器件的小型化。注意到在这种情况下，由于 k^+ 为虚数，谐振方程右边的余切函数变成了双曲余切函数，所以当光波的电磁场离开两种介质的界面时会在正折射率介质中呈指数衰减。从图中可以看出，两种情况下谐振方程都有无数个解，可以通过调节谐振腔两种介质的长度 d 来实现对谐振模的选择。这在不方便改变谐振腔填充介质的情况下是一种简单有效的设计。

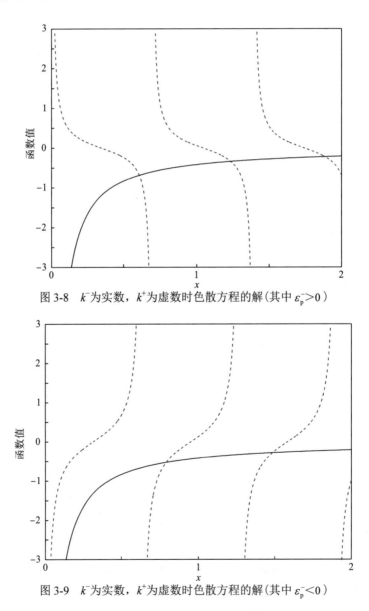

图 3-8　k^- 为实数，k^+ 为虚数时色散方程的解（其中 $\varepsilon_p^- >0$）

图 3-9　k^- 为实数，k^+ 为虚数时色散方程的解（其中 $\varepsilon_p^- <0$）

3. k^- 和 k^+ 均为虚数

选择 $\omega_p = 1.31\omega_0$，当 $\varepsilon_{\parallel}^- = 1$，$\varepsilon_{\perp}^- = 3$ 时，谐振方程左右两边的函数值如图 3-10 所示，而当 $\varepsilon_{\parallel}^- = -1$，$\varepsilon_{\perp}^- = 3$ 时的解则如图 3-11 所示。谐振腔的本征模可以通过图中实线和虚线的交点得出。由于 k^- 和 k^+ 均为虚数，谐振方程的两边都变成了双曲余切函数。当 $\varepsilon_{\parallel}^- > 0$ 时，两条曲线没有交点，谐振腔无解；当 $\varepsilon_{\parallel}^- < 0$ 时，两条曲线在 $x=0.69$ 处有一个交点，也就是说谐振腔有一个谐振模式存在。因此，$\varepsilon_{\parallel}^- < 0$ 的正折射率介质的引入使本来无解的谐振方程有解，这是其与普通谐振腔相比的一大优点。

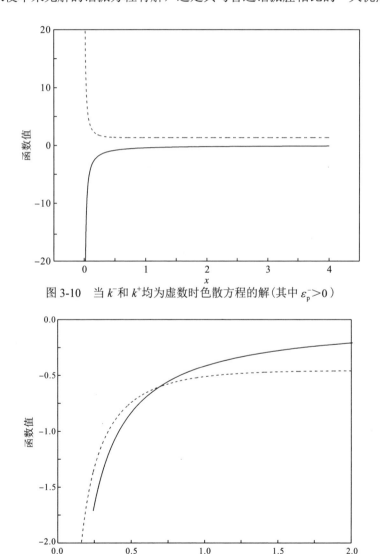

图 3-10　当 k^- 和 k^+ 均为虚数时色散方程的解（其中 $\varepsilon_p^- > 0$ ）

图 3-11　当 k^- 和 k^+ 均为虚数时色散方程的解（其中 $\varepsilon_p^- < 0$ ）

最后，由于负折射率超材料具有负的相速度，所以可与正折射率介质的正相速度相抵消，因此可以利用这种谐振腔结构实现相位补偿器。填充正折射率介质的区域引起的相差为 $k_z^- d^-$，而填充半导体负折射率超材料的区域引起的相差为 $k_z^+ d^+$，这时谐振腔前后端面的相位差可以表示为 $k_z^- d^- + k_z^+ d^+$，其中 $k_z^- < 0$。所以，不管在正折射率介质波导中引起的相位差有多大，都可以通过半导体负折射率超材料波导来抵消。此时，整个波导引起的相位差不再取决于 $d^+ + d^-$，而是取决于两种介质的厚度比。如果选择两种介质的厚度比为 $d^+/d^- = -k_z^-/k_z^+$，那么谐振腔前后端面的总相位差为零。可见，半导体负折射率超材料波导实现了相位补偿的功能。此时不管介质厚度有多大，光波在通过这两层介质时均不会有相位差，从而实现了无相差的谐振。

本节利用半导体负折射率超材料设计了一种新型的矩形谐振腔，其中的谐振模式与正、负折射率超材料介电常数的空间分布相关。考虑了 k^- 和 k^+ 分别为实数和虚数的情况，并对相应的谐振方程进行了求解。最后，讨论了利用负折射率超材料波导的相位补偿功能而实现的无相差谐振腔。这为构建特殊功能的谐振腔提供了新的思路，同时也具有更好的设计灵活度和对误差的耐受度。

3.4 负折射率超材料光波导的吸收特性

以上对负折射率超材料波导及谐振腔的讨论都是基于忽略负折射率超材料本身的损耗而进行的，然而实际上负折射率超材料一般都具有较大的吸收损耗。也就是说负折射率超材料的折射率大多数为复数，由于复折射率虚部的存在会带来不可忽略的吸收损耗，因此有必要对光在负折射率超材料波导中传播的损耗进行研究。在分析复折射率波导时，一般采用数值计算方法求解复本征方程，计算量很大，对计算环境要求很高。当波导的折射率为复数时，其虚部的存在会使整个波导的场分布发生变化，这种变化是一种扰动。当这种变化很小(即折射率的虚部相对实部而言很小)时，可以采用微扰法进行分析。文献[187]采用微扰法对具有复折射率的普通介质波导进行了分析，结果证明在弱吸收和低增益情况下微扰法是相当好的近似方法。

为此，本节采用微扰法分析有损耗芯层为负折射率超材料的平板波导和矩形波导的导模特性，并推导有效折射率和衰减系数的表达式。最后进行数值计算，并结合同等条件下芯层为右手介质波导的计算结果进行比较、分析和讨论。

3.4.1　平板波导

负折射率超材料非对称三层平板波导的结构如图 3-12 所示，上包层和下包层由正折射率介质构成，波导芯层由负折射率超材料构成。令 $\bar{n}_i = n_i - \mathrm{j}\kappa_i$ $(i=1,2,3)$，则 $\bar{n}_i^2 = n_i^2 - \kappa_i^2 - 2\mathrm{j}n_i\kappa_i$，其中，$\bar{n}_i$ 为介质的复折射率，n_i、κ_i 分别为介质的实折射率和消光系数。同时令 $\bar{\varepsilon}_i = \varepsilon_0\varepsilon_i - \mathrm{j}b_i$，$\bar{\mu}_i = \mu_0\mu_i - \mathrm{j}d_i$ $(i=1,2,3,\varepsilon_1<0,\mu_1<0)$，相应的振幅衰减系数为 α_i $(\alpha_i = k_0\kappa_i)$。此时波导的传播系数为 β，有效折射率为 N，其中，$\beta = k_0 N$。当 $\max(n_2^2,n_3^2)<N^2<n_1^2$ 时，导模能够在波导中传输。

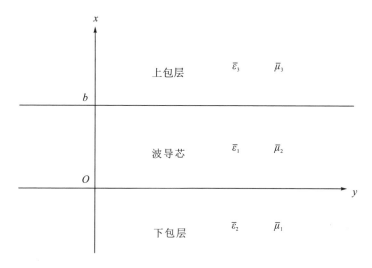

图 3-12　非对称三层平板波导的结构示意图

下面采用微扰法对有损耗的负折射率超材料非对称三层平板波导进行分析。

首先，令 $2n_i\kappa_i = 0$，将波导近似为无损耗波导。其场分布函数 $\varphi_{y0}(x)$ 和实传播常数 β 满足的亥姆霍兹方程可写为 $\hat{H}_0\varphi_{y0}(x) = \beta^2\varphi_{y0}(x)$，其中，算符 $\hat{H}$ 为

$$\hat{H}_0 = \frac{\mathrm{d}^2}{\mathrm{d}x^2} + k_0^2\left(n_i^2 - \kappa_i^2\right)。零级近似特征方程为[188]$$

$$\gamma_1 b = m\pi + \arctan B + \arctan C \qquad (m=0,1,2,\cdots) \tag{3-50}$$

式中，$\gamma_1^2 = k_0^2 n_1^2 - \beta^2$。根据导模传播条件可知，$\gamma_2^2 = \beta^2 - k_0^2 n_2^2$，$\gamma_3^2 = \beta^2 - k_0^2 n_3^2$，$\gamma_1>0,\gamma_2>0,\gamma_3>0$ 且 $\gamma_1^2>0,\gamma_2^2>0,\gamma_3^2>0$。式 (3-50) 中，对 TE 模有

$$B = \frac{\mu_1}{\mu_2} \cdot \frac{\gamma_2}{\gamma_1}，\quad C = \frac{\mu_1}{\mu_3} \cdot \frac{\gamma_3}{\gamma_1} \tag{3-51}$$

对 TM 模有

$$B = \frac{\varepsilon_1}{\varepsilon_2} \cdot \frac{\gamma_2}{\gamma_1} , \quad C = \frac{\varepsilon_1}{\varepsilon_3} \cdot \frac{\gamma_3}{\gamma_1} \tag{3-52}$$

式中，ε_i 和 μ_i $(i=1,2,3)$ 分别为介质的相对介电常数和相对磁导率。令有效折射率 N 的表达式为 $N = \beta / k_0$，此时方程式(3-50)可写为

$$bk_0\sqrt{n_1^2 - N^2} = m\pi + \arctan\frac{\mu_1}{\mu_2}\sqrt{\frac{N^2 - n_2^2}{n_1^2 - N^2}} + \arctan\frac{\mu_1}{\mu_3}\sqrt{\frac{N^2 - n_3^2}{n_1^2 - N^2}} \quad \text{(TE)} \tag{3-53}$$

$$bk_0\sqrt{n_1^2 - N^2} = m\pi + \arctan\frac{\varepsilon_1}{\varepsilon_2}\sqrt{\frac{N^2 - n_2^2}{n_1^2 - N^2}} + \arctan\frac{\varepsilon_1}{\varepsilon_3}\sqrt{\frac{N^2 - n_3^2}{n_1^2 - N^2}} \quad \text{(TM)} \tag{3-54}$$

再考虑 $2n_i\kappa_i \neq 0$ 的影响。此时波导为有损耗型波导，其复场分布函数 $\overline{\varphi}_{y0}(x)$ 和复传播常数 $\overline{\beta}$ 满足的亥姆霍兹方程可写为 $\hat{H}\overline{\varphi}_{y0}(x) = \overline{\beta}^2\overline{\varphi}_{y0}(x)$，其中，$\hat{H}'$ 为微扰算符，其表达式为[189]

$$\hat{H}' = \begin{cases} -2\,\mathrm{j}k_0^2 n_2\kappa_2 & (-\infty < x < 0) \\ -2\,\mathrm{j}k_0^2 n_1\kappa_1 & (0 \leqslant x \leqslant b) \\ -2\,\mathrm{j}k_0^2 n_3\kappa_3 & (b < x < \infty) \end{cases} \tag{3-55}$$

此时，令 $\overline{\beta}^2 = \beta^2 + \Delta\overline{\beta}^2$，其中，$\Delta\overline{\beta}^2$ 是由 $-2\,\mathrm{j}k_0^2 n_i\kappa_i$ 引起的微扰修正项。

对于 TE 模，由一级微扰论可得[189]

$$\Delta\overline{\beta}^2 = \frac{\dfrac{\beta}{2\omega\mu_0}\displaystyle\int_{-\infty}^{\infty}\frac{1}{\mu}E_{y0}^*(x)\hat{H}'E_{y0}(x)\mathrm{d}x}{\dfrac{\beta}{2\omega\mu_0}\displaystyle\int_{-\infty}^{\infty}\frac{1}{\mu}E_{y0}^*(x)E_{y0}(x)\mathrm{d}x} \tag{3-56}$$

将式(3-55)代入式(3-56)，又因为模的衰减系数为 $\alpha = -\mathrm{Im}(\overline{\beta}) = -\mathrm{Im}(\Delta\overline{\beta})$，可得

$$\alpha_{\mathrm{TE}} = \frac{1}{Nb_{\mathrm{eff}}}\left[n_1\alpha_1\left(b + \frac{\mu_1\mu_2\gamma_2}{\mu_2^2\gamma_1^2 + \mu_1^2\gamma_2^2} + \frac{\mu_1\mu_3\gamma_3}{\mu_3^2\gamma_1^2 + \mu_1^2\gamma_3^2}\right) + n_2\alpha_2\left(\frac{\mu_1\mu_2\gamma_1^2}{\gamma_2\left(\mu_2^2\gamma_1^2 + \mu_1^2\gamma_2^2\right)}\right) \right. $$
$$\left. + n_3\alpha_3\left(\frac{\mu_1\mu_3\gamma_1^2}{\gamma_3\left(\mu_3^2\gamma_1^2 + \mu_1^2\gamma_3^2\right)}\right) \right] \tag{3-57}$$

式中，b_{eff} 为

$$b_{\mathrm{eff}} = b + \frac{\mu_1\mu_2\left(\gamma_1^2 + \gamma_2^2\right)}{\gamma_2\left(\mu_2^2\gamma_1^2 + \mu_1^2\gamma_2^2\right)} + \frac{\mu_1\mu_3\left(\gamma_1^2 + \gamma_3^2\right)}{\gamma_3\left(\mu_3^2\gamma_1^2 + \mu_1^2\gamma_3^2\right)} \tag{3-58}$$

如果波导芯由负折射率超材料构成，即 μ_1 为负，当 $m=0$ 时，式(3-53)恒不成立，因此该波导不支持 TE$_0$ 模的传播。

对于 TM 模，同理可得

$$\alpha_{\mathrm{TM}} = \frac{1}{Nb_{\mathrm{eff}}}\left[\begin{array}{l} n_1\alpha_1\left(b + \dfrac{\varepsilon_1\varepsilon_2\gamma_2}{\varepsilon_2^2\gamma_1^2 + \varepsilon_1^2\gamma_2^2} + \dfrac{\varepsilon_1\varepsilon_3\gamma_3}{\varepsilon_3^2\gamma_1^2 + \varepsilon_1^2\gamma_3^2}\right) + n_2\alpha_2\left(\dfrac{\varepsilon_1\varepsilon_2\gamma_1^2}{\gamma_2\left(\varepsilon_2^2\gamma_1^2 + \varepsilon_1^2\gamma_2^2\right)}\right) \\[4mm] + n_3\alpha_3\left(\dfrac{\varepsilon_1\varepsilon_3\gamma_1^2}{\gamma_3\left(\varepsilon_3^2\gamma_1^2 + \varepsilon_1^2\gamma_3^2\right)}\right) \end{array}\right]$$

(3-59)

式中，b_{eff} 为

$$b_{\mathrm{eff}} = b + \frac{\varepsilon_1\varepsilon_2\left(\gamma_1^2 + \gamma_2^2\right)}{\gamma_2\left(\varepsilon_2^2\gamma_1^2 + \varepsilon_1^2\gamma_2^2\right)} + \frac{\varepsilon_1\varepsilon_3\left(\gamma_1^2 + \gamma_3^2\right)}{\gamma_3\left(\varepsilon_3^2\gamma_1^2 + \varepsilon_1^2\gamma_3^2\right)}$$

(3-60)

如果波导芯由负折射率超材料构成，即 ε_1 为负，当 $m=0$ 时，式(3-54)恒不成立，因此该波导不支持 TM$_0$ 模的传播。

以 TE 模在有损耗的负折射率超材料对称三层平板波导中的传播为例，根据式(3-51)和式(3-55)可以计算出其在波导中传播的有效折射率 N 和衰减系数 α。

取 $n_1 = -1.58$，$n_2 = n_3 = 1.48$，$\mu_1/\mu_2 = \mu_1/\mu_3 = -1$，包层的衰减系数为 $\alpha_2 = \alpha_3 = 0.0005/\mu\mathrm{m}$，图 3-13 给出了当 $\alpha_1 = 2\alpha_2$、$\alpha_1 = \alpha_2$、$\alpha_1 = 0.5\alpha_2$ 时，负折射率超材料波导中 TE$_1$ 模的衰减系数随 b/λ 的变化曲线。从图中可以看出，波导的衰减系数 α 总是随 b/λ 单调递增，并且随着 b/λ 的增大而增大，波导的衰减系数趋近于包层的衰减系数 $0.0005/\mu\mathrm{m}$。对于光波的同一传播模式，当波长一定时，波导的衰减系数随波导芯厚度的增加而增大；当波导芯厚度一定时，波导的衰减系数随波长的增加而减小。因此在这种情况下，如果想减小模式的吸收损耗，就需要严格控制芯层厚度。一方面保证其满足导模传输条件，另一方面又要使衰减系数尽可能小。

图 3-14 中的曲线给出了在相同参数下芯层为正折射率介质的平板波导的衰减曲线，其中 $n_1 = 1.58$。该曲线从上至下分别表示当 $\alpha_1 = 2\alpha_2$、$\alpha_1 = \alpha_2$、$\alpha_1 = 0.5\alpha_2$ 时，波导的衰减系数与 b/λ 的变化关系。从图中可以看出，波导的衰减系数 α 与 b/λ 的变化关系取决于芯层衰减系数与包层衰减系数的比值。在 $\alpha_1 = 0.5\alpha_2$ 的情况下，各阶导模的衰减系数 α 总是随 b/λ 的增大而减小，并且取值总是小于包层衰减系数；当 $\alpha_1 = \alpha_2$ 时，波导的衰减系数非常接近芯层的衰减系数；当 $\alpha_1 = 2\alpha_2$ 时，各阶导模的衰减系数 α 总是随 b/λ 的增大而增大，并且取值总是大于包层衰减系数。

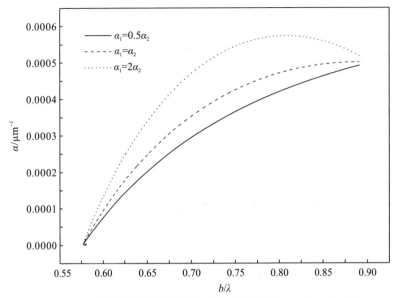

图 3-13　负折射率超材料平板波导的衰减系数随 b/λ 的变化曲线

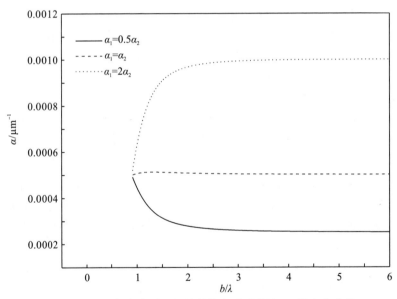

图 3-14　正折射率介质平板波导的衰减系数随 b/λ 的变化曲线

　　图 3-15 给出了负折射率超材料平板波导中除最低阶模外的 $\mathrm{TE_2}$、$\mathrm{TE_3}$ 和 $\mathrm{TE_4}$ 模的衰减曲线，这里选择 $\alpha_1 = \alpha_2 = 0.0005/\mu\mathrm{m}$。与 $\mathrm{TE_1}$ 模的衰减特性不同，高阶模随 b/λ 的变化不再是单调递增的了，其衰减系数先随 b/λ 的增大而减小，然后随 b/λ 的增大而增大。除此之外，随着模式阶数的增加，同一频率光波的衰减系数明显增大。这就意味着除最低阶模外的高阶模在波导中的损耗更大。

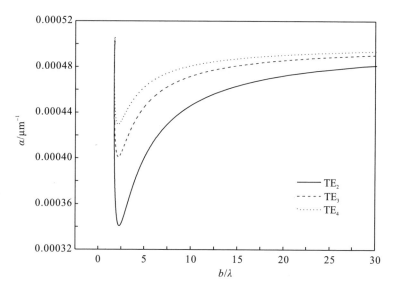

图 3-15 负折射率超材料平板波导中不同模式的衰减曲线

为了方便比较,图 3-16 给出了正折射率介质平板波导中除最低阶模外的 TE_2、TE_3 和 TE_4 模的衰减曲线,同样选择 $\alpha_1 = \alpha_2 = 0.0005/\mu m$。与负折射率超材料波导的衰减特性不同,正折射率介质波导中高阶模的衰减系数先随 b/λ 的增大而增大,然后随 b/λ 的增大而减小。

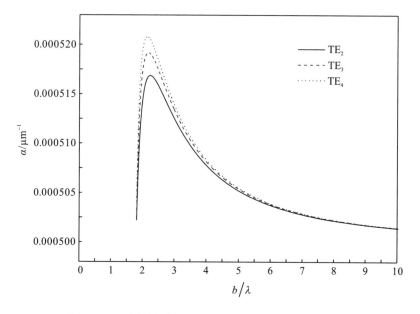

图 3-16 正折射率介质平板波导中不同模式的衰减曲线

从以上的正折射率介质波导和负折射率超材料波导衰减曲线的比较中，可以得出以下几点结论。

(1) 正折射率介质波导衰减曲线的变化趋势取决于芯层与包层衰减系数关系的不同，负折射率超材料波导衰减曲线的变化趋势总是随 b/λ 的增大而单调增大。

(2) 一般来说，负折射率超材料波导的衰减系数小于包层的衰减系数，因此有利于减小光损耗，提高能量利用率。

当然，在负折射率超材料波导中如何降低其对光波的吸收损耗仍然有待进一步研究。

3.4.2 矩形波导

利用上述对平板波导吸收特性的分析，可以推导出矩形波导的衰减系数。考虑如图 3-17 所示的矩形波导，其长度为 a，宽度为 b。忽略光功率极小的部分，矩形波导各区域的复折射率为 $\bar{n}_i = \varepsilon_i - \mathrm{j}\kappa_i$，其中，$\bar{\varepsilon}_i = \varepsilon_0\varepsilon_i - \mathrm{j}b_i$，$\bar{\mu}_i = \mu_0\mu_i - \mathrm{j}d_i$ $(i = 1, 2, 3, 4, 5)$。这里假设芯层是由双负折射率超材料组成的负折射率超材料，即 $\varepsilon_1 < 0$，$\mu_1 < 0$，而包层均为正折射率介质，$\varepsilon_i > 0$，$\mu_i > 0$ $(i = 2, 3, 4, 5)$。为了分析方便，令 $\alpha_i = k_0\kappa_i$ 为介质的振幅衰减系数。

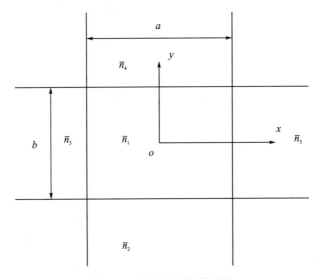

图 3-17　矩形波导横截面图

在矩形波导中，电磁场的波形接近于横电磁模 (TEM 模)，主要有 E^y_{mn} 和 E^x_{mn} 两种模式。本节采用有效折射率法对矩形波导两个方向的色散方程进行分析，对于 E^y_{mn} 模有

$$\gamma_{1y}b = n\pi + \arctan\left[\left(\frac{\varepsilon_1}{\varepsilon_2}\right)\frac{\gamma_{2y}}{\gamma_{1y}}\right] + \arctan\left[\left(\frac{\varepsilon_1}{\varepsilon_4}\right)\frac{\gamma_{4y}}{\gamma_{1y}}\right] \tag{3-61}$$

$$\gamma_{1x}a = m\pi + \arctan\left[\left(\frac{\mu_{N1}}{\mu_3}\right)\frac{\gamma_{3x}}{\gamma_{1x}}\right] + \arctan\left[\left(\frac{\mu_{N1}}{\mu_5}\right)\frac{\gamma_{5x}}{\gamma_{1x}}\right] \tag{3-62}$$

而对于 E_{mn}^x 模有

$$\gamma_{1y}b = n\pi + \arctan\left[\left(\frac{\mu_1}{\mu_2}\right)\frac{\gamma_{2y}}{\gamma_{1y}}\right] + \arctan\left[\left(\frac{\mu_1}{\mu_4}\right)\frac{\gamma_{4y}}{\gamma_{1y}}\right] \tag{3-63}$$

$$\gamma_{1x}a = m\pi + \arctan\left[\left(\frac{\varepsilon_{N1}}{\varepsilon_3}\right)\frac{\gamma_{3x}}{\gamma_{1x}}\right] + \arctan\left[\left(\frac{\varepsilon_{N1}}{\varepsilon_5}\right)\frac{\gamma_{5x}}{\gamma_{1x}}\right] \tag{3-64}$$

其中，

$$\begin{cases} \gamma_{1y} = \left(k_0^2 n_1^2 - \beta_1^2\right)^{1/2} \\ \gamma_{2y} = \left(\beta_1^2 - k_0^2 n_2^2\right)^{1/2} \\ \gamma_{4y} = \left(\beta_1^2 - k_0^2 n_4^2\right)^{1/2} \\ \gamma_{1x} = \left(k_0^2 N_1^2 - \beta^2\right)^{1/2} \\ \gamma_{3x} = \left(\beta^2 - k_0^2 n_3^2\right)^{1/2} \\ \gamma_{5x} = \left(\beta^2 - k_0^2 n_5^2\right)^{1/2} \end{cases} \tag{3-65}$$

式中，β_1 为 y 方向平板波导的传播常数，且有 $\beta_1 = k_0 N_1$，其中 N_1 为该平板波导的有效折射率；β 为整个矩形波导的传播常数，且有 $\beta = k_0 N$，其中 N 为矩形波导的有效折射率。

下面引入介质的消光系数 κ_i $(i = 2, 3, 4, 5)$，利用已经得到的平板波导的衰减系数表达式，可以写出 E_{mn}^y 模的衰减系数为

$$\alpha\left(E_{mn}^y\right) = \left[\begin{array}{l} \dfrac{1}{Na_{\text{eff}}} N_1 \alpha_{\text{eff}} \left(a + \dfrac{\mu_{N1}\mu_3\gamma_{3x}}{\mu_3^2\gamma_{1x}^2 + \mu_{N1}^2\gamma_{3x}^2} + \dfrac{\mu_{N1}\mu_3\gamma_{5x}}{\mu_3^2\gamma_{1x}^2 + \mu_{N1}^2\gamma_{5x}^2}\right) + n_3\alpha_3 \left(\dfrac{\mu_{N1}\mu_3\gamma_{1x}^2}{\gamma_2\left(\mu_3^2\gamma_{1x}^2 + \mu_{N1}^2\gamma_{3x}^2\right)}\right) \\ + n_5\alpha_5 \left(\dfrac{\mu_{N1}\mu_5\gamma_1^2}{\gamma_3\left(\mu_5^2\gamma_{1x}^2 + \mu_{N1}^2\gamma_{5x}^2\right)}\right) \end{array}\right] \tag{3-66}$$

式中，a_{eff} 为三层平板波导在 x 方向的有效芯层厚度；α_{eff} 为 y 方向芯层厚度为 b 的三层平板波导的振幅衰减系数，其表达式分别为

$$a_{\text{eff}} = a + \frac{\mu_{N1}\mu_3\left(\gamma_{1x}^2 + \gamma_{3x}^2\right)}{\gamma_{3x}\left(\mu_3^2\gamma_{1x}^2 + \mu_{N1}^2\gamma_{3x}^2\right)} + \frac{\mu_{N1}\mu_5\left(\gamma_{1x}^2 + \gamma_{5x}^2\right)}{\gamma_{5x}\left(\mu_5^2\gamma_{1x}^2 + \mu_{N1}^2\gamma_{5x}^2\right)} \tag{3-67}$$

$$\alpha_{\text{eff}} = \begin{bmatrix} \dfrac{1}{N_1 b_{\text{eff}}} n_1 \alpha_1 \left(b + \dfrac{\varepsilon_1 \varepsilon_2 \gamma_{2y}}{\varepsilon_2^2 \gamma_{1y}^2 + \varepsilon_1^2 \gamma_{2y}^2} + \dfrac{\varepsilon_1 \varepsilon_4 \gamma_{4y}}{\varepsilon_4^2 \gamma_{1y}^2 + \varepsilon_1^2 \gamma_{4y}^2} \right) + n_2 \alpha_2 \left(\dfrac{\varepsilon_1 \varepsilon_2 \gamma_{1y}^2}{\gamma_{2y} \left(\varepsilon_2^2 \gamma_{1y}^2 + \varepsilon_1^2 \gamma_{2y}^2 \right)} \right) \\ + n_4 \alpha_4 \left(\dfrac{\varepsilon_1 \varepsilon_4 \gamma_{1y}^2}{\gamma_{4y} \left(\varepsilon_4^2 \gamma_{1y}^2 + \varepsilon_1^2 \gamma_{4y}^2 \right)} \right) \end{bmatrix}$$

$$(3\text{-}68)$$

式中，b_{eff} 为三层平板波导在 y 方向的有效芯层厚度，其表达式为

$$b_{\text{eff}} = b + \frac{\varepsilon_1 \varepsilon_2 \left(\gamma_{1y}^2 + \gamma_{2y}^2 \right)}{\gamma_{2y} \left(\varepsilon_2^2 \gamma_{1y}^2 + \varepsilon_1^2 \gamma_{2y}^2 \right)} + \frac{\varepsilon_1 \varepsilon_4 \left(\gamma_{1y}^2 + \gamma_{4y}^2 \right)}{\gamma_{4y} \left(\varepsilon_4^2 \gamma_{1y}^2 + \varepsilon_1^2 \gamma_{4y}^2 \right)} \tag{3-69}$$

对于 E_{mn}^x 模，采用同样的方式可以推导出其衰减系数，即

$$\alpha \left(E_{mn}^x \right) = \begin{bmatrix} \dfrac{1}{N a_{\text{eff}}} N_1 \alpha_{\text{eff}} \left(a + \dfrac{\varepsilon_{N1} \varepsilon_3 \gamma_{3x}}{\varepsilon_3^2 \gamma_{1x}^2 + \mu_{N1}^2 \gamma_{3x}^2} + \dfrac{\varepsilon_{N1} \varepsilon_5 \gamma_{5x}}{\varepsilon_3^2 \gamma_{1x}^2 + \varepsilon_{N1}^2 \gamma_{5x}^2} \right) + n_3 \alpha_3 \left(\dfrac{\varepsilon_{N1} \varepsilon_3 \gamma_{1x}^2}{\gamma_2 \left(\varepsilon_3^2 \gamma_{1x}^2 + \varepsilon_{N1}^2 \gamma_{3x}^2 \right)} \right) \\ + n_5 \alpha_5 \left(\dfrac{\varepsilon_{N1} \varepsilon_5 \gamma_1^2}{\gamma_3 \left(\varepsilon_5^2 \gamma_{1x}^2 + \varepsilon_{N1}^2 \gamma_{5x}^2 \right)} \right) \end{bmatrix}$$

$$(3\text{-}70)$$

式中，a_{eff} 为三层平板波导在 x 方向的有效芯层厚度；α_{eff} 为 y 方向芯层厚度为 b 的三层平板波导的振幅衰减系数。其表达式分别为

$$a_{\text{eff}} = a + \frac{\varepsilon_{N1} \varepsilon_3 \left(\gamma_{1x}^2 + \gamma_{3x}^2 \right)}{\gamma_{3x} \left(\varepsilon_3^2 \gamma_{1x}^2 + \varepsilon_{N1}^2 \gamma_{3x}^2 \right)} + \frac{\varepsilon_{N1} \varepsilon_5 \left(\gamma_{1x}^2 + \gamma_{5x}^2 \right)}{\gamma_{5x} \left(\varepsilon_5^2 \gamma_{1x}^2 + \varepsilon_{N1}^2 \gamma_{5x}^2 \right)} \tag{3-71}$$

$$\alpha_{\text{eff}} = \begin{bmatrix} \dfrac{1}{N_1 b_{\text{eff}}} n_1 \alpha_1 \left(b + \dfrac{\mu_1 \mu_2 \gamma_{2y}}{\mu_2^2 \gamma_{1y}^2 + \mu_1^2 \gamma_{2y}^2} + \dfrac{\mu_1 \mu_4 \gamma_{4y}}{\mu_4^2 \gamma_{1y}^2 + \mu_1^2 \gamma_{4y}^2} \right) + n_2 \alpha_2 \left(\dfrac{\mu_1 \mu_2 \gamma_{1y}^2}{\gamma_{2y} \left(\mu_2^2 \gamma_{1y}^2 + \mu_1^2 \gamma_{2y}^2 \right)} \right) \\ + n_4 \alpha_4 \left(\dfrac{\mu_1 \mu_4 \gamma_{1y}^2}{\gamma_{4y} \left(\mu_4^2 \gamma_{1y}^2 + \mu_1^2 \gamma_{4y}^2 \right)} \right) \end{bmatrix}$$

$$(3\text{-}72)$$

式中，b_{eff} 为三层平板波导在 y 方向的有效芯层厚度，其表达式为

$$b_{\text{eff}} = b + \frac{\mu_1 \mu_2 \left(\gamma_{1y}^2 + \gamma_{2y}^2 \right)}{\gamma_{2y} \left(\mu_2^2 \gamma_{1y}^2 + \mu_1^2 \gamma_{2y}^2 \right)} + \frac{\mu_1 \mu_4 \left(\gamma_{1y}^2 + \gamma_{4y}^2 \right)}{\gamma_{4y} \left(\mu_4^2 \gamma_{1y}^2 + \mu_1^2 \gamma_{4y}^2 \right)} \tag{3-73}$$

下面以 E_{mn}^y 模为例分析矩形波导的色散特性。由于负折射率超材料波导的限制，从色散方程可以看出，矩形波导中无法传播 E_{0n}^y、E_{m0}^y、E_{0n}^x 和 E_{m0}^x 模，最低阶模为 E_{11}^y 模。选择入射光的波长为 $\lambda_0 = 1.5\ \mu\text{m}$，$n_1 = -1.594$，$n_2 = n_3 = n_4 = n_5 = 1.583$，$\mu_2 = \mu_3 = \mu_4 = \mu_5 = -\mu_1$，芯层的衰减系数 $\alpha_1 = 5 \times 10^{-5} / \mu\text{m}$，包层的衰减系数相同，为 $\alpha_2 = \alpha_3 = \alpha_4 = \alpha_5 = 5 \times 10^{-6} / \mu\text{m}$。对于 E_{11}^y 模，当矩形波导的长宽比变化时，其衰

减曲线如图 3-18 所示。图中的三条曲线分别代表 $a=1.5b$、$a=1.75b$ 和 $a=2b$ 时的衰减曲线。

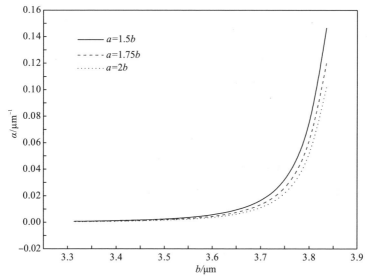

图 3-18　不同长宽比的负折射率超材料矩形波导的衰减曲线

在同样的参数条件下,正折射率介质波导 $(n_1 =1.594)$ 的衰减曲线如图 3-19 所示。从图中可以看出,随着 b 值的增大,两组曲线都呈单调递增的趋势。也就是说矩形波导长宽比的增大使衰减系数增大。通过对比还可以发现, a/b 值的增大使负折射率超材料矩形波导的衰减系数减小,却使正折射率介质矩形波导的衰减系数增大。

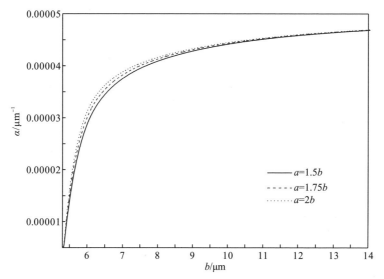

图 3-19　不同长宽比的正折射率介质矩形波导的衰减曲线

　　下面分析不同模式的光波在矩形波导中的衰减特性。同样，选择芯层的衰减系数 $\alpha_1 = 5 \times 10^{-5} / \mu m$，包层的衰减系数为 $\alpha_2 = \alpha_3 = \alpha_4 = \alpha_5 = 5 \times 10^{-6} / \mu m$。当芯层折射率为 $n_1 = -1.594$ 时的衰减曲线如图 3-20 所示，而 $n_1 = 1.594$ 时的衰减曲线如图 3-21 所示。在负折射率超材料波导中，E_{12}^y 模随芯层厚度的增大在出现一个小的衰减高峰后，其衰减系数呈递减的趋势。而随着模式阶数的增大，这个衰减高峰逐渐减弱，直至消失。例如，图 3-20 中 E_{12}^y 模的衰减曲线呈先陡增而后缓慢增加的趋势。而在正折射率介质波导中，情况却恰好相反。随着芯层厚度的增大，低阶模的衰减系数一直增大。而对于高阶模，其衰减曲线会在某一特定的芯层厚度出现一个小的衰减高峰，而后其衰减系数呈递减的趋势，并且随着模式阶数的增大，这个衰减高峰的峰值会越来越大。除此之外，通过对比发现负折射率超材料中的模式随着阶数的增大，衰减系数是减小的；而在正折射率介质中随着阶数的增加，衰减系数反而会增加。

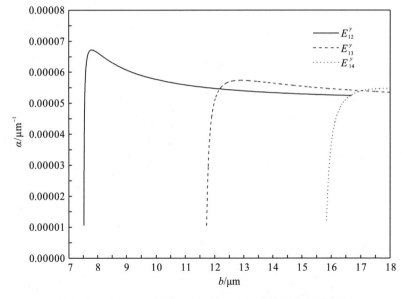

图 3-20　负折射率超材料矩形波导中不同模式的衰减曲线

　　本节采用微扰法分析了光分别在芯层为负折射率超材料的有损耗平板波导和矩形波导中的传播情况，推导出衰减系数的解析式，并且以 TE 模和 E_{mn}^y 模为例，给出了衰减系数随芯层和波长的比值即 (σ / α) 的变化曲线，并对结果进行了分析。利用负折射率超材料波导的这些特性，可以更加简单地实现单模传输和器件的小型化。同时，由于有损耗的负折射率超材料平板波导的色散很厉害，吸收很大，所以可用作光通信中的滤波器、波分复用器及新型的光衰减器等。负折射率超材料平板波导的这些特性为新型光器件的设计提供了新的选择，同时也带来了新的挑战。

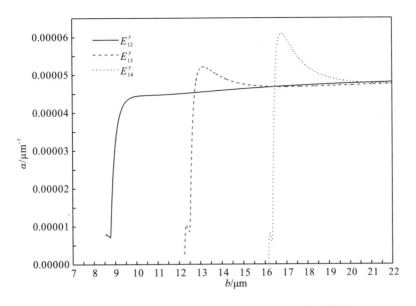

图 3-21　正折射率介质矩形波导中不同模式的衰减曲线

3.5　本 章 小 结

　　本章首先分析了半导体负折射率超材料构成的矩形波导，采用改进后的马卡梯里方法推导了光波导的色散方程，同时对不同模式的光波在不同长宽比的矩形波导中传输的有效折射率进行了仿真计算。新型的半导体负折射率超材料由于具有无磁和各向异性的特征，由其构成的矩形波导中存在各向同性负折射率超材料波导中并不存在的简并模现象。利用这种矩形波导，本章构造了一种新型的矩形谐振腔，推导了这种含半导体负折射率超材料谐振腔的谐振方程，采用作图法分析了当传播常数不同时谐振方程是否有解，并讨论了利用负折射率超材料波导的相位补偿功能实现无相差谐振腔的条件。最后，分析了负折射率超材料波导的吸收特性，包括平板波导和矩形波导，从而为进一步研究各向异性负折射率超材料波导的吸收特性打下了基础。

第4章 负折射率超材料组成的光子晶体及缺陷层

4.1 引 言

光子晶体即光子禁带材料，是一种介质在空间分布上具有周期性结构的经人工设计和制造的晶体[190,191]。光子晶体是具有与电磁波波长大致相同量级的微结构，通过对介电常量的空间周期性调制来实现其光学性质。由电磁场理论可以知道，在介电常数呈空间周期性分布的介质中，电磁场依然满足麦克斯韦方程。通过对麦克斯韦方程的求解可以发现，该方程只有在某些特定频率下才有解，而在某些频率取值区间该方程无解。也就是说，在介电常数呈周期性分布的介质结构中，电磁波的某些频率是被禁止的，通常称这些被禁止的频率区间为"光子频率禁带"（photonic band gap，PBG），而将具有"光子频率禁带"或具有特殊色散特性的周期性人工材料称为光子晶体[192]。

光子晶体按照介质的空间周期性可以分为一维、二维和三维的光子晶体。在最理想的三维光子晶体中，具有禁带频率的光子可以完全被限制而无法传播。相对三维光子晶体，二维光子晶体更加容易制造。在利用有限高度的二维光子晶体[193,194]平板制作的波导、微腔等器件中，有两种机制可将光在三个方向上完全约束住。在垂直于光子晶体平板界面的方向上，由于光子晶体平板的折射率高于包层，所以全反射的发生使光在这个方向上无法泄漏。而在其他两个方向上，可利用二维光子晶体的禁带作用将光限制住。这样就可以通过二维光子晶体实现三维的禁带效果。

光子晶体的光子带隙和光子的局域性质使其可以控制光在光子晶体中的流动，从而实现超小光学器件，如频率滤波器、光学波导[195,196]、非线性光学开关[197]、单模发光器件[198]、低阈值激光器、高品质光子纳米腔[199]等新型光学器件。光子晶体以其全新原理实现了以前不能制作的高性能光学器件，成为光电集成、光子集成、光通信的关键性基础材料[200]，所以光子晶体又称为"光学半导体"。研究光子晶体的构成及其光学传输性质成为当今世界范围的一个研究热点，在基础物理和材料科学上具有重要意义。1999年，光子晶体更被美国权威杂志 *Science* 评为年度十大科技成就之一。

负折射率超材料以其独有的电磁特性为新型光子晶体的制作带来了契机，由负折射率超材料制作的光子晶体具有很多奇特性质。2002 年，Nefedov 等研究了含负折射率介质的一维光子晶体[201]，发现负折射率介质的引入有效地增大了带隙宽度；后来，Liang Wu 等发现在同样的结构中存在离散模和光子隧穿模等特异的电磁模式[202]。2003 年，Jensen Li 等发现了这种结构中存在一种非常有趣的 zero-$\bar{n}$ 的带隙，它与通常的布拉格 (Bragg) 带隙明显不同[203]。当正负折射率超材料的厚度按同一比例变化时，布拉格能带也会发生相应变化，但 zero-$\bar{n}$ 带隙则保持不变。在正负折射率超材料厚度随机变化的条件下，布拉格能带几乎不存在，但 zero-$\bar{n}$ 带隙却几乎不受影响[204]。这是因为左、右手材料厚度随机但保持对称的变化，故仍能保证 $\bar{n} = 0$。后来人们发现，zero-$\bar{n}$ 带隙是全方向带隙，并且该能带具有抗随机干扰的能力。当在正负折射率超材料层引入一定误差时，对该带隙的影响较小，而传统布拉格带隙则对介质层的误差非常敏感。2004 年，Haitao Jiang 等提出了一种由负磁导率 (MNG) 介质和负介电常数 (ENG) 介质组成的光子晶体，它具有与 zero-$\bar{n}$ 带隙类似的 zero-Φ_{eff} 带隙[205]。在由 MNG 和 ENG 构成的一维光子晶体中，每一层的电场来源于前向传播和后向传播的倏逝波 (evanescent wave) 的叠加。为了满足边界条件，每一个单胞中的界面模 (interface mode) 相互作用，使导带和禁带出现。但是，zero-Φ_{eff} 带隙具有一个 zero-$\bar{n}$ 带隙所不具备的特性，即在其他介质参数给定的情况下，zero-Φ_{eff} 带隙的中心频率是固定不变的，并且可以通过改变 MNG 与 ENG 介质层的厚度比来增大带隙[206]。然而当正负折射率超材料层厚度比改变时，zero-$\bar{n}$ 带隙的中心频率会迅速移动以满足 zero-$\bar{n}$ 带隙的形成条件，同时带隙的宽度仅有微小的改变，所以 zero-$\bar{n}$ 带隙通常不如 zero-Φ_{eff} 带隙宽。这一点与布拉格带隙很相似。

我们注意到，以上这些研究大都是基于负折射率超材料是各向同性的情况，而实际的负折射率超材料大都是各向异性的，且折射率分量并不会完全为负。因此，有必要对由各向异性负折射率超材料构成的光子晶体进行研究。

本章提出并研究了三种含各向异性负折射率超材料的一维光子晶体，并分析了这些光子晶体中的缺陷层，包括线性和非线性的缺陷层。

4.2　多层周期结构的转移矩阵

4.2.1　转移矩阵的建立

首先以如图 4-1 所示的三层介质平板波导为例，推导各向同性平板波导介质层的转移矩阵。

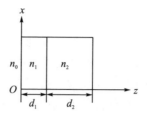

图 4-1　三层介质平板波导的折射率分布

考虑入射光为 TE 波，其电场强度满足以下标量方程：

$$\frac{\partial^2 E}{\partial z^2} + \left(k_0^2 n_j^2 - \beta^2\right)E = 0 \quad (j=0,\ 1,\ 2) \tag{4-1}$$

考虑到波导的边界条件，选取方程(4-1)的两个特解 $\varphi_1(z)$ 和 $\varphi_2(z)$，并且满足：

$$E_1(0) = E_2{}'(0) = 1 \tag{4-2}$$

$$E_1{}'(0) = E_2(0) = 0 \tag{4-3}$$

由于方程(4-1)的一般解是特解 $E_1(z)$ 和 $E_2(z)$ 的线性叠加，即

$$E(z) = A_1 E_1(z) + A_2 E_2(z) \tag{4-4}$$

故在 $z = 0$ 和 $z = d_1$ 处，场分布及其导数为

$$\begin{cases} E(0) = A_1 \\ E'(0) = \mu_0 A_2 \\ E(d_1) = A_1 E_1(d_1) + A_2 E_2(d_1) \\ E'(d_1) = A_1 E_1{}'(d_1) + A_2 E_2{}'(d_1) \end{cases} \tag{4-5}$$

将以上方程组的常数项 A_1 和 A_2 消去，并将最后一个等式两边同时乘以 $-\mathrm{i}/\mu$。代入不同区域的磁导率，即 μ_1、μ_2，可以得到场分布在 $z = d_1$ 与 $z = 0$ 处的转移关系，即

$$\begin{bmatrix} E(d_1) \\ -\dfrac{\mathrm{i}}{\mu_2} E'(d_1) \end{bmatrix} = \begin{bmatrix} E_1(d_1) & \mathrm{i}\mu_1 E_2(d_1) \\ -\dfrac{\mathrm{i}}{\mu_1} E_1{}'(d_1) & E_2{}'(d_1) \end{bmatrix} \begin{bmatrix} E(0) \\ -\dfrac{\mathrm{i}}{\mu_0} E'(0) \end{bmatrix} \tag{4-6}$$

如果令

$$T(d_1) = \begin{bmatrix} E_1(d_1) & \mathrm{i}\mu_1 E_2(d_1) \\ -\dfrac{\mathrm{i}}{\mu_1} E_1{}'(d_1) & E_2{}'(d_1) \end{bmatrix} \tag{4-7}$$

则称 $T(d_1)$ 为区间 $(0, d_1)$ 的转移矩阵。从式中可以看出，该转移矩阵仅与区间内的折射率分布 n_1 有关，与波导层的折射率 n_0 和 n_2 无关。

下面假设两个特解分别为 $\cos(k_{z1}d_1)$ 和 $\dfrac{1}{k_{z1}}\sin(k_{z1}d_1)$，则转移矩阵可写成：

$$T_{\text{TE}}(d_1)=\begin{bmatrix}\cos(k_{z1}d_1) & \text{i}\dfrac{\mu_1}{k_{z1}}\sin(k_{z1}d_1)\\[3mm]\text{i}\dfrac{k_{z1}}{\mu_1}\sin(k_{z1}d_1) & \cos(k_{z1}d_1)\end{bmatrix} \tag{4-8}$$

式中，$k_{z1}=\sqrt{n_1^2k_0^2-(k_x^2+k_y^2)}$（当介质层为各向同性时）。由此通过矩阵 $T_{\text{TE}}(d_1)$ 建立 TE 波在导波层两端 $z=0$ 和 $z=d_1$ 界面上的电磁矢量关系，通过这种传递关系，可以确定光波导的传播特性。

采用同样的方法可以得到 TM 波的转移矩阵为

$$T_{\text{TM}}(d_1)=\begin{bmatrix}\cos(k_{z1}d_1) & \text{i}\dfrac{\varepsilon_1}{k_{z1}}\sin(k_{z1}d_1)\\[3mm]\text{i}\dfrac{k_{z1}}{\varepsilon_1}\sin(k_{z1}d_1) & \cos(k_{z1}d_1)\end{bmatrix} \tag{4-9}$$

4.2.2　多层结构转移矩阵的性质

下面继续讨论含正负折射率超材料的双层结构的转移矩阵 $T(d_1+d_2)$。以 TE 波为例，由式(4-8)可得区间 (d_1,d_2) 的转移矩阵为

$$T_{\text{TE}}(d_2)=\begin{bmatrix}\cos(k_{z2}d_2) & \text{i}\dfrac{\mu_2}{k_{z2}}\sin(k_{z2}d_2)\\[3mm]\text{i}\dfrac{k_{z2}}{\mu_2}\sin(k_{z2}d_2) & \cos(k_{z2}d_2)\end{bmatrix} \tag{4-10}$$

如果 $d=d_1+d_2$，则有

$$T_{\text{TE}}(d)=T_{\text{TE}}(d_2)T_{\text{TE}}(d_1) \tag{4-11}$$

以上结果可以推广到厚度分别为 d_1, d_2, $\cdots$, d_n 的 $n+2$ 层平板波导的情况。设平板波导对应的转移矩阵分别为 $\boldsymbol{T}(d_1)$, $\boldsymbol{T}(d_2)$, $\cdots$, $\boldsymbol{T}(d_n)$，则有

$$\boldsymbol{T}(d_1+d_2+\cdots+d_n)=\boldsymbol{T}(d_n)\boldsymbol{T}(d_{n-1})\cdots\boldsymbol{T}(d_2)\boldsymbol{T}(d_1) \tag{4-12}$$

此时，多层结构的透射系数为

$$t=\frac{2p}{(T_{11}+T_{12}p)p+(T_{21}+T_{22}p)p} \tag{4-13}$$

式中，$T_{ij}(i,j=1,2)$ 为转移矩阵 $\boldsymbol{T}$ 的各个元素；$p=\sqrt{k_0^2-k_x^2-k_y^2}\big/k_0$。

下面继续讨论由如图 4-1 所示的 n_1、n_2 双层介质组成的 N 周期结构中的电场

分布。设入射波的电场为 $E_1 = \begin{bmatrix} E_0 \\ \dfrac{1}{\mu_0}\dfrac{\partial E_0}{\partial z} \end{bmatrix}$，则 TE 波的电场为 $E(z) = Q(z)(1,1)$，矩

阵 $Q(z)$ 的表达式为

$$
Q(z) = \begin{cases} T_1(z-nd)\left(\left(T(d_1)T(d_2)\right)^{-1}\right)^n E_1 & (nd \leqslant z \leqslant nd+d_1,\, n \in [0,N]) \\ T_2(z-nd-d_1)T(d_1)^{-1}\left(\left(T(d_1)T(d_2)\right)^{-1}\right)^n E_1 & (nd+d_1 \leqslant z \leqslant (n+1)d,\, n \in [0,N]) \end{cases}
$$

(4-14)

其中，

$$
T_1(z) = \begin{bmatrix} \cos(k_{z1}z) & \mathrm{i}\dfrac{\mu_1}{k_{z1}}\sin(k_{z1}z) \\ \mathrm{i}\dfrac{k_{z1}}{\mu_1}\sin(k_{z1}z) & \cos(k_{z1}z) \end{bmatrix}
$$

(4-15)

$$
T_2(z) = \begin{bmatrix} \cos(k_{z2}z) & \mathrm{i}\dfrac{\mu_2}{k_{z2}}\sin(k_{z2}z) \\ \mathrm{i}\dfrac{k_{z2}}{\mu_2}\sin(k_{z2}z) & \cos(k_{z2}z) \end{bmatrix}
$$

(4-16)

由式(4-8)和式(4-10)～式(4-12)可得，双层结构转移矩阵的迹为

$$
\mathrm{Tr}(T) = 2\cos(k_z d) = \frac{1}{4}\left\{ \begin{aligned} &\left(2+\Omega+\Omega^{-1}\right)\left[\mathrm{e}^{\mathrm{i}(k_{z2}d_2+k_{z1}d_1)}+\mathrm{e}^{-\mathrm{i}(k_{z2}d_2+k_{z1}d_1)}\right] \\ &+\left(2-\Omega-\Omega^{-1}\right)\left[\mathrm{e}^{\mathrm{i}(k_{z2}d_2-k_{z1}d_1)}+\mathrm{e}^{-\mathrm{i}(k_{z2}d_2-k_{z1}d_1)}\right] \end{aligned} \right\}
$$

(4-17)

其中，

$$
\Omega = \begin{cases} \dfrac{\mu_2}{\mu_1}\cdot\dfrac{k_{z1}}{k_{z2}} & \text{(TE波)} \\ \dfrac{\varepsilon_2}{\varepsilon_1}\cdot\dfrac{k_{z1}}{k_{z2}} & \text{(TM波)} \end{cases}
$$

(4-18)

4.3 各向异性负折射率超材料组成的光子晶体

4.3.1 无磁负折射率超材料与空气层构成的光子晶体

本节提出一种由各向异性无磁负折射率超材料和空气组成的具有双层周期的光子晶体，其中负折射率超材料采用第 2 章提及的半导体负折射率超材料（SNIM），它的相对磁导率为 1，而介电常数分量是部分为负的。本节分析了在截

止频率以上及以下形成光子带隙对材料和结构参数的要求，将 4.2 节中的转移矩阵法拓展到各向异性介质中，并研究其透射特性。这里将半导体负折射率超材料与空气层构成的光子带隙称为各向异性无磁（anisotropic nonmagnetic, ANM）光子带隙[207]。

考虑一个如图 4-2 所示的双层周期结构，透明区域是厚度为 d_1 的空气层，灰色区域是厚度为 d_2 的半导体负折射率超材料层。其中，半导体负折射率超材料的磁导率为真空中的磁导率 μ_0，介电常数是单轴各向异性的，其张量形式为

$$\vec{\varepsilon} = \varepsilon_0 \begin{pmatrix} \varepsilon_\parallel & 0 & 0 \\ 0 & \varepsilon_\parallel & 0 \\ 0 & 0 & \varepsilon_\perp \end{pmatrix} \tag{4-19}$$

式中，$\varepsilon_\perp<0$，$\varepsilon_\parallel>0$。此时，波导中传播的寻常光为 TE 波，其传播仅依赖于 $\varepsilon_\parallel$；而非寻常光为 TM 波，其传播常数受 $\varepsilon_\parallel$ 与 $\varepsilon_\perp$ 二者的共同影响。因此，本节主要研究该周期结构中 TM 波的传播特性。

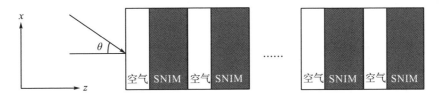

图 4-2　由半导体负折射率超材料和空气构成的一维光子晶体

在光子晶体中传播的 TM 波是布洛赫（Bloch）波，其波矢为 $\boldsymbol{k} = k_x\hat{\boldsymbol{x}} + k_y\hat{\boldsymbol{y}} + k_z\hat{\boldsymbol{z}}$。根据布洛赫原理和转移矩阵的方法，布洛赫波矢的 z 分量满足方程式（4-20），即

$$\mathrm{Tr}(T) = 2\cos(k_z a) = \frac{1}{4}\left\{ \begin{array}{l} \left(2 + \Omega + \Omega^{-1}\right)\left[\mathrm{e}^{\mathrm{i}(k_{z2}d_2 + k_{z1}d_1)} + \mathrm{e}^{-\mathrm{i}(k_{z2}d_2 + k_{z1}d_1)}\right] \\ + \left(2 - \Omega - \Omega^{-1}\right)\left[\mathrm{e}^{\mathrm{i}(k_{z2}d_2 - k_{z1}d_1)} + \mathrm{e}^{-\mathrm{i}(k_{z2}d_2 - k_{z1}d_1)}\right] \end{array} \right\} \tag{4-20}$$

式中，$k_{z1} = \sqrt{k_0^2 - k_x^2}$，$k_{z2} = \sqrt{\varepsilon_\parallel k_0^2 - \dfrac{\varepsilon_\parallel}{\varepsilon_\perp}k_x^2}$，$\Omega = \dfrac{1}{\varepsilon_\parallel}\cdot\dfrac{k_{z1}}{k_{z2}}$，$a = d_1 + d_2$。要想在周期结构中形成完全带隙，只需要满足：

$$|\mathrm{Tr}(T)|>2 \tag{4-21}$$

方程式（4-20）中的 k_z 就无法取得实数值，因此将上式称为光子带隙形成的条件。

从半导体负折射率超材料的介电常数分布可知，k_{z2} 始终是实数，而 k_{z1} 的正负则根据不同的 k_x 值而定。下面定义一个截止频率：

$$\omega_c = ck_x \tag{4-22}$$

这样，整个频率波段可以分为两部分：$\omega > \omega_c$ 和 $\omega < \omega_c$。因此，下面分两种情况分析光子带隙形成的条件 $|\mathrm{Tr}(T)| > 2$ 对材料和结构参数的要求。

(1) $\omega > \omega_c$。

当 $\omega > \omega_c$ 时，k_{z1} 和 k_{z2} 均为实数，方程式(4-20)变为

$$\mathrm{Tr}(T) = 2\cos(k_{z1}d_1 + k_{z2}d_2) - \left(\Omega + \Omega^{-1} - 2\right)\sin k_{z1}d_1 \sin k_{z2}d_2 \tag{4-23}$$

此时，$\Omega > 0$，则有 $\Omega + \Omega^{-1} > 2$。

下面引入条件：

$$k_{z1}d_1 + k_{z2}d_2 = 2m\pi \quad (m = 1, 2, 3, \cdots) \tag{4-24}$$

则 $2\cos(k_{z1}d_1 + k_{z2}d_2) = 2$。这时，只要满足 $\sin(k_{z1}d_1)$ 和 $\sin(k_{z2}d_2)$ 符号相反，即

$$\sin(k_{z1}d_1) \cdot \sin(k_{z2}d_2) < 0 \tag{4-25}$$

那么 $\mathrm{Tr}(T) > 2$，从而满足光子带隙形成的条件。为了满足方程式(4-24)，令 $d_1 = d_2 = d$ 且 $m = 1$。根据 k_{z1} 和 k_{z2} 的定义可知，$k_{z1} < k_{z2}$ $\left(\varepsilon_\parallel > 1\right)$，这时只需保证：

$$0 < k_{z1}d_1 < \pi < k_{z2}d_2 < 2\pi \tag{4-26}$$

那么方程式(4-24)的条件就能实现，从而实现光子带隙。当然，如果 $d_1 \neq d_2$ 或 $m \neq 1$，关于方程式(4-24)的讨论将变得更加复杂。

综上所述，当光子频率大于介质频率时，实现光子带隙的条件为方程式(4-23)和式(4-24)。

(2) $\omega < \omega_c$。

当 $\omega < \omega_c$ 时，k_{z1} 为虚数，而 k_{z2} 为实数。这里假设 $k_{z1} = \mathrm{i}\gamma$（$\gamma$ 为正实数），方程式(4-20)可以写为

$$\mathrm{Tr}(T) = -\left(\mathrm{e}^{-\gamma d_1} + \mathrm{e}^{\gamma d_1}\right) - 2\cosh(\gamma d_1)\left[\frac{1}{2} \cdot \left(\frac{k_{z2}}{\varepsilon_\parallel \gamma} - \frac{\varepsilon_\parallel \gamma}{k_{z2}}\right)\sin k_{z2}d_2 \tanh\gamma d_1 - 2\cos^2(k_{z2}d_2/2)\right] \tag{4-27}$$

为了方便讨论，对上式中的多项式做如下假设：

$$A = -\left(\mathrm{e}^{-\gamma d_1} + \mathrm{e}^{\gamma d_1}\right)$$

$$B = -2\cosh(\gamma d_1)$$

$$C = \frac{1}{2} \cdot \left(\frac{k_{z2}}{\varepsilon_\parallel \gamma} - \frac{\varepsilon_\parallel \gamma}{k_{z2}}\right)\sin k_{z2}d_2 \tanh\gamma d_1$$

$$D = -2\cos^2(k_{z2}d_2/2) \tag{4-28}$$

这样，方程式(4-23)变为

$$\mathrm{Tr}(T) = A + B(C + D) \tag{4-29}$$

明显地，$A < -2$，$B < -2$，因此只需保证 $C + D > 0$，就能实现 $\mathrm{Tr}(T) < -2$。假设当 $\gamma = \gamma_e$，$k_{z2} = k_{z2e}$ 时存在一个特殊的平衡位置，即

$$k_{z2e}d_2 = \varepsilon_\parallel \gamma_e d_2 = \pi \tag{4-30}$$

　　此时，$C = D = 0$。根据参考文献[202]可知，当远离这个平衡位置时，C 增长得比 $|D|$ 更快。因此，只需保证 $C > 0$，就能够得到 $C + D > 0$。通过分析 k_{z1} 与 k_{z2} 的色散关系，下面分两个方面来分析 $C > 0$ 的可能性。这里必须指出，下面的讨论都是基于 $k_{z2e}d_2$ 的变化在一个周期以内的，即 $k_{z2}d_2 \in (0, 2\pi)$。

　　(1) $k_x^2 > \gamma_e^2 + k_0^2$。

　　在这种情况下，有 $\gamma > \gamma_e$，$k_{z2} > k_{z2e}$，由于方程式 (4-29)，则有 $k_{z2}d_2 > \pi$。由于 $k_{z2}d_2 \in (0, 2\pi)$，那么 $\sin(k_{z2}d_2) < 0$。这时，只要满足 $\left| \dfrac{\varepsilon_\parallel}{\varepsilon_\perp} \right| < \varepsilon_\parallel^2$，则 $|k_{z2} - k_{z2e}| < \left| \varepsilon_\parallel \gamma - \varepsilon_\parallel \gamma_e \right|$，因此有 $k_{z2} < \varepsilon_\parallel \gamma$，可以得到 $\left(\dfrac{k_{z2}}{\varepsilon_\parallel \gamma} - \dfrac{\varepsilon_\parallel \gamma}{k_{z2}} \right) < 0$，又因为 $\tanh(\gamma d_1) > 0$，所以 $C > 0$。

　　(2) $k_x^2 < \gamma_e^2 + k_0^2$。

　　在这种情况下，有 $\gamma < \gamma_e$，$k_{z2} < k_{z2e}$，由于方程式 (4-29)，则有 $k_{z2}d_2 < \pi$。由于 $k_{z2}d_2 \in (0, 2\pi)$，那么 $\sin(k_{z2}d_2) > 0$。这时，只要满足 $\left| \dfrac{\varepsilon_\parallel}{\varepsilon_\perp} \right| < \varepsilon_\parallel^2$，则 $|k_{z2} - k_{z2e}| < \left| \varepsilon_\parallel \gamma - \varepsilon_\parallel \gamma_e \right|$，因此有 $k_{z2} > \varepsilon_\parallel \gamma$，可以得到 $\left(\dfrac{k_{z2}}{\varepsilon_\parallel \gamma} - \dfrac{\varepsilon_\parallel \gamma}{k_{z2}} \right) > 0$，又因为 $\tanh(\gamma d_1) > 0$，所以 $C > 0$。

　　经过进一步的推导可得平衡位置的条件为

$$k_0^2 \cdot \frac{\varepsilon_\perp (\varepsilon_\parallel + 1)}{\varepsilon_\parallel \varepsilon_\perp + 1} = \frac{(\pi/d_2)^2 + \varepsilon_\parallel^2 k_0^2}{\varepsilon_\parallel^2} \tag{4-31}$$

只要满足这个条件，光子带隙就能实现。

　　这里必须强调，以上讨论的光子带隙形成的条件均为满足 $|\mathrm{Tr}(T)| > 2$ 的充分而非必要条件。尽管如此，这些条件的讨论仍然有助于寻找合适的参数来实现光子带隙。

　　下面引入半导体负折射率超材料的相关参数。半导体负折射率超材料是由 n^+-GaInAs/ i-AlInAs 异质结的周期结构形成的，$\varepsilon_\perp$ 和 $\varepsilon_\parallel$ 与 AlInAs 和 InGaAs 的相对介电常数 ε_1 和 ε_2 的关系如下：

$$\varepsilon_\perp = \frac{2\varepsilon_1 \varepsilon_2}{\varepsilon_1 + \varepsilon_2}, \quad \varepsilon_\parallel = \frac{\varepsilon_1 + \varepsilon_2}{2} \tag{4-32}$$

式中，$\varepsilon_1 = 10.23$，$\varepsilon_2 = 12.15(1 - \omega_p^2/\omega^2)$。该负折射率超材料的三维色散曲线如图 4-3 所示。

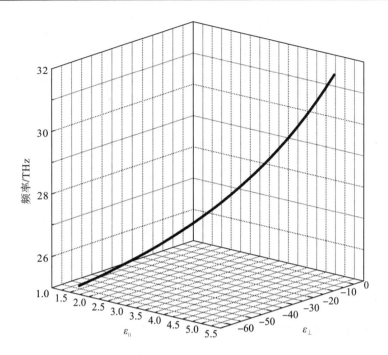

图 4-3　半导体负折射率超材料的色散曲线

考虑一个由半导体负折射率超材料和空气层双层结构形成的 16 个周期的光子晶体。首先，考虑当 $\omega > \omega_{c}$ 时形成的光子带隙，即 k_{z1} 和 k_{z2} 均为实数。选择 $\omega_{p} = 2 \times 10^{14}$ rad/s，$\theta = \pi/4$，$k_{x} = k_{0}\sin\theta$，光子晶体的色散关系和透射曲线如图 4-4 和图 4-5 所示。在图 4-4 中，始终选择 $d_{1}/d_{2} = 0.5$，包含 $d_{1} = 2\,\mu\text{m}$、$d_{2} = 4\,\mu\text{m}$，$d_{1} = 3\,\mu\text{m}$、$d_{2} = 6\,\mu\text{m}$ 和 $d_{1} = 4\,\mu\text{m}$、$d_{2} = 8\,\mu\text{m}$ 三种情况，分别用实线、虚线和点线表示。从图中可以看到，图 4-4(a)中的光子带隙和图 4-4(b)中的透射率极小值相互对应，从而证明了光子带隙禁止相关波长光子通过的特性。通过观察，光子带隙在光子晶体结构厚度比 d_{1}/d_{2} 一定时，随着介质层厚度的减小，带隙 "Gap I" 的宽度增大，但是其中心频率却基本没有发生改变。这一特性使 ANM 光子带隙与传统的布拉格带隙有所不同。在布拉格带隙中，当介质层厚度的比例发生微小改变时，其带隙的中心频率会发生显著改变。除此之外，ANM 光子带隙的宽度受带隙介质厚度比的控制与 zero-Φ_{eff} 带隙也不相同，因为后者只与介质层厚度的比值相关，只要 d_{1}/d_{2} 保持一致，zero-Φ_{eff} 带隙就基本不会因其介质层厚度的变化而改变了。

在图 4-5 中，选择了当 $d_{2} = 4\,\mu\text{m}$ 时的三种情况进行研究，即 $d_{1} = 2\,\mu\text{m}$、$d_{1} = 4\,\mu\text{m}$ 和 $d_{1} = 5\,\mu\text{m}$，分别用实线、虚线和点线来表示。从图中可以看出，当 $d_{1}/d_{2} < 1$ 时，ANM 光子带隙的宽度随 d_{1}/d_{2} 的增大而增大，并且中心频率向低频方向移动；相反地，当 $d_{1}/d_{2} > 1$ 时，ANM 带隙的宽度随 d_{1}/d_{2} 的增大而减小，并且中心频率向高频方向移动。

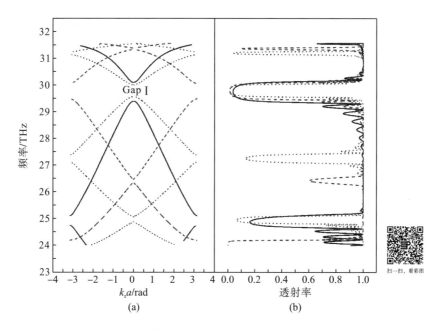

图 4-4　当 d_1/d_2=0.5 时的光子带隙与透射谱：(a)光子带隙；(b)透射谱

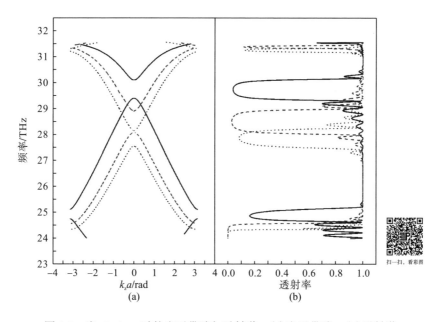

图 4-5　当 d_2=4μm 时的光子带隙与透射谱：(a)光子带隙；(b)透射谱

下面继续讨论当 $\omega<\omega_c$ 时形成的光子带隙，选择 $k_x = 0.74$ rad/μm 。如图 4-6 所示，采用与图 4-4 相同的参数，并且将其色散曲线重新画在图 4-6(a)中。当 k_{z1} 为虚数时的光子带隙如图 4-6(b)所示。此时，光子带隙的形成是由倏逝波和导波

互相影响而形成的。从图中可以看出，倏逝波的引入使 ANM 光子带隙得到了极大的增加，但是与图 4-6(a)相比并没有改变光子带隙的本质特点。当 $d_2 = 4\,\mu m$ 而 d_1 如图 4-5 中变化时，k_{z1} 为实数和虚数的色散曲线如图 4-7(a)和(b)所示。当 k_{z1} 为虚数时，光子带隙的中心频率基本不随 d_1 的改变而改变。

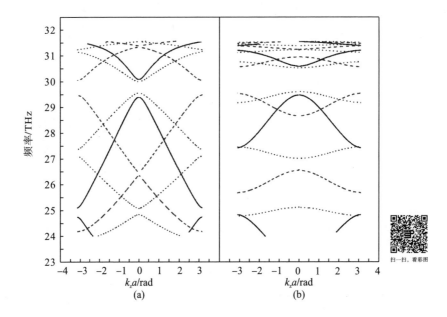

图 4-6　当 d_1/d_2=0.5 时的光子带隙：(a) k_{z1} 为实数；(b) k_{z1} 为虚数

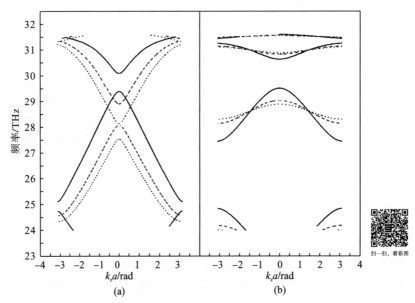

图 4-7　当 d_2=4 μm 时的光子带隙：(a) k_{z1} 为实数；(b) k_{z1} 为虚数

通过以上分析，不难发现上述沿周期方向的 ANM 光子带隙是由传播光波的相互影响而形成的，是周期结构的一种本质结果。它与形成光子晶体的多层介质结构相关，并与布拉格带隙和 zero-Φ_{eff} 带隙有显著不同。这是因为各向异性无磁负折射率超材料的引入使传播的 TM 波受到了来自两个方向不同介电常数的影响，使最终形成的 ANM 光子带隙具有不同的特性。

4.3.2　无磁正负折射率超材料组成的光子晶体

令无磁各向异性介质的介电常数张量为

$$\vec{\varepsilon} = \varepsilon_0 \begin{pmatrix} \varepsilon_\parallel & 0 & 0 \\ 0 & \varepsilon_\parallel & 0 \\ 0 & 0 & \varepsilon_\perp \end{pmatrix}$$

正如参考文献[136]所述，当满足 $\varepsilon_\perp < 0$，$\varepsilon_\parallel > 0$ 时，介质的有效折射率为负；而当满足 $\varepsilon_\perp > 0$，$\varepsilon_\parallel < 0$ 时，介质的有效折射率为正。

本节提出一种由上述两种正负折射率超材料组成的光子晶体。在现有的关于正负折射率超材料的光子晶体的研究中，双层介质或均为各向同性，或其中一种介质为各向异性。这里提出的光子晶体所包含的正负折射率超材料都是无磁各向异性的，且介电常数张量部分为负。本节将分析在截止频率以上及以下形成的光子带隙对材料和结构参数的要求，并将 4.2 节中的转移矩阵法拓展到各向异性的正负折射率超材料中，以此来研究其透射特性。这里将无磁各向异性的正、负折射率组成的光子带隙称为双各向异性无磁 （double anisotropic nonmagnetic, DANM）光子带隙。

下面考虑如图 4-8 所示的双层周期结构，其中黑色区域 A 代表厚度为 d_A 的无磁各向异性正折射率介质，而灰色区域 B 则代表厚度为 d_B 的无磁各向异性负折射率超材料。它们的磁导率为 μ_0，介电常数张量分别为

$$\vec{\varepsilon}^A = \varepsilon_0 \begin{pmatrix} \varepsilon_\parallel^A & & \\ & \varepsilon_\parallel^A & \\ & & \varepsilon_\perp^A \end{pmatrix}, \quad \vec{\varepsilon}^B = \varepsilon_0 \begin{pmatrix} \varepsilon_\parallel^B & & \\ & \varepsilon_\parallel^B & \\ & & \varepsilon_\perp^B \end{pmatrix}$$

式中，$\varepsilon_\parallel^A = \varepsilon_\parallel^B = \varepsilon_\perp < 0$，$\varepsilon_\perp^A = \varepsilon_\perp^B = \varepsilon_\parallel > 0$。由于波导中传播的 TM 波是非寻常波，故其受 $\varepsilon_\parallel$ 和 $\varepsilon_\perp$ 二者的共同影响，而 TE 波作为寻常波只与 $\varepsilon_\parallel$ 相关。因此，本节仍然主要研究 TM 波的光子带隙。

图 4-8　无磁各向异性正负折射率超材料组成的一维光子晶体

根据 4.2 节转移矩阵的性质，可以得到该周期结构转移矩阵的迹为

$$\mathrm{Tr}(T) = 2\cos(k_z d) = \frac{1}{4}\left\{ \begin{array}{l} \left(2+\Omega+\Omega^{-1}\right)\left[\mathrm{e}^{\mathrm{i}\left(k_z^{\mathrm{B}}d_{\mathrm{B}}+k_z^{\mathrm{A}}d_{\mathrm{A}}\right)}+\mathrm{e}^{-\mathrm{i}\left(k_z^{\mathrm{B}}d_{\mathrm{B}}+k_z^{\mathrm{A}}d_{\mathrm{A}}\right)}\right] \\ +\left(2-\Omega-\Omega^{-1}\right)\left[\mathrm{e}^{\mathrm{i}\left(k_z^{\mathrm{B}}d_{\mathrm{B}}-k_z^{\mathrm{A}}d_{\mathrm{A}}\right)}+\mathrm{e}^{-\mathrm{i}\left(k_z^{\mathrm{B}}d_{\mathrm{B}}-k_z^{\mathrm{A}}d_{\mathrm{A}}\right)}\right] \end{array} \right\} \tag{4-33}$$

式中，$k_z^{\mathrm{A}} = \pm\sqrt{\varepsilon_\parallel^{\mathrm{A}} k_0^2 - \dfrac{\varepsilon_\parallel^{\mathrm{A}}}{\varepsilon_\perp^{\mathrm{A}}} k_x^2}$，$k_z^{\mathrm{B}} = \pm\sqrt{\varepsilon_\parallel^{\mathrm{B}} k_0^2 - \dfrac{\varepsilon_\parallel^{\mathrm{B}}}{\varepsilon_\perp^{\mathrm{B}}} k_x^2}$，$\Omega = \dfrac{\varepsilon_\perp}{\varepsilon_\parallel}\cdot\dfrac{k_z^{\mathrm{B}}}{k_z^{\mathrm{A}}}$，$d = d_{\mathrm{A}} + d_{\mathrm{B}}$。
明显地，当 $|\mathrm{Tr}(T)| > 2$ 时，光子不能在波导中传输，从而形成光子带隙。从介质层的介电常数分布可以看出，k_z^{B} 始终为实数，而 k_z^{A} 随 k_x 的取值不同为实数或虚数。下面定义截止频率为

$$\omega_{\mathrm{c}} = \frac{ck_x}{\varepsilon_\parallel} \tag{4-34}$$

可以将频率分为 $\omega > \omega_{\mathrm{c}}$ 和 $\omega < \omega_{\mathrm{c}}$ 两部分，分别研究光子带隙存在的条件。

(1) $\omega < \omega_{\mathrm{c}}$。

此时，k_z^{A} 和 k_z^{B} 均为实数。方程式 (4-33) 可以写成

$$\mathrm{Tr}(T) = 2\cos k_z d = 2\cos(k_z^{\mathrm{B}}d_{\mathrm{B}} - k_z^{\mathrm{A}}d_{\mathrm{A}}) - \left(\Omega + \Omega^{-1} + 2\right)\sin(k_z^{\mathrm{A}}d_{\mathrm{A}})\sin(k_z^{\mathrm{B}}d_{\mathrm{B}}) \tag{4-35}$$

为了简单起见，选择 $d_{\mathrm{A}} = d_{\mathrm{B}}$ 和 $\left|\dfrac{\varepsilon_\perp}{\varepsilon_\parallel}\right| < 1$，然后引入条件

$$k_z^{\mathrm{B}}d_{\mathrm{B}} - k_z^{\mathrm{A}}d_{\mathrm{A}} = m\pi \quad (m = 0, 1, 2, 3, \cdots) \tag{4-36}$$

注意到这里可以构造奇数阶和偶数阶的 DANM 光子带隙，与参考文献[202]中只能引入奇数阶的光子带隙条件有所不同。这是由于光子晶体中的正负折射率超材料均为各向异性，它们的介电常数张量不全为负，所以最终导致 DANM 光子带隙的与众不同。

当 m 为奇数时，$\sin(k_z^{\mathrm{A}}d_{\mathrm{A}})$ 与 $\sin(k_z^{\mathrm{B}}d_{\mathrm{B}})$ 值的符号相反，即 $\sin(k_z^{\mathrm{A}}d_{\mathrm{A}})\cdot\sin(k_z^{\mathrm{B}}d_{\mathrm{B}}) < 0$。由于 $2\cos(k_z^{\mathrm{B}}d_{\mathrm{B}} - k_z^{\mathrm{A}}d_{\mathrm{A}}) = -2$，并且 $\Omega + \Omega^{-1} < -2$，由此可以推出 $\mathrm{Tr}(T) > 2$。

当 m 为偶数时，$\sin(k_z^A d_A)$ 与 $\sin(k_z^B d_B)$ 值的符号相同，即 $\sin(k_z^A d_A) \cdot \sin(k_z^B d_B)$ >0。由于 $2\cos(k_z^B d_B - k_z^A d_A) = 2$，并且 $\Omega + \Omega^{-1} < -2$，由此可以推出 $\mathrm{Tr}(T) > 2$。

(2) $\omega > \omega_c$。

此时，k_z^A 为虚数，k_z^B 为实数。假设 $k_z^A = \mathrm{i}\alpha$，其中 α 为正实数。方程式(4-33)可以写为

$$\mathrm{Tr}(T) = -\left(\mathrm{e}^{-\alpha d_A} + \mathrm{e}^{\alpha d_A}\right) - 2\cosh(\alpha d_A)$$

$$\left[\frac{1}{2} \cdot \left(\frac{k_z^B \varepsilon_\perp}{\alpha \varepsilon_\parallel} - \frac{\alpha \varepsilon_\parallel}{k_z^B \varepsilon_\perp}\right) \sin(k_z^B d_B) \tanh(\alpha d_A) - 2\cos^2\left(\frac{k_z^B d_B}{2}\right)\right] \tag{4-37}$$

为了方便以下的讨论，令

$$A = -\left(\mathrm{e}^{-\alpha d_A} + \mathrm{e}^{\alpha d_A}\right)$$

$$B = -2\cosh(\alpha d_A)$$

$$C = \frac{1}{2} \cdot \left(\frac{k_z^B \varepsilon_\perp}{\alpha \varepsilon_\parallel} - \frac{\alpha \varepsilon_\parallel}{k_z^B \varepsilon_\perp}\right) \sin(k_z^B d_B) \tanh(\alpha d_A)$$

$$D = -2\cos^2(k_z^B d_B / 2) \tag{4-38}$$

这样，方程式(4-35)可以写为

$$\mathrm{Tr}(T) = A + B(C + D) \tag{4-39}$$

由于 $A < -2$，$B < -2$，所以只要保证 $(C+D) > 0$，就能实现 $\mathrm{Tr}(T) < -2$。下面就针对 $(C+D) > 0$ 这一条件进行讨论。首先，假设 $d_A = d_B$，$0 < k_z^B d_B < 2\pi$，$(\varepsilon_\parallel + \varepsilon_\perp) > 0$，存在一个平衡位置且满足：

$$k_{ze}^B d_B = \pi，\quad |k_{ze}^B \varepsilon_\perp| = |\alpha \varepsilon_\parallel| \tag{4-40}$$

以上述的平衡位置为分界点，分三种情况进行讨论：

①当 $k_z^B = k_{ze}^B$ 时，可知 $C = 0$，$D = 0$，所以 $(C+D) = 0$；

②当 $k_z^B < k_{ze}^B$ 时，有 $|k_z^B \varepsilon_\perp| < |\alpha \varepsilon_\parallel|$，则 $\left(\dfrac{k_z^B \varepsilon_\perp}{\alpha \varepsilon_\parallel} - \dfrac{\alpha \varepsilon_\parallel}{k_z^B \varepsilon_\perp}\right) > 0$，又因为 $\sin(k_z^B d_B) > 0$，所以 $C > 0$；

③当 $k_z^B > k_{ze}^B$ 时，有 $|k_z^B \varepsilon_\perp| > |\alpha \varepsilon_\parallel|$，则 $\left(\dfrac{k_z^B \varepsilon_\perp}{\alpha \varepsilon_\parallel} - \dfrac{\alpha \varepsilon_\parallel}{k_z^B \varepsilon_\perp}\right) < 0$，又因为 $\sin(k_z^B d_B) < 0$，所以 $C > 0$。

通过以上分析可知，远离平衡位置时总是有 $C > 0$ 且逐渐增大，而 $|D|$ 也随着 k_z^B 远离 k_{ze}^B 而增大。根据参考文献[202]可知，C 的增大速度大于 $|D|$，即同样的 Δk_z^B 引起的变化 ΔC 和 $\Delta |D|$，ΔC 的绝对值更大，因此始终有 $(C+D) > 0$。

方程式(4-39)的平衡位置要求：

$$\frac{2d_{\text{B}}}{\lambda}\sqrt{\varepsilon_{\parallel}\left(1-\left(\varepsilon_{\parallel}+\varepsilon_{\perp}\right)/2\varepsilon_{\perp}\right)}=1 \tag{4-41}$$

只要满足上述条件，就能实现光子带隙形成的条件 $\text{Tr}(T) < -2$。

当然，上述讨论的光子带隙的形成条件都是充分非必要条件。尽管如此，对这些条件的讨论仍然有助于寻找合适的参数以实现光子带隙。

下面以 16 周期的正负无磁各向异性介质层组合为例，研究 DANM 光子带隙的特性。首先考虑当 $\omega < \omega_{\text{c}}$ 时，k_z^{A} 和 k_z^{B} 均为实数的光子带隙。假设介质具有德鲁德色散模型，它的介电常数张量具有如下色散关系：

$$\varepsilon_{\perp}=1-\frac{\omega_{\text{pen}}^{2}}{\omega^{2}}, \quad \varepsilon_{\parallel}=1-\frac{\omega_{\text{pet}}^{2}}{\omega^{2}} \tag{4-42}$$

式中，等离子共振频率 $\omega_{\text{pen}}=3.14\times10^{13}\ \text{rad/s}$，$\omega_{\text{pet}}=6.28\times10^{12}\ \text{rad/s}$。当 $\omega_{\text{pet}}<\omega<\omega_{\text{pen}}$ 时，就能实现本书要求的 $\varepsilon_{\perp}<0$ 和 $\varepsilon_{\parallel}>0$ 了。

在图 4-9 中，选取 $d_{\text{B}}=4\ \mu\text{m}$，$k_x=0.11$ 并考虑 $d_{\text{A}}=2\ \mu\text{m}$、$d_{\text{A}}=4\ \mu\text{m}$ 和 $d_{\text{A}}=8\ \mu\text{m}$ 三种情况，分别用实线、虚线和点线来表示。从图中可以看到，图 4-9(a) 中光子带隙的色散曲线和图 4-9(b) 中的透射系数曲线是相互对应的。当 $d_{\text{A}}/d_{\text{B}}$ 逐渐增大时，光子带隙的中心频率逐渐向高频方向移动，而其带隙宽度变窄，并且处在带隙频率的光波的透射系数极大减小。这一特性与 zero-Φ_{eff} 带隙和布拉格带隙完全不同。当 $d_{\text{A}}/d_{\text{B}}$ 增大时，zero-Φ_{eff} 带隙的宽度增加，而布拉格带隙的中心频率却基本不变。

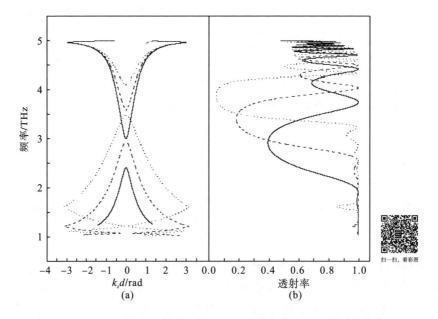

图 4-9   当 $d_{\text{B}}=4\ \mu\text{m}$ 时的光子带隙：(a)色散曲线；(b)透射系数曲线

　　在图 4-10 中，选取 $d_A/d_B=1$，并考虑 $d_A=d_B=4\,\mu m$、$d_A=d_B=6\,\mu m$ 和 $d_A=d_B=8\,\mu m$ 三种情况，分别用实线、虚线和点线来表示。可以看到，图 4-10(a) 中光子带隙的色散曲线和图 4-10(b) 中的透射系数曲线是相互对应的。当 d_A 和 d_B 增大时，光子带隙几乎完全不变，这一特性与 zero-Φ_{eff} 带隙相同却与布拉格带隙相反。

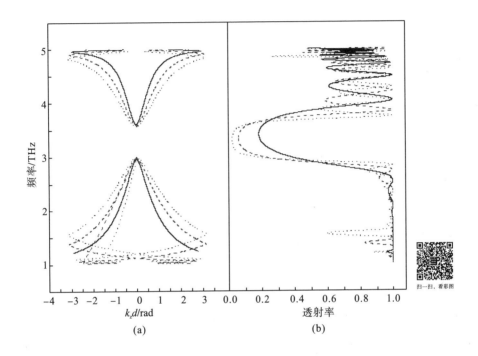

图 4-10　当 d_A/d_B=1 时的光子带隙：(a)色散曲线；(b)透射系数曲线

　　下面考虑 $\omega>\omega_c$ 时的光子带隙，此时 k_z^A 为虚数，k_z^B 为实数。选取与图 4-9 和图 4-10 相同的参数，可以分别得出图 4-11(a) 和图 4-11(b) 中的色散曲线。当 $\omega<\omega_c$ 时，光子带隙的形成是导模相互作用的结果，而当 k_z^A 为虚数时光子带隙是由倏逝波和导波形成的。从图中可以看出，倏逝波的引入增大了光子带隙的宽度，但并没有改变光子带隙与波导尺寸比例的变化关系。当介质层厚度或厚度比改变时，图 4-11(a) 和图 4-11(b) 中的光子带隙分别具有与图 4-9 和图 4-10 相同的特性。另外，当 k_z^A 为虚数时的光子带隙具有与其他光子带隙不同的特点，就是在一定的频率范围内，频率较低的光波可以被完全滤除，从而实现高通滤波的功能。这一特性使高通滤波器的实现又有了一种新的途径。

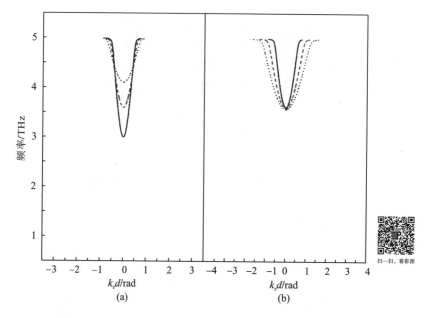

图 4-11　当 k_z^A 为虚数时的带隙结构：（a）$d_B=4$ μm；（b）$d_A/d_B=1$

4.3.3　单负折射率超材料组成的光子晶体

由两层单负折射率超材料构成的光子晶体具有 zero-$\varPhi_{\mathrm{eff}}$ 带隙，各向异性的引入使这种单负折射率超材料光子晶体具有很多特殊的性质。为了方便起见，称这种带隙为各向异性单负（anisotropic single-negative, ASNG）光子带隙。

下面考虑如图 4-12 所示的双层周期结构，其中黑色区域 A 代表厚度为 d_A 的各向异性负介电常数（anisotropic epsilon-negative, AENG）的介质，而灰色区域 B 代表厚度为 d_B 的各向异性负磁导率（anisotropic mu-negative, AMNG）的介质。

介质层 A 的相对磁导率为 μ_A，介电常数张量为

$$\vec{\varepsilon}_A = \varepsilon_0 \begin{pmatrix} \varepsilon_\parallel & 0 & 0 \\ 0 & \varepsilon_\parallel & 0 \\ 0 & 0 & \varepsilon_\perp \end{pmatrix}$$

而介质层 B 的相对介电常数为 ε_B，磁导率张量为

$$\bar{\mu}_B = \mu_0 \begin{pmatrix} \mu_\parallel & 0 & 0 \\ 0 & \mu_\parallel & 0 \\ 0 & 0 & \mu_\perp \end{pmatrix}$$

式中，μ_A 与 ε_B 为正，$\varepsilon_\parallel$、$\varepsilon_\perp$、$\mu_\parallel$ 和 $\mu_\perp$ 均为负。对于 TE 波，$k_z^A = \sqrt{\varepsilon_\parallel \mu_A k_0^2 - k_x^2}$，$k_z^B = \sqrt{\varepsilon_B \mu_\parallel k_0^2 - \mu_\parallel k_x^2 / \mu_\perp}$；对于 TM 波，$k_z^A = \sqrt{\varepsilon_\parallel \mu_A k_0^2 - \varepsilon_\parallel k_x^2 / \varepsilon_\perp}$，$k_z^B = \sqrt{\varepsilon_B \mu_\parallel k_0^2 - k_x^2}$。

为了简单起见，设 $\varepsilon_B=\varepsilon_0$，$\mu_A=\mu_0$。从中可以看出，$k_z^A$ 和 k_z^B 均为虚数，令 $k_z^A=\mathrm{i}\alpha$，$k_z^B=\mathrm{i}\beta$，其中，α、β 均为正实数。

图 4-12　各向异性单负折射率超材料组成的一维光子晶体结构

此时，转移矩阵的迹为

$$\mathrm{Tr}(T)=2\cos(k_zd)=\frac{1}{4}\left\{\begin{array}{l}\left(2+\Omega+\Omega^{-1}\right)\left[\mathrm{e}^{\mathrm{i}\left(\beta d_B+\alpha d_A\right)}+\mathrm{e}^{-\mathrm{i}\left(\beta d_B+\alpha d_A\right)}\right]\\+\left(2-\Omega-\Omega^{-1}\right)\left[\mathrm{e}^{\mathrm{i}\left(\beta d_B-\alpha d_A\right)}+\mathrm{e}^{-\mathrm{i}\left(\beta d_B-\alpha d_A\right)}\right]\end{array}\right\} \quad (4\text{-}43)$$

式中，$\Omega=\dfrac{\alpha\mu_\parallel}{\beta}$。上式经过简化可得

$$\mathrm{Tr}(T)=2\cos(k_zd)=2\cos(\alpha d_A)\cos(\beta d_B)-\left(\Omega+\Omega^{-1}\right)\sin(\alpha d_A)\sin(\beta d_B) \quad (4\text{-}44)$$

因为 $\Omega+\Omega^{-1}<-2$，所以可以进一步简化，得

$$\mathrm{Tr}(T)=2\cos(k_zd)=2\cos\left(\alpha d_A-\beta d_B\right)+\left(2-\Omega-\Omega^{-1}\right)\sin(\alpha d_A)\sin(\beta d_B)$$

下面引入条件：

$$\alpha d_A-\beta d_B=m\pi \quad (m=0,1,2,3,\cdots) \quad (4\text{-}45)$$

当 m 为奇数时，$2\cos\left(\alpha d_A-\beta d_B\right)=-2$ 且 $\sin(\alpha d_A)\sin(\beta d_B)<0$，因此 $\mathrm{Tr}(T)<-2$；当 m 为偶数时，$2\cos\left(\alpha d_A-\beta d_B\right)=2$ 且 $\sin(\alpha d_A)\sin(\beta d_B)>0$，因此 $\mathrm{Tr}(T)>2$。所以，只要满足条件 $\mathrm{Tr}(T)>2$，光子带隙就能实现。

下面选择介质层仍然满足德鲁德色散模型：

$$\varepsilon_\perp=1-\frac{\omega_{ev}^2}{\omega^2}，\quad \varepsilon_\parallel=1-\frac{\omega_{eh}^2}{\omega^2}，\quad \mu_\perp=1-\frac{\omega_{mv}^2}{\omega^2}，\quad \mu_\parallel=1-\frac{\omega_{mh}^2}{\omega^2} \quad (4\text{-}46)$$

式中，ω_{eh} 和 ω_{ev} 为介质层 A 中水平和垂直方向的等离子共振频率；ω_{mh} 和 ω_{mv} 为介质层 B 中水平和垂直方向的等离子共振频率。这里的 ω 都是以太赫兹(THz)为单位的。对于 AENG 介质层，$\mu_A=1$，$\omega_{ev}=34.64\,\mathrm{THz}$，$\omega_{eh}=28.28\,\mathrm{THz}$；而对于 AMNG 介质层，$\varepsilon_B=1$，$\omega_{mv}=31.62\,\mathrm{THz}$，$\omega_{mh}=29.66\,\mathrm{THz}$。

首先，令 $k_x=k_0\sin\theta$，其中 θ 为入射光与 z 轴正方向的夹角。让一束 TE 光从真空入射到该一维光子晶体中，透射谱如图 4-13 所示。在图 4-13 中，选取 $d_A=1.75\,\mu\mathrm{m}$，$d_B=1.25\,\mu\mathrm{m}$，入射角分别为 $\theta=30°$、$\theta=45°$ 和 $\theta=60°$，在图中分别用实线、虚线和点

线表示。从图中可以看到,入射角的改变并没有影响光子带隙的产生,只是随着入射角的增大,光子带隙的宽度增加,同时中心频率向高频方向移动。

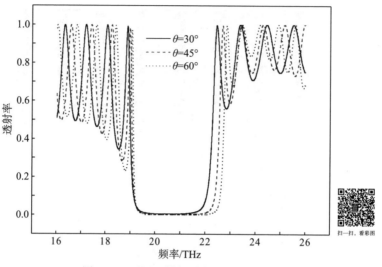

图 4-13　不同入射角时光子晶体的透射谱

在图 4-14 中,当 $\theta = 30°$, $d_A/d_B = 0.5$ 时,并选择如下三组值: $d_A = 0.5\,\mu m$, $d_B = 1\,\mu m$; $d_A = 0.75\,\mu m$, $d_B = 1.5\,\mu m$; $d_A = 1\,\mu m$, $d_B = 2\,\mu m$,分别用实线、虚线和点线表示。当介质层厚度增大时,光子带隙逐渐变窄,但是中心频率却基本没有改变。这一点与各向同性的单负介质光子带隙也具有明显的不同,因为后者基本不随介质层比例的改变而改变。

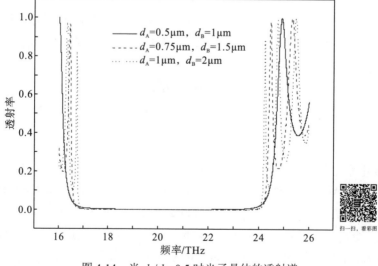

图 4-14　当 $d_A/d_B = 0.5$ 时光子晶体的透射谱

　　下面继续讨论当周期长度一定时（$d_A + d_B = 3\,\mu m$），d_A/d_B 比值的变化对 ASNG 光子带隙的影响。在图 4-15 中，各条曲线分别表示 $d_A/d_B = 0.5$、$d_A/d_B = 0.7$、$d_A/d_B = 1$、$d_A/d_B = 1.4$ 和 $d_A/d_B = 2$ 时光子晶体的透射曲线。图 4-16 对应光子带隙中 $f = 20.5\,\text{THz}$ 时的场分布。从图中可以看出，当 $d_A/d_B < 1$ 且比值逐渐增加时，ASNG 光子带隙是逐渐变窄的，而场分布的包络却呈增大的趋势；当 $d_A/d_B = 1$ 时，出现了一个不明显的光子带隙，其中心最低透射率约为 0.5，

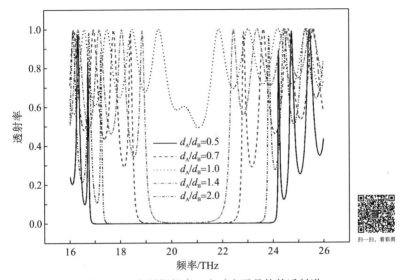

图 4-15　当周期长度一定时光子晶体的透射谱

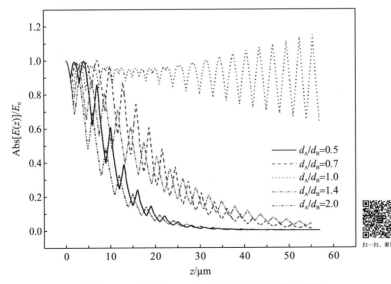

图 4-16　当 $f = 20.5\,\text{THz}$ 时光子晶体的场分布图

其场强是谐振加强的；当 $d_A/d_B>1$ 且比值逐渐增加时，ASNG 光子带隙也逐渐增大，相应的场分布包络却逐渐减小。因此，当保持双层介质的周期长度一定时，d_A/d_B 比值的增加所引起的光子带隙改变与 d_A/d_B 所在的范围相关，当 $d_A/d_B<1$ 和 $d_A/d_B>1$ 时，其变化趋势是完全相反的。从图中还可以看出，光子带隙越宽，场强越小；光子带隙越窄，场强越大。另外，在 $d_A/d_B=1$ 处没有明显的光子带隙，场强的增强是由各层的反射场叠加引起的。因此，有必要进一步分析 $d_A/d_B=1$ 时光子带隙的特点。

在图 4-17 中，取 $d_A/d_B=1$，当 $d_A=d_B=1.5\,\mu m$，$d_A=d_B=3\,\mu m$ 和 $d_A=d_B=4.5\,\mu m$ 时，其透射曲线如图 4-17 所示。当介质层厚度逐渐增加时，ASNG 光子带隙的变化很复杂，与其他光子带隙截然不同。在图 4-17(a)中，没有明显的光子带隙，而当 $d_A=d_B=3\,\mu m$ 时，出现了中心的一个光子带隙和周边许多的隧穿模。当介质层厚度进一步增加到 4.5\,\mu m 时，中心的光子带隙进一步变窄，周围的隧穿模也变得密集，更加特别的是在频带的上下端出现了两个较大的光子带隙。这一特性使光子晶体的滤波特性变得复杂和多样化，因此可以根据实际需求设计不同的介质层厚度，从而达到理想的滤光效果。

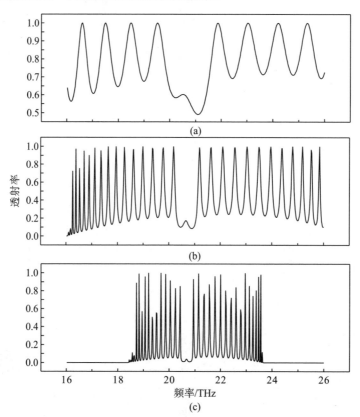

图 4-17　当 $d_A/d_B=1$ 时的光子晶体透射谱：(a) $d_A=d_B=15\,\mu m$；(b) $d_A=d_B=3\,\mu m$；(c) $d_A=d_B=4.5\,\mu m$

4.4　负折射率超材料组成的光子晶体中的缺陷层

由于介质层缺陷和制作工艺的影响，光子晶体中不可避免地存在缺陷层。同时，利用光子晶体缺陷层引起的带隙中的隧穿模可以制作窄带宽的滤波器。因此，研究缺陷层对光子带隙的影响有一定的实际意义。

4.4.1　线性缺陷层

下面以 4.3.3 节介绍的各向异性单负折射率超材料组成的光子晶体为例，引入一层线性缺陷层 C，形成如 $(BA)^9 C(AB)^9$ 的周期结构。介质层 A 的相对磁导率为 μ_A，介电常数张量为

$$\bar{\varepsilon}_A = \varepsilon_0 \begin{pmatrix} \varepsilon_\parallel & 0 & 0 \\ 0 & \varepsilon_\parallel & 0 \\ 0 & 0 & \varepsilon_\perp \end{pmatrix}$$

而介质层 B 的相对介电常数为 ε_B，磁导率张量为

$$\bar{\mu}_B = \mu_0 \begin{pmatrix} \mu_\parallel & 0 & 0 \\ 0 & \mu_\parallel & 0 \\ 0 & 0 & \mu_\perp \end{pmatrix}$$

式中，μ_A 与 ε_B 为正，$\varepsilon_\parallel$、$\varepsilon_\perp$、$\mu_\parallel$ 和 $\mu_\perp$ 均为负，介质层依然满足式(4-43)中的德鲁德模型。采用 4.2 节介绍的转移矩阵法，此时转移矩阵变为

$$T = \left(T(B)T(A)\right)^9 T(C)\left(T(A)T(B)\right)^9 \tag{4-47}$$

式中，$T(A)$、$T(B)$ 和 $T(C)$ 分别为 A、B、C 层的转移矩阵。由于缺陷层的引入，光子晶体的禁带中必然会出现隧穿模，并且是两个隧穿模同时出现。下面引入零介电常数和零磁导率的方法来分析隧穿模的合并问题。

由于组成光子晶体的各层均是各向异性的单负介质，所以首先采用等效折射率法将每一层负介电常数层的有效介电常数和负磁导率层的有效磁导率表示如下，对于 TE 波：

$$\varepsilon_A = \varepsilon_\parallel \left(1 - \frac{1}{\varepsilon_\parallel \mu_A} \sin^2\theta\right) \tag{4-48}$$

$$\mu_B = \mu_\parallel \tag{4-49}$$

对于 TM 波：

$$\varepsilon_A = \varepsilon_\parallel \tag{4-50}$$

$$\mu_B = \mu_\| \left(1 - \frac{1}{\mu_\| \varepsilon_B} \sin^2\theta\right) \tag{4-51}$$

这样，整个光子晶体的平均介电常数和磁导率为零的条件就可以写出，对于 TE 波：

$$\overline{\varepsilon} = \frac{18\left(\varepsilon_\| - \sin^2\theta/\mu_A\right)d_A + 18\varepsilon_B d_B + \varepsilon_C d_C}{18d_A + 18d_B + d_C} = 0 \tag{4-52}$$

$$\overline{\mu} = \frac{18\mu_A d_A + 18\left[\mu_\|\left(1 - \sin^2\theta/\varepsilon_B\mu_\perp\right)\right]d_B + \mu_C d_C}{18d_A + 18d_B + d_C} = 0 \tag{4-53}$$

对于 TM 波：

$$\overline{\varepsilon} = \frac{18\left[\varepsilon_\|\left(1 - \sin^2\theta/\mu_A\varepsilon_\perp\right)\right]d_A + 18\varepsilon_B d_B + \varepsilon_C d_C}{18d_A + 18d_B + d_C} = 0 \tag{4-54}$$

$$\overline{\mu} = \frac{18\mu_A d_A + 18\left(\mu_\| - \sin^2\theta/\varepsilon_B\right)d_B + \mu_C d_C}{18d_A + 18d_B + d_C} = 0 \tag{4-55}$$

因此，只要满足上述平均折射率为零的条件，隧穿模就能实现合并，成为一个单隧穿模。

为了不失一般性，假设各向异性单负折射率超材料的色散方程满足 $\varepsilon_\| = f(\omega)$，$\varepsilon_\perp = g(\omega)$，$\mu_\| = h(\omega)$ 和 $\mu_\perp = k(\omega)$，而 μ_A、ε_B、ε_C 和 μ_C 是与频率无关的常数。将这些参数代入方程式(4-52)和式(4-53)中，TE 波的合并隧穿模频率就可以通过求解以下方程获得：

$$F(\omega) = 18\mu_A d_A + 18h(\omega)d_B - \frac{\left[h(\omega)d_B\mu_A \cdot \left(18d_A f(\omega) + 18\varepsilon_B d_B + \varepsilon_C d_C\right)\right]}{\varepsilon_B k(\omega)d_A} + \mu_C d_C = 0$$

$$\tag{4-56}$$

当 $F(\omega)$ 的值接近零时，会出现不完全的隧穿模，因此这种不完全隧穿模可能不止一个。当 $F(\omega)$ 为零时，完全的隧穿模出现，其可以认为是多个不完全隧穿模的合并。

下面研究 TE 波入射角对隧穿模的影响，选择缺陷层的参数为 $\varepsilon_C = 2$，$\mu_C = -1$，$d_C = 6\,\mu m$，光子晶体介质层的参数为 $d_A = 1.75\,\mu m$，$d_B = 1.25\,\mu m$，并且满足 4.3.3 节的色散模型——方程(4-45)。随着入射角的改变，光子晶体的透射曲线如图 4-18 所示，当 $\theta = 80°$ 时，存在两个隧穿模。随着入射角的减小，两个隧穿模逐渐靠近，当 $\theta = 30°$ 时合为一个模式。通过观察发现，当 $\theta = 80°$ 时，左右两个隧穿模的透射率相差不大，而随着入射角的减小，左隧穿模的透射率峰值迅速减小，右隧穿模的透射率却基本不变。因此，可以认为右隧穿模是光子晶体的本征隧穿模，而左隧穿模却只能在特定条件下出现，并且非常不稳定。当入射角继续减小到 $\theta = 10°$ 时，单一隧穿模所处的频率有微小的改变，即从 19.79 THz 变为 19.66 THz。通过对比发现，在各向同性单负介质形成的光子晶体中，由缺陷层引起的双隧穿模基本不会因入射角的改变而改变，同时也没有出现双隧穿模的合并现象[204]。这种由光子晶体各层的各向异性引起的隧穿模随入射角改变的特点，可以用于通过入射角选择的单滤波器或双滤波器。图 4-19 中给出了当 $\theta \leqslant 30°$ 时单一隧穿模的场分布。为了准确地描述单隧穿模的场分布，不能忽略 $\theta \leqslant 30°$ 时由入射角改变引起的微小频移。图 4-19(a)～图 4-19(c) 分别为隧穿模所在频率为 19.79 THz、19.71 THz 和 19.66 THz 时的场分布。从图中可以看出，随着入射角的减小，电场强度包络有减小的趋势，但是场分布曲线极值点所处的位置基本不变。这一现象可以解释为入射角的减小使整个系统的能量降低，但是在光子晶体各处能量的分配比例基本不变。

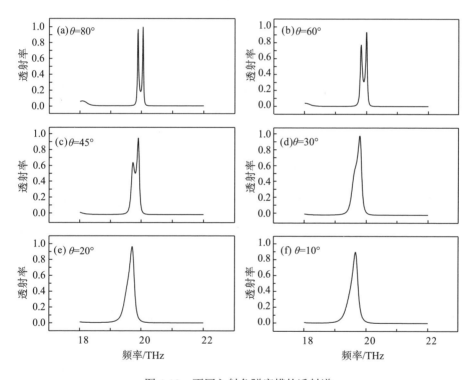

图 4-18　不同入射角隧穿模的透射谱

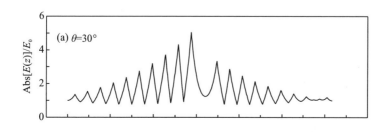

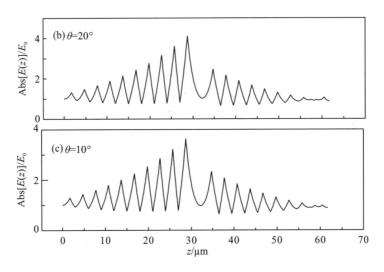

图 4-19　不同入射角单隧穿模的场分布图

　　下面继续讨论缺陷层的厚度对光子带隙的影响。选择缺陷层参数 $\varepsilon_C = 3$，$\mu_C = -1$，光子晶体介质层参数为 $d_A = 1.75\,\mu m$，$d_B = 1.25\,\mu m$，入射角为 $\theta = 60°$。缺陷层厚度分别为 $d_C = 3\,\mu m$、$4\,\mu m$、$5\,\mu m$、$6\,\mu m$、$7\,\mu m$ 和 $8\,\mu m$ 时的透射曲线如图 4-20 所示。从图中可以看出，随着缺陷层厚度的增大，原本的两个隧穿模相互靠近，最终在 $d_C = 6\,\mu m$ 合成为一个隧穿模。左隧穿模的透射率明显降低，并移向高频区域；相反，右隧穿模的透射率基本不变，具有低频方向的频移。而在各向同性单负介质形成的光子晶体中，总有两个透射率接近 100% 的隧穿模存在。当缺陷层厚度继续增大，该单隧穿模基本不再移动，此时频率为 $f = 19.56\,THz$。当 $d_C = 5\,\mu m$ 时，两个隧穿模的频率已经相当接近，而当 $d_C = 6\,\mu m$ 时，两个隧穿模合并成为一个，但是透射率却仅为 80% 左右。这说明当缺陷层厚度在 $d_C = 5 \sim 6\,\mu m$ 时，存在一个单一的隧穿模且具有接近 100% 的最大透射率。通过进一步的计算发现，当 $d_C = 5.45\,\mu m$ 时，单隧穿模出现，透射率为 0.9559。下面进一步分析单隧穿模的场分布情况。当 $d_C \geqslant 6\,\mu m$ 时，单隧穿模的场分布如图 4-21 所示。随着介质层厚度的增加，场强越来越集中于 C 层后界面上，而 C 层前界面的场强基本不变。这一现象可以解释为厚缺陷层的引入引起了更大的吸收损耗。损失的能量一部分在 C 层后界面通过反射叠加，从而使场强增强。然而在各向同性单负介质构成的光子晶体中，隧穿模[206]在缺陷层的一个界面上场强增强，而在另一个界面上则减弱。这是由于组成光子晶体的介质层的各向异性使隧穿模的场分布发生了根本改变。利用这一特性，可以制作光强在某一界面保持不变的高透射率谐振腔。除此之外，这种隧穿模合并现象与布拉格带隙不同，在布拉格带隙中缺陷层厚度的改变只会引起隧穿模从高频向低频移动，而不会使它们消失或重合。

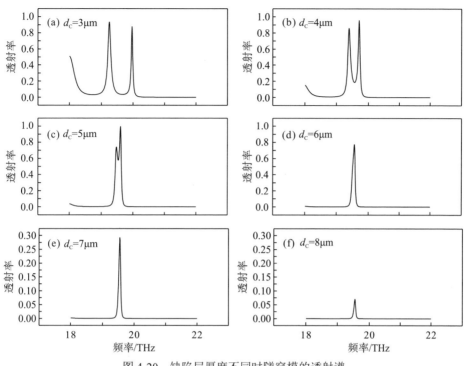

图 4-20 　 缺陷层厚度不同时隧穿模的透射谱

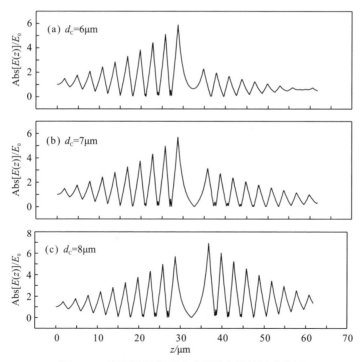

图 4-21 　 缺陷层厚度不同时单隧穿模的场分布图

最后，讨论缺陷层磁导率的改变对隧穿模的影响。选择缺陷层 $\varepsilon_C = 3$，$d_C = 6\,\mu m$，入射角为 $\theta = 60°$，$d_A = 1.75\,\mu m$，$d_B = 1.25\,\mu m$。从图 4-22 中可以看到，单隧穿模随着缺陷层磁导率绝对值的增加而逐渐向高频方向移动，其中心频率分别位于 19.59 THz、20.20 THz 和 20.78 THz 处。同时可以观察到，随着隧穿模频率的升高，其半高宽(full width at half maximum, FWHM)减小，说明隧穿模的线宽更窄，单模性更好。不同隧穿模频率对应的电场分布如图 4-23 所示，当隧穿模频率升高时，场强被极大地加强了。形成这种现象的原因一方面是隧穿模 FWHM 的减小使场强集中在中心频率上，从而减小了光功率的损耗；另一方面是缺陷层磁导率绝对值的增加使更多的光被反射回缺陷层前界面并叠加，从而极大地增加了前端面的场强。

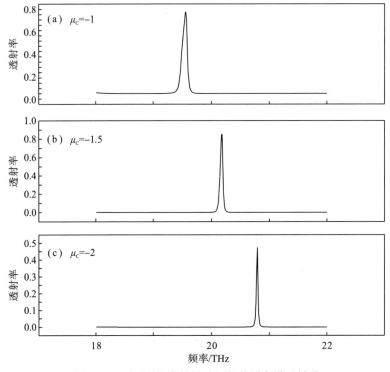

图 4-22   不同磁导率的缺陷层的单隧穿模透射谱

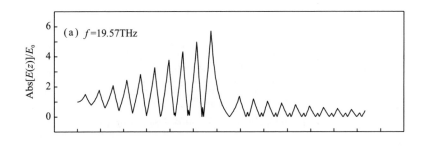

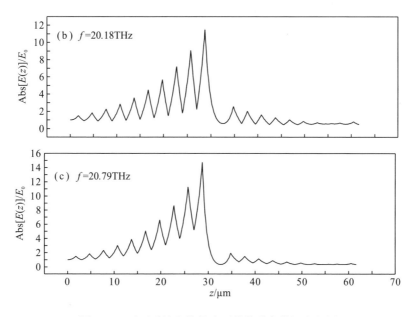

图 4-23　不同磁导率的缺陷层的单隧穿模场分布图

4.4.2　非线性缺陷层

在光子晶体中引入非线性缺陷层后会产生一种独特的光学特性——光学双稳态效应。所谓光学双稳态效应是指含有非线性介质的装置对于一个稳定的输入状态具有两个稳定的输出状态。利用这一特性可以制作光开关和光限制器等光学器件。

此时，4.2 节中普通的转移矩阵法将不再适用。这里，可以利用子层逆向递推的方法实现非线性介质传输矩阵。给定一个输出光强，就可以得到唯一一个确定的输入光强。利用计算机编程很容易实现上述运算，这就是子层逆向递推传输矩阵算法(或称非线性介质传输矩阵算法)[207]。本节主要采用这种方法来讨论影响各向异性单负介质组成的光子晶体中的双稳态特性。

图 4-24 给出了非线性缺陷层一维光子晶体 $(AB)^N C(BA)^N$ 的光学双稳态特性。这里 A、B 为组成光子晶体的两种介质，C 为克尔非线性缺陷层。当入射光强由零逐渐增大时，透射光强先随入射光强的增大而增大。但当入射光强达到上阈值 I_1 时，透射光强发生突变，迅速由点 1 跳到点 2，然后再随入射光强的增大而缓慢增大。相反，当入射光强由一个较大的值逐渐减小时，透射光强便随之减小，当入射光强下降到下阈值 I_2 时，透射光强再次发生突变，由点 3 跳到点 4，最后再随入射光的减小而减小，直到零值。在 1、3 两点之间的输出是不稳定的，入射光强 I_1 和 I_2 分别对应 1、2 和 3、4 两个输出状态。

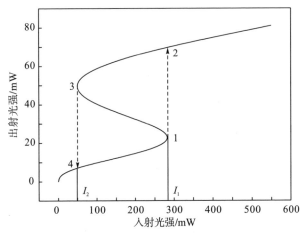

图 4-24   一维光子晶体 $(AB)^N C(BA)^N$ 的光学双稳态

本节以 4.3.3 节介绍的各向异性单负折射率超材料组成的光子晶体为例,研究了在其中引入克尔非线性缺陷层后产生的双稳态特性,其结构为 $(AB)^N C(BA)^N$。介质层 A 的相对磁导率为 μ_A,介电常数张量为

$$\bar{\mu}_A = \varepsilon_0 \begin{pmatrix} \varepsilon_{\parallel} & 0 & 0 \\ 0 & \varepsilon_{\parallel} & 0 \\ 0 & 0 & \varepsilon_{\perp} \end{pmatrix}$$

而介质层 B 的相对介电常数为 ε_B,磁导率张量为

$$\bar{\varepsilon}_B = \mu_0 \begin{pmatrix} \mu_{\parallel} & 0 & 0 \\ 0 & \mu_{\parallel} & 0 \\ 0 & 0 & \mu_{\perp} \end{pmatrix}$$

式中,μ_A 与 ε_B 为正,$\varepsilon_{\parallel}$、$\varepsilon_{\perp}$、$\mu_{\parallel}$ 和 $\mu_{\perp}$ 均为负,介质层依然满足式(4-43)中的德鲁德模型。下面分别讨论影响光子晶体双稳态的参数,包括入射角 θ、非线性系数 α、缺陷层厚度 d_C 和组成光子晶体双层介质的周期数 N。

1. 入射角对双稳态的影响

首先,考虑当入射角度不同时光子晶体双稳态特性的改变。这里选择 $N=9$ 的光子晶体介质层的参数为 $d_A = 1.75\,\mu m$,$d_B = 1.25\,\mu m$,并且满足 4.3.3 节的色散模型——方程式(4-43)。缺陷层 C 的相对介电常数和相对磁导率为 $\varepsilon_C = 3 + \alpha|E|^2$,$\mu_C = 1$,厚度为 $d_C = 9\,\mu m$,非线性系数为 $\alpha = 0.1$。通过计算发现,当入射角 θ 分别取 0°、5° 和 10° 时,光子晶体隧穿模的频率分别为 19.25THz、19.28THz、19.30THz。这说明当入射角很小且变化不大时(10° 以内),光子晶体隧穿模的频率几乎不变。图 4-25 给出了三种不同入射角对应同一隧穿模频率 $f=19.25$THz 时的输入-输出曲

线图。从图中可以看出，随着入射角的增大，上阈值也有增大的趋势，而下阈值则几乎保持不变。这与各向同性光子晶体中由微小入射角的改变而引起隧穿模的大幅频移和其双稳态特性的显著变化是不同的[208]。

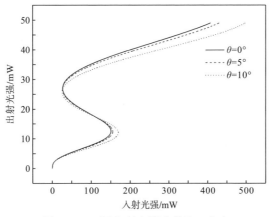

图 4-25　不同入射角隧穿模的双稳态

2. 克尔介质非线性系数对双稳态的影响

选择大的克尔介质非线性系数可以增强非线性光学效应，减小双稳态阈值。这里选择 $N = 9$ 的光子晶体介质层的参数为 $d_A = 1.75\,\mu\text{m}$，$d_B = 1.25\,\mu\text{m}$，并且满足 4.3.3 节的色散模型——方程式 (4-45)。缺陷层 C 的相对介电常数和相对磁导率为 $\varepsilon_C = 3 + \alpha|E|^2$，$\mu_C = 1$，厚度为 $d_C = 9\,\mu\text{m}$，TE 光垂直入射到光子晶体。图 4-26 给出了当 $\alpha = 0.05$、0.075 和 0.1 时的隧穿模频移曲线。从图中可以看出。随着非线性系数的增大，隧穿模有向低频方向移动的趋势。同样图 4-27 中的隧穿模在不同频率时的双稳态阈值也随着非线性系数的增大而减小。这与其他光子晶体中克尔介质非线性系数对双稳态的影响是一致的[209]。

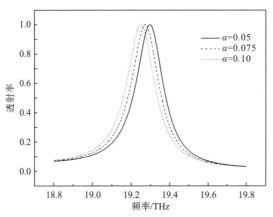

图 4-26　不同调制系数的隧穿模透射谱

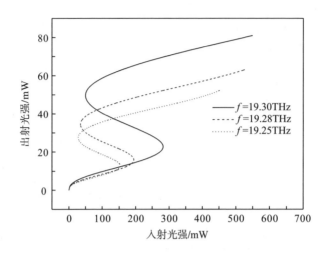

图 4-27　不同调制系数的隧穿模双稳态

3. 缺陷层厚度对双稳态的影响

这里同样选择 $N=9$ 的光子晶体介质层的参数为 $d_A = 1.75\,\mu\mathrm{m}$，$d_B = 1.25\,\mu\mathrm{m}$，并且满足 4.3.3 节的色散模型——方程式(4-43)。缺陷层 C 的相对介电常数和相对磁导率为 $\varepsilon_C = 3 + \alpha|E|^2$，$\mu_C = 1$，非线性系数为 $\alpha = 0.1$，TE 光垂直入射到光子晶体。当缺陷层厚度分别为 $d_C = 7\,\mu\mathrm{m}$、$8\,\mu\mathrm{m}$ 和 $9\,\mu\mathrm{m}$ 时隧穿模频率的变化如图 4-28 所示。从图中可以看出，随着缺陷层厚度的增加，隧穿模频率左移，有减小的趋势。因此，从图 4-29 中可以明显看出，双稳态阈值大幅减小，而在各向同性的单

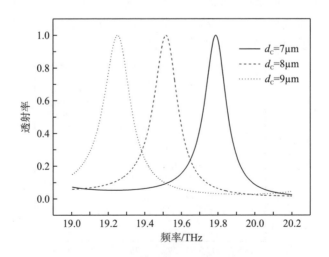

图 4-28　不同缺陷层厚度的隧穿模透射谱

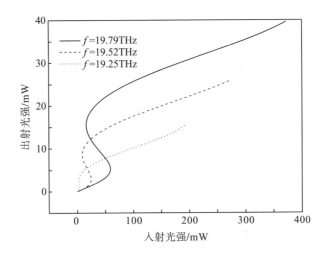

图 4-29 不同缺陷层厚度的隧穿模双稳态

负介质组成的光子晶体中，缺陷层的增大会引起上阈值的增大和下阈值的减小[209]。产生这一差异的原因如下：当一定强度的入射光垂直照射到缺陷层介质时，将在其中产生一个附加折射率 Δn，此时隧穿模产生一个红移量 $\Delta\lambda=2d_C\Delta n$，从而偏移了入射光模。由于双稳态的产生必须要有入射光模与隧穿模的部分重叠，而缺陷层厚度的增加使隧穿模在无光照时产生了一定的红移，这就使隧穿模红移到入射光模所需的入射光强大为减小，从而减小了双稳态的阈值。相反地，缺陷层厚度的减小则需要更大的入射光强使隧穿模产生红移并与入射光模发生重叠。

在各向同性光子晶体中缺陷层厚度的增加使隧穿模线宽变窄。与之相反的是，随着 d_C 的增加，隧穿模的线宽变宽了。这是各向异性单负折射率超材料构成的光子晶体所具备的特性。

4. 周期数 N 对双稳态的影响

这里选择光子晶体介质层的参数为 $d_A=1.75\,\mu m$，$d_B=1.25\,\mu m$，并且满足 4.3.3 节的色散模型——方程式（4-43）。缺陷层 C 的相对介电常数和相对磁导率为 $\varepsilon_C=3+\alpha|E|^2$，$\mu_C=1$，非线性系数为 $\alpha=0.1$，缺陷层厚度为 $d_C=9\,\mu m$，一束 TE 光垂直入射到光子晶体。当 $N=7$、8 和 9 时的隧穿模透射谱如图 4-30 所示。当周期数增大时，隧穿模的频率也逐渐增大，谱线逐渐变窄，从而增强了光子晶体中的非线性效应。从图 4-31 的双稳态曲线可知，当周期数增大时，在各自隧穿模频率上双稳态的上阈值增大而下阈值却减小。这一特性不同于各向同性光子晶体中周期数的增加与双稳态阈值减小之间绝对对应的关系[210]。这是由于各向异性单负折射率超材料的引入使上阈值的改变不再遵循普通的原则。

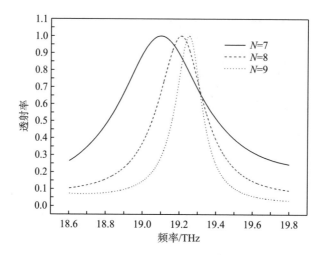

图 4-30　不同周期数的隧穿模透射谱

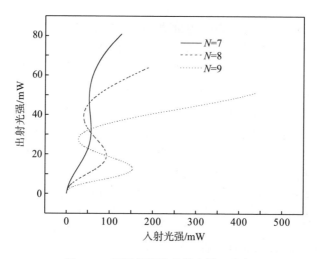

图 4-31　不同周期数的隧穿模双稳态

4.5　本 章 小 结

　　本章提出并分析了三种含各向异性负折射率超材料的一维光子晶体，包括无磁负折射率超材料与空气层组成的光子晶体、无磁正负折射率超材料组成的光子晶体和单负折射率超材料组成的光子晶体。从理论上分析了光子带隙存在的条件，并且通过数值模拟比较了光子带隙与 zero-$\bar{n}$ 带隙、zero-Φ_{eff} 带隙和布拉格带隙的不同之处。

　　4.4 节分析了在各向异性单负折射率超材料组成的光子晶体中引入缺陷层后的特性。当引入线性缺陷层时，光子晶体呈现出独特的滤波、隧穿模平移和合并等特性。利用这些性质可以制作通过入射角实现选频的单频滤波器或双频滤波器。另外，缺陷层厚度的变化引起单隧穿模的场强分布变化也不同于各向同性光子晶体中的情况，所以可以根据其特性制作光强在某一界面保持不变的高透射率谐振腔。

　　当在各向异性单负折射率超材料组成的光子晶体中引入非线性缺陷层时，光子晶体所呈现出的双稳态特性也不同于各向同性的光子晶体，主要体现在三方面：第一，当入射角很小且变化不大时（10°以内），光子晶体隧穿模的频率几乎不变；第二，随着缺陷层厚度的增加，隧穿模的线宽变宽；第三，当周期数增大时，在各自的隧穿模频率上双稳态的上阈值增大而下阈值却减小。

　　综上所述，光子晶体中各向异性负折射率超材料的引入使光子带隙和隧穿模的特性发生了巨大改变，利用这些特性可以制作出具有更多特殊功能的光子晶体材料。

第5章 负折射率超材料组成的新型器件

5.1 负折射率超材料组成的偏振分束器

偏振分束器是应用于光纤通信系统和光纤传感器中的一种重要器件，它特别适用于分离偏振态正交的信号。TE/TM 导波分束器可以通过非对称的 Y 分支[211]、定向耦合器(directional coupler)[212]、垂直耦合器(vertical coupler)[213]、多模干涉(multimode interference)结构[214]、马赫-泽德干涉仪(Mach-Zehnder interferometer, MZI)[215-218]等来实现。其中，定向耦合器对具有不同耦合长度的 TE 和 TM 波可实现偏振分离，它具有结构简单、易于制作的特点。定向耦合器是一种具有分波和合波功能的平面光路，可以构成梳状滤波器[219,220]和波分复用器(wavelength division multiplexer)[221,222]等光纤通信中常用的器件。

利用负折射率超材料可以放大倏逝波的特点，人们设计了一种新型定向耦合器[223]。它将负折射率超材料嵌入两根直波导之间，增强了波导间的耦合，从而极大地减小了耦合长度。随后 Kim 在此基础上设计了一种新型偏振分束器[224]。他将一个含负折射率超材料的定向耦合器与另一个普通的定向耦合器级联，利用在波导中 TM 模的对称模比反对称模传播得更快而 TE 模却与之相反的特性，成功将两束不同偏振态的光波有效分离开来。常用的由马赫-泽德干制作的偏振分束器是利用在硅层薄膜上加压或其双臂不同芯层厚度的变化来实现的[225]。这些偏振分束器都是基于芯层的双折射性质而设计的，也就是与偏振相关的器件参数，它可能由材料本身决定，也可能由波导的几何结构决定。但是由于这种参数对偏振光的依赖非常微弱，所以需要利用马赫-泽德干涉仪来放大双折射效果。由于不同偏振光的光程差为 $(n_{\text{TE}} - n_{\text{TM}})L$，其中 L 为马赫-泽德干涉仪的臂长，因此只有通过足够大的 L 才能有效地实现这种"放大"。与之不同的是，Kim 的偏振分束器并不需要这种对双折射的放大，只需要不同偏振光的连续条件就能将其有效地分离[226]。尽管如此，必须注意到两个定向耦合器级联的方式增加了器件制作的复杂度，同时 Kim 的偏振分束器仍然用到了弯曲波导，所以不可避免地引入了弯曲损耗。

基于含负折射率超材料的定向耦合器能极大缩短耦合长度的特点，本书提出了一种新型偏振分束器，通过将 TM 模的耦合长度设置为 TE 模耦合长度的一半，实现了两种偏振模的有效分离，进而实现大小为 138.4 μm ×18.6 μm 的器件。

5.1.1 偏振分束器的理论模型和分析方法

在定向耦合器的研究中，耦合模理论是最常用的方法。它通过计算各个波导独立传播时互相耦合的耦合波的微分方程来求得两个光波导之间的耦合特性。当两个光波导间为弱耦合时，这种方法是很适宜的。然而在强耦合(各个波导模式的叠加很强)的情况下，认为这些模式不是彼此正交的，因此不再适用耦合模理论。与独立波导模式相反，超模(supermode)理论认为定向耦合器是一个"超结构"(superstructure)，计算的是整个超结构的折射率，所以在计算场分布和传播常数时更为精确。因此，超模理论适用于弱耦合和强耦合两种情况。

根据超模理论，定向耦合器存在一个对称模和一个反对称模，它们的传播常数分别为 β_s 和 β_a。如图 5-1 所示，认为两个相位匹配的波导是一个复杂的波导结构，定向耦合器的两个最低阶超模在该波导中传输，每一个超模为由波导 1 和波导 2 中传输的两个模式的场的叠加。耦合进一个波导的光波可以认为是对称和非对称超模的线性叠加。我们可以用向量法[227]对其进行非常直观的说明。假设向量 $\boldsymbol{a}_i$ 和 $\boldsymbol{b}_i$ ($i=\mathrm{s,a}$，分别对应于对称模和反对称模)分别为波导 1 和波导 2 中模式场的复振幅，它们由这个复杂波导结构中的对称($i=\mathrm{s}$)和反对称($i=\mathrm{a}$)超模组成，可以用指数形式表示为

$$\boldsymbol{a}_\mathrm{s}=a_\mathrm{s}\exp(-\mathrm{j}\theta_1)$$
$$\boldsymbol{a}_\mathrm{a}=a_\mathrm{a}\exp(-\mathrm{j}\theta_2)$$
$$\boldsymbol{b}_\mathrm{s}=b_\mathrm{s}\exp(-\mathrm{j}\theta_3)$$
$$\boldsymbol{b}_\mathrm{a}=b_\mathrm{a}\exp(-\mathrm{j}\theta_4) \tag{5-1}$$

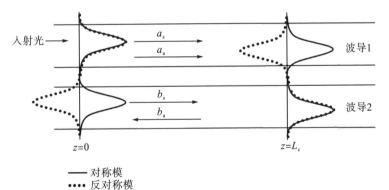

—— 对称模
····· 反对称模

图 5-1 定向耦合器中的对称模和非对称模

在 z 处，波导 1 和波导 2 中模式场的振幅分别为 A 和 B，其中
$$A=\boldsymbol{a}_\mathrm{s}+\boldsymbol{a}_\mathrm{a}$$

$$B = b_s + b_a \tag{5-2}$$

此时，两个波导中的功率可以表示成

$$P_1 = a_s^2 + a_a^2 + 2a_s a_a \cos\phi_1$$

$$P_2 = b_s^2 + b_a^2 + 2b_s b_a \cos\phi_2 \tag{5-3}$$

式中，$\phi_1 = \theta_1 - \theta_2$，为 a_s 与 a_a 间的相位差；$\phi_2 = \theta_3 - \theta_4$，为 b_s 与 b_a 间的相位差。由于对称模和反对称模在波导中的传播常数不同，所以在传输过程中产生了一个相位差，最终使两个波导间进行能量交换。在 $z = 0$ 时，$\phi_1 = 0$，$\phi_2 = -\pi$。当经历一个耦合长度后，ϕ_1 变为 $-\pi$，而 ϕ_2 变为零。而波导中传输的能量是两种模式叠加的结果，由于此时两种模式在波导 2 中同相，而在波导 1 中反向，因此叠加的结果就是波导 1 中的能量完全耦合入波导 2 中。

下面采用超模理论来分析本书所设计偏振分束器的二维模型。偏振分束器的结构参见图 5-2，图中两根具有双折射介质的波导 a 和 b 的结构参数完全一样，每根波导的芯层和包层的折射率分别为 n_1 和 n_0。对于 TE 模，$n_1 = n_1^{\mathrm{TE}}$；对于 TM 模，$n_1 = n_1^{\mathrm{TM}}$。双折射波导芯层的厚度均为 d_1，两个波导之间的距离为 d_0。

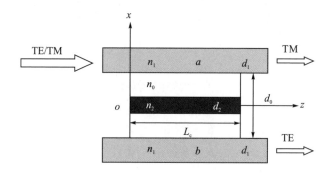

图 5-2　负折射率超材料组成偏振分束器的结构示意图

为了加强两条双折射介质波导之间的耦合，在其中加入一段长度为 L_c，厚度为 d_2，折射率为 n_2 的负折射率超材料，其中 L_c 为 TE 波的耦合长度。

这里以 TE 模为例，分析二维偏振分束器中场的分布。令 $h_i = \sqrt{n_1^2 k_0^2 - \beta_i^2}$，$p_i = \sqrt{\beta_i^2 - n_0^2 k_0^2}$，$q_i = \sqrt{\beta_i^2 - n_2^2 k_0^2}$（$i = \mathrm{s, a}$，分别对应对称模和反对称模的参数），在具有负折射率超材料的强耦合区 L_c 内，电场可以表示成如下形式：

$$E_1(x) = A\exp\left[-p_i\left(x - d_0/2 - d_1\right)\right]\exp(\mathrm{i}\beta_i z) \quad \left(|x| > d_0/2 + d_1\right) \tag{5-4}$$

$$E_2(x) = \left[B\cos(h_i x) + C\sin(h_i x)\right]\exp(\mathrm{i}\beta_i z) \quad \left(d_0/2 < |x| < d_0/2 + d_1\right) \tag{5-5}$$

$$E_3(x) = \left[D\exp(-p_i x) + E\exp(p_i x)\right]\exp(\mathrm{i}\beta_i z) \quad \left(d_2/2 < |x| < d_0/2\right) \tag{5-6}$$

$$E_4(x) = F\left[\exp(-q_i x) \pm \exp(q_i x)\right]\exp(\mathrm{i}\beta_i z) \quad \left(0 < |x| < d_2/2\right) \tag{5-7}$$

式中，式(5-7)中的"+"号和"−"号分别为对称模和反对称模的场分布；A、B、C、D、E、F 可以通过连续的边界条件推出。假设 $A=1$，可以得出其他参数：

$$A = 1$$

$$B = \cos\left[h_i\left(d_0/2 + d_1\right)\right] + p_i/h_i \cdot \sin\left[h_i\left(d_0/2 + d_1\right)\right]$$

$$C = \sin\left[h_i\left(d_0/2 + d_1\right)\right] - p_i/h_i \cdot \cos\left[h_i\left(d_0/2 + d_1\right)\right]$$

$$D = \left[\cos\left(h_i d_1\right) + \left(p_i/h_i + h_i/p_i\right)\sin\left(h_i d_1\right)/2\right]\exp\left(p_i d_0/2\right)$$

$$E = \left[\left(p_i/h_i + h_i/p_i\right)\sin\left(h_i d_1\right)/2\right]\exp\left(-p_i d_0/2\right)$$

$$F = \frac{\left[2h_i p_i \cos\left(h_i d_1\right) + \left(p_i^2 - h_i^2\right)\sin\left(h_i d_1\right)\right]\exp\left[p_i\left(d_0 - d_2\right)/2\right] + \left[\left(p_i^2 + h_i^2\right)\sin\left(h_i d_1\right)\right]\exp\left[-p_i\left(d_0 - d_2\right)/2\right]}{2h_i p_i\left[\exp\left(-q_i d_2/2\right) \pm \exp\left(q_i d_2/2\right)\right]}$$

$$(5\text{-}8)$$

根据切向电场和磁场在 x 轴方向上所有边界的连续条件，可以推出对称模和反对称模传播常数的本征方程如式(5-9)和式(5-10)所示：

$$\left[\frac{h_s\cos\left(h_s d_1\right) + p_s\sin\left(h_s d_1\right)}{h_s}\right] \times \left\{\alpha q_s\sinh\left(\frac{q_s d_2}{2}\right)\cosh\left[\frac{p_s\left(d_0 - d_2\right)}{2}\right] + p_s\cosh\left(\frac{q_s d_2}{2}\right)\sinh\left[\frac{p_s\left(d_0 - d_2\right)}{2}\right]\right\}$$

$$= \left[\frac{h_s\sin\left(h_s d_1\right) - p_s\cos\left(h_s d_1\right)}{p_s}\right] \times \left\{\alpha q_s\sinh\left(\frac{q_s d_2}{2}\right)\sinh\left[\frac{p_s\left(d_0 - d_2\right)}{2}\right] + p_s\cosh\left(\frac{q_s d_2}{2}\right)\cosh\left[\frac{p_s\left(d_0 - d_2\right)}{2}\right]\right\}$$

$$(5\text{-}9)$$

$$\left[\frac{h_a\cos\left(h_a d_1\right) + p_a\sin\left(h_a d_1\right)}{h_a}\right] \times \left\{\alpha q_a\cosh\left(\frac{q_a d_2}{2}\right)\cosh\left[\frac{p_a\left(d_0 - d_2\right)}{2}\right] + p_a\sinh\left(\frac{q_a d_2}{2}\right)\sinh\left[\frac{p_a\left(d_0 - d_2\right)}{2}\right]\right\}$$

$$= \left[\frac{h_a\sin\left(h_a d_1\right) - p_a\cos\left(h_a d_1\right)}{p_a}\right] \times \left\{\alpha q_a\cosh\left(\frac{q_a d_2}{2}\right)\sinh\left[\frac{p_a\left(d_0 - d_2\right)}{2}\right] + p_a\sinh\left(\frac{q_a d_2}{2}\right)\cosh\left[\frac{p_a\left(d_0 - d_2\right)}{2}\right]\right\}$$

$$(5\text{-}10)$$

式中，对于 TE 模，$\alpha = \mu_0/\mu_2$；对于 TM 模，$\alpha = \varepsilon_0/\varepsilon_2$。由此，定向耦合器的耦合长度可以通过下式计算得到：

$$L_c = \pi/\left(\beta_s - \beta_a\right) \tag{5-11}$$

最后，只需令 TE 模的耦合长度为 TM 模的 2 倍，即

$$L_c^{\text{TE}} = 2L_c^{\text{TM}} \tag{5-12}$$

就能实现对这两种不同偏振态的分离，如图 5-2 所示。此时，当含有两种偏振模的光波从 a 波导入射并经过 L_c^{TE} 的传输后，TE 波将完全耦合进 b 波导，而 TM 波则经过两个耦合长度而重新耦合入 a 波导中。这样，TM 波和 TE 波可分别在 a 波导和 b 波导中传输。

5.1.2　数值结果和讨论

为了得出合适的参数，将方程式(5-6)～式(5-8)联立求出 TE 模和 TM 模的耦

合长度，然后采用如图 5-3 所示的作图法解出偏振分束器的耦合区长度，即负折射率超材料的长度 L_c。在图 5-3 中，实线表示 TE 模的耦合长度随负折射率超材料厚度 d_2 的变化曲线，虚线表示 TM 模耦合长度的 2 倍随负折射率超材料厚度 d_2 的变化曲线。为简单起见，耦合长度和 d_2 均用入射光波长的整数倍来表示。当 L_c 取两条曲线的交点所在值时，表示 TE 模经过一个耦合长度后完全耦合入波导 b，而 TM 波则经过两个耦合长度重新耦合入波导 a 中。这样就将 TM 和 TE 波分离在不同的波导中，实现了偏振分束器的功能。

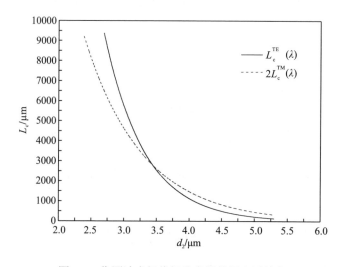

图 5-3   作图法求解偏振分束器的耦合区长度

在以下的计算中，选择入射波的波长为光通信中常采用的 $\lambda = 1.55\,\mu m$，同时取 $n_1^{TM} = 1.51$，$n_0 = 1.46$，双折射波导芯的厚度为 $d_1 = 0.5\lambda$，波导间距为 $d_0 = 11\lambda$。这里选择的负折射率超材料与双折射波导的包层互相匹配，即 $\varepsilon_0 = -\varepsilon_2$，$\mu_0 = -\mu_2$。为了确定 L_c 的值，需要同时考虑负折射率超材料层的厚度 d_2 与波导的双折射率 $\delta n(\delta n = n_1^{TE} - n_1^{TM})$ 两个参数。从图 5-3 可以看出，随着 d_2 的增大，耦合长度迅速减小。从这个角度出发，为实现器件的小型化应当选用较厚的负折射率超材料层。然而在实际应用中，如果考虑一束光从一个双折射波导沿 z 方向入射，并且在 $z = 0$ 时进入负折射率超材料层，这是由于超模在 $z = 0^+$ 和 $z = 0^-$ 时的不匹配会引起光在端面 $z = 0$ 发生反射，从而引入较大的反射损耗。因此，d_2 的选取需要兼顾器件尺寸和损耗两个方面。本章选择负折射率介质的厚度均不大于 5.5λ，以保证反射损耗不会过大。另外，双折射率波导的折射率差 δn 也会影响 L_c 的选取。因此，本章采用三维曲线图的方式来表示 L_c 随 d_2 和 δn 的变化趋势，如图 5-4 所示，其中波导间距为 $d_0 = 9.58\lambda$。当 $d_2 = 5.31\lambda$，$n_1^{TE} = 1.62$ 时，可实现长度为 89.31λ（约 $138.4\,\mu m$），宽度为 $18.6\,\mu m$ 的偏振分束器。

从图 5-4 可以看出，当 δn 一定时，L_c 随 d_2 的增加逐渐减小。其主要原因在于负折射率超材料层厚度的增大极大地增强了其放大倏逝波的能力，使倏逝波从一个波导渗入另一个波导的能量大幅增加，从而减小了两种偏振波的耦合长度，同时也减小了偏振分束器中所需负折射率超材料的长度。这一结果得出了偏振分束器中负折射率超材料的长度与其厚度成反比的关系，这与参考文献[31]中定向耦合器的长度与负折射率介质厚度成反比的关系一致。同时，从图 5-4 还可以看出，当 d_2 一定时，δn 越大，L_c 越小。这是由于当 n_1^{TM} 恒为 1.51 时，δn 越大，相应的 n_1^{TE} 就越大，TE 波的耦合长度也就越大。当 d_2 变化一定时，L_c 越大，曲线变化趋势越快，也就越陡峭。所以，图 5-3 中的两条曲线可以在 L_c 更小的同时与在 d_2 更大位置处相交，从而使满足 $L_c^{TE} = 2L_c^{TM}$ 这一偏振分束器条件的耦合长度越小，这一结果与普通偏振分束器[228]一样，强双折射介质（δn 较大）更加有利于实现小型化。然而尽管参考文献[228]中提出的偏振分束器长度可以达到 113.30λ，但其采用 InGaAs/InP 多层结构并要求每一层之间精确匹配，工艺十分复杂，会引起较大的误差。本书提出的新型结构结构简单且避免引入弯曲损耗，还能使偏振分束器的长度进一步缩短。

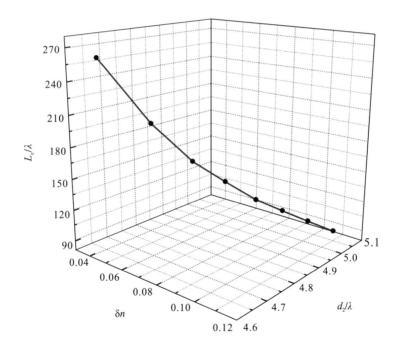

图 5-4　耦合区长度与负折射率超材料厚度和双折射率超材料的三维曲线

为了加深对这种负折射率超材料组成的偏振分束器的理解，本章进一步讨论直波导宽度 d_1 的变化对 L_c 的影响。假设 $d_2 = 5\lambda$，$d_0 = 11.6\lambda$，$n_1^{TE} = 1.547$ 在不同的 d_1 和 δn 时，耦合长度的变化如图 5-5 所示。

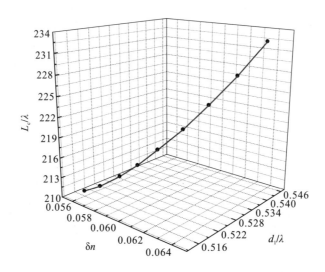

图 5-5　耦合长度与直波导宽度和双折射率的三维曲线

从图 5-5 可以看出，当 δn 一定时，L_c 随 d_1 的减小逐渐减小。同时注意到，当 d_0 有微小改变时，L_c 都会有大幅度的变化，这说明 L_c 对 d_1 的变化非常敏感。另外，从图 5-5 还可以看出，当 d_1 一定时，δn 越小，L_c 越小。这一结果非常有趣，它不但使采用弱双折射介质制作偏振分束器成为可能，同时还可以利用小 δn 的双折射介质弥补因不能引入大的 d_2 而造成的器件长度的增加。因此，在设计这种负折射率超材料组成的偏振分束器的过程中，由于工艺的原因而无法将直波导的厚度做得很小，可以采用弱双折射介质对此进行补偿。这有两方面的原因：一方面，当 n_1^{TE} 一定时，弱双折射率介质的 n_1^{TM} 更大，TM 波的耦合曲线更加陡峭，因而可以得到更小的耦合长度解；另一方面，由于 d_1 的取值对偏振分束器长度的解至关重要，所以只要减小 d_1 就能明显地减小耦合长度，可以说减小直波导的厚度在缩小偏振分束器尺寸上具有决定性的意义。所以，只要保证直波导的厚度足够小就能够将弱折射率差的双折射介质制作成结构紧凑的偏振分束器，这是负折射率超材料组成的偏振分束器的一大特点。

最后讨论偏振分束器的另一个重要参数——芯层之间距离 d_0 的变化对 L_c 的影响。假设 $d_1 = 0.5\lambda$，$d_2 = 5\lambda$，$n_1^{TM} = 1.491$，当在不同的 d_0 和 δn 时，耦合长度的变化如图 5-6 所示。

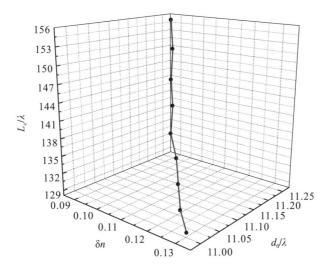

图 5-6　耦合长度与波导间距和双折射率的三维曲线

从图 5-6 可以看出，当 δn 一定时，L_{c} 随 d_0 的减小逐渐减小。这是由于当两个双折射波导之间的距离减小时，它们之间的耦合被极大地增强，所以增加了对应于一个波导的倏逝波渗入另一波导芯层的能量。相反地，如果 d_0 增大，波导间的耦合被迅速减弱，这时需要靠较长的耦合距离来实现完全耦合。另外，从图 5-6 还可以看出，当 d_0 一定时，δn 越大，L_{c} 越小。这与前面分析的强双折射介质更有利于制作小型化的偏振分束器的结论一致。

综上所述，在新型负折射率超材料组成的偏振分束器中，负折射率超材料和直波导的厚度及波导间距的变化都会对器件的长度产生一定影响。负折射率超材料厚度的增加会增强波导间的耦合，减小耦合长度；直波导厚度和波导间距的增加又会减弱波导间的耦合，引起耦合长度的增加。总的来说，增加负折射率超材料厚度、减小直波导厚度和波导间距都是实现更加小型化的偏振分束器的有效手段。然而必须注意到，负折射率超材料厚度的增加会在端面引入更大的反射损耗，所以不能仅靠增加负折射率超材料的厚度来减小耦合长度。因此，在设计偏振分束器时，应该综合考虑以上几方面的因素。

5.2　负折射率超材料组成的强度调制器

常见的光强度调制器有两种，一种是马赫-泽德干涉仪强度调制器，另一种是定向耦合器型强度调制器。强度调制器是集成光学中一种重要的光学和量子学器件，可广泛应用于干涉计量、光通信等领域。

　　本节从马赫-泽德干涉仪的原理出发，提出一种含负折射率介质的结构紧凑的强度调制器。这里采用超模(supermode)和耦合模理论(coupled mode)相结合的方式分别推导了负折射率超材料的耦合长度及强度调制器输出光强的表达式。通过分析电光材料对其初始折射率及电光系数的影响，利用新型高电光系数材料设计了大小为 $0.87\,\mathrm{mm}\times0.022\,\mathrm{mm}$ 的强度调制器，并分析了这种强度调制器的输出特性。

5.2.1　强度调制器的原理

　　基于干涉仪对波导及其周围介质折射率相位敏感的特性，马赫-泽德干涉仪被广泛用作传感器、强度调制器、电光开关等。马赫-泽德干涉仪不仅具有简单的数学模型，而且具有易于制作和易与光纤系统集成的特点。

　　马赫-泽德干涉仪是用来确定两束来自同一相干光源的平行光的相位差的一种器件。一束光经过一段路程后在第一个 Y 分支处被分成相等的两部分，然后分别在马赫-泽德干涉仪的两个臂中传输，到第二个 Y 分支再会合形成一个光波。在马赫-泽德干涉仪的两臂加上相反的电压，使光波在两个臂中具有不同的传播常数，最终使其在第二个 Y 分支处会合时形成干涉，出射光波可以是入射光的 0%~100%。下面分析马赫-泽德干涉仪中的电场分布情况，如图 5-7 所示。

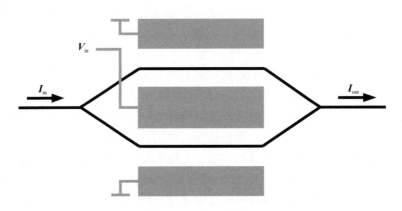

图 5-7　马赫-泽德干涉仪强度调制器示意图

假设入射光的表达式为

$$a(t)=a_0\exp(j\omega_0 t) \tag{5-13}$$

在第一个分支处，光被分成相等的两部分，可以表示成

$$a_1(t)=a_2(t)=\frac{a_0}{\sqrt{2}}\exp(j\omega_0 t) \tag{5-14}$$

　　如果忽略光在两个支路中的损耗，也就是说假设衰减为零，那么在两个支路中由传播常数不同引起的相移分别为 φ_1 和 φ_2，此时出射光波可以表示为

$$a(t) = \frac{a_0}{2} \left\{ \exp\left[j\left(\omega_0 t + \varphi_1 \right) \right] + \exp\left[j\left(\omega_0 t + \varphi_2 \right) \right] \right\} \tag{5-15}$$

进一步简化，可得到

$$a(t) = a_0 \exp\left[j\left(\omega_0 t + \frac{\varphi_1 + \varphi_2}{2} \right) \right] \cos \frac{\varphi_1 - \varphi_2}{2} \tag{5-16}$$

由于相移 φ_1 和 φ_2 部分由电光效应产生或修正，因此它们同时发生相位调制和强度调制。如果通过外加电压的作用，使一个支路的相移恰好与另一个支路的相移等值异号，即 $\varphi_1 = -\varphi_2$，那么式(5-4)可以改写成

$$a(t) = a_0 \exp\left(j \omega_0 t \right) \cos \frac{\Delta \varphi}{2} \tag{5-17}$$

式中，$\Delta \varphi = \varphi_1 - \varphi_2$，称 $\varphi_1 = -\varphi_2$ 的结构为推挽分支光波导结构。由此可以得出输出光强为

$$I = I_{\max} \cos^2 \left(\frac{\Delta \varphi}{2} \right) \tag{5-18}$$

式中，$I_{\max}$ 为输出光强幅度的最大值。由于光在传输过程中不可避免地存在损耗，所以实际输出的光强应小于式(5-18)的 I 值。

　　然而上述马赫-泽德干涉仪由于其 Y 分支的存在，将引起器件长度的增加。在实际制作过程中，为了避免引入过大的误差，Y 分支的分支角取得极小，因此为了达到分光效果，其长度几乎与马赫-泽德干涉仪两臂的长度相当。为了减小器件的尺寸，可以采用两个 3dB 的定向耦合器 DC$_1$ 和 DC$_2$ 代替 Y 分支，如图 5-8 所示，由端口①输入的光被第一个定向耦合器按照光强比例分成两束，通过干涉仪两臂进行相位调制。其场分布情况与图 5-7 相似，这里不再赘述。为了提高定向耦合器的耦合效率，通常需要将波导在耦合区域内弯曲，如图 5-8 所示，以减小波导间的间距，从而缩短 3dB 定向耦合器的耦合长度。这里采用的弯曲波导同样会引入一定的误差。

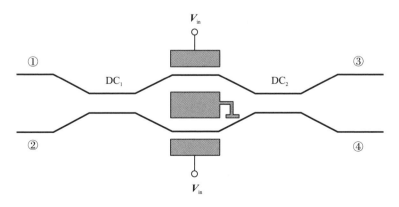

图 5-8　定向耦合器型强度调制器示意图

　　上述两种工作方式既可以用作强度调制器，也可以用作电光开关。以马赫-泽德结构为例，利用式(5-18)中强度与相位的关系可以得到如图 5-9 所示的曲线。此曲线称为马赫-泽德干涉仪强度调制器的直流特性。当 $\Delta\varphi$ 在 0.5π 附近变化时，相对输出光强的变化趋于线性状态，此时马赫-泽德干涉仪强度调制器具有线性调制的特点。当 $\Delta\varphi = \pi$ 时的电压称为半波电压 V_π。如果在马赫-泽德干涉仪上加电压 V_π，此时在图 5-7 的输出端及图 5-8 中端口④的输出光强为零，从而实现了光开关的功能。

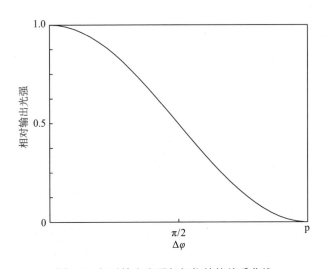

图 5-9　相对输出光强与相位差的关系曲线

5.2.2　新型强度调制器的理论模型

　　通过 5-1 节的介绍可知，负折射率超材料能够放大倏逝波，所以将负折射率超材料嵌入定向耦合器的两条波导之间可以增强波导间的耦合，从而在极大地减小耦合长度的同时避免弯曲损耗[223]。本章提出的新型强度调制器与图 5-7 中马赫-泽德干涉仪的结构和图 5-8 中定向耦合器的结构所不同的是，我们用两个含负折射率超材料的定向耦合器代替原来的 Y 分支和普通的定向耦合器。负折射率超材料的引入使两个波导之间的弱耦合被极大地增强，在很短的长度就能实现将一个波导中的一半能量耦合进另一个波导。这样就避免了采用 Y 分支结构引入的弯曲损耗，同时也缩短了器件长度。

　　本章提出强度调制器的横截面如图 5-10 所示。两个同样的电光材料波导 1(WG1)和 2(WG2)，每根波导的芯层和包层的折射率分别为 n_1 和 n_0。电光材料波导芯层的厚度均为 d_1，两个波导之间的距离为 d_0。为了加强两根波导之间的耦合，在波导的左右两端分别插入一段长度为 L_1、厚度为 d_2、折射率为 n_2 的负折射率超材料，形成了两个 3dB 定向耦合器。光从波导 1 的左侧入射，在第一个 3dB 定向耦合器处被分成相等的两部分，然后这两束光波在调制区域 L_0 内分别受电压 V_c 和 $-V_c$ 的调制，最终在第二个 3dB 定向耦合器处相干合成一束光波。

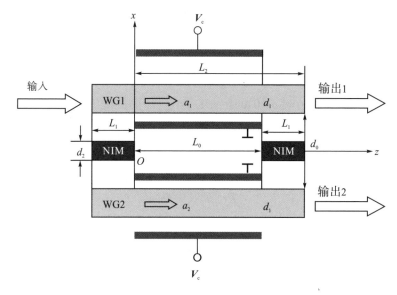

图 5-10　负折射率超材料组成的强度调制器示意图

在分析新型强度调制器时，采用超模与耦合模理论相结合的方式。这是因为超模理论更加适用于波导间强耦合的情况，而耦合模理论则能够对弱耦合(即波导间距较大时)的波导进行正确和有效的求解。本章研究的两根直波导间距较大，但是当其中插入负折射率超材料时，其间的耦合被极大地加强，这时采用超模理论更加合适。因此，在分析强度调制器两端的 3dB 定向耦合器时，采用 5.1 节详述的超模理论来计算其耦合长度，而在分析强度调制器两臂间的耦合时又采用耦合模理论来分析光波在这一段距离的耦合情况。这是因为利用超模理论可以更加精确地计算含负折射率超材料的定向耦合器的耦合长度，而耦合模理论可以更加直观地体现强度调制器两臂间的耦合对输出光强的影响。

根据超模理论，定向耦合器存在一个对称模和一个反对称模，它们的传播常数分别为 β_s 和 β_a。这时耦合长度可以表示为

$$L_c = \pi / (\beta_s - \beta_a) \tag{5-19}$$

下面采用耦合模理论来分析光波在强度调制器中的场分布情况。在 $z = 0$ 处，入射光被分成两部分，其场强分别为

$$a_1(0) = \frac{\sqrt{2}}{2} a_0 \mathrm{e}^{-\mathrm{j}\varphi_1}, \quad a_2(0) = \frac{\sqrt{2}}{2} a_0 \mathrm{e}^{-\mathrm{j}\varphi_2} \tag{5-20}$$

式中，$\varphi_1 - \varphi_2 = \dfrac{\pi}{2}$。

在 $z = 0$ 和 $z = L_0$ 之间，在两个波导上分别加 V_c 的调制电压，折射率的改变分别为 Δn_1 和 Δn_2。这里仍然采用推挽分支光波导结构，因此有 $\Delta n_1 = -\Delta n_2$。为了避免电光效应引起的折射率变化过大而破坏波导结构，Δn 通常在 $10^{-5} \sim 10^{-4}$ 量级，这个变化对于 n_1 来说是很小的。因此，在采用耦合模理论分析光波在调制区域 $z = 0$ 和 $z = L_0$ 之间的耦合情况时，仍然可以将两个波导视为完全相同的对称结构，从而使推导过程大为简化。在 $z = L_0$ 处，两个波导的场强可以分别表示为

$$a_1(L_0) = \left[a_1(0)\cos(\Delta\beta L_0) + \mathrm{j}a_2(0)\sin(\Delta\beta L_0) \right] \mathrm{e}^{-\mathrm{j}\varphi_3} \tag{5-21a}$$

$$a_2(L_0) = \left[a_2(0)\cos(\Delta\beta L_0) + \mathrm{j}a_1(0)\sin(\Delta\beta L_0) \right] \mathrm{e}^{-\mathrm{j}\varphi_4} \tag{5-21b}$$

式中，$\Delta\beta$ 为在 $z = 0$ 和 $z = L_0$ 波导间的耦合系数；φ_3 和 φ_4 分别为经过 L_0 的传输距离后由波导 1 和波导 2 引入的相位变化，其表达式为

$$\varphi_3 - \varphi_4 = 2\Delta n_1 k_0 L_0 \tag{5-22}$$

根据电光效应的公式，有

$$\Delta n_1 = -\Delta n_2 = hV_c \tag{5-23}$$

式中，h 为一个包含电光材料初始折射率 n_1、电光效应系数 r_{33} 及波导间距 d_0 的参数，不同材料的 h 值不同，其表达式为

$$h = \frac{n_1^2}{2} \cdot \frac{r_{33}}{d_0} \tag{5-24}$$

在 $z = L_2$ $(L_2 = L_0 + L_1)$ 处，波导 1 中的光波被进一步耦合入波导 2 中，并且与波导 2 中的光波发生干涉。这样，调制电压对光波相位的调制最终变成了对强度的调制。此时，电场为

$$a_1(L_2) = \left[a_1(L_0)\cos(\Delta\gamma L_1) + \mathrm{j}a_2(L_0)\sin(\Delta\gamma L_1) \right] \mathrm{e}^{-\mathrm{j}\varphi_5} \tag{5-25a}$$

$$a_2(L_2) = \left[a_2(L_0)\cos(\Delta\gamma L_1) + \mathrm{j}a_1(L_0)\sin(\Delta\gamma L_1) \right] \mathrm{e}^{-\mathrm{j}\varphi_6} \tag{5-25b}$$

式中，$\Delta\gamma$ 为在 $z = L_0$ 和 $z = L_2$ 波导间的耦合系数；φ_5 和 φ_6 分别为经过 L_1 的传输距离后由波导 1 和波导 2 引入的相位变化。由于左手介质的引入，在 $z = L_0$ 和 $z = L_2$ 之间形成了第二个 3 dB 定向耦合器，因而有 $\varphi_5 - \varphi_6 = \dfrac{\pi}{2}$。此时，两个波导的输出光强可以表示为

$$P_1(L_2) = a_1(L_2) \cdot a_1(L_2)^* = \frac{1}{2}a_0^2 \left[1 - \cos(\varphi_3 - \varphi_4)\cos(2\Delta\beta L_0)\sin(2\Delta\gamma L_1) \right]$$

$$\tag{5-26a}$$

$$P_2(L_2) = a_2(L_2) \cdot a_2(L_2)^* = \frac{1}{2}a_0^2 \left[1 + \cos(\varphi_3 - \varphi_4)\cos(2\Delta\beta L_0)\sin(2\Delta\gamma L_1) \right]$$

$$\tag{5-26b}$$

为了简单起见，假设两个电光材料波导之间的间隔足够大，这样在 $z=0$ 和 $z=L_0$ 之间由耦合系数引起的相位差 $2\Delta\beta L_0$ 趋于零，即 $\cos(2\Delta\beta L_0)\approx 1$。因此在 L_0 内，波导间的耦合十分微弱，可以忽略不计。此时，式(5-26)可以简化成

$$P_1(L_2) = a_1(L_2) \cdot a_1(L_2)^* = \frac{1}{2}a_0^2\left[1-\cos(\varphi_3-\varphi_4)\sin(2\Delta\gamma L_1)\right] \quad (5\text{-}27\text{a})$$

$$P_2(L_2) = a_2(L_2) \cdot a_2(L_2)^* = \frac{1}{2}a_0^2\left[1+\cos(\varphi_3-\varphi_4)\sin(2\Delta\gamma L_1)\right] \quad (5\text{-}27\text{b})$$

由于在 $z=L_0$ 和 $z=L_2$ 之间插入了一段负折射率超材料，从而形成了 3dB 定向耦合器，这里 $L_1=0.5L_c$，所以 $2\Delta\gamma L_1=\dfrac{\pi}{2}$。这时，式(5-26)可以进一步简化成

$$P_1(L_2) = a_1(L_2) \cdot a_1(L_2)^* = \frac{1}{2}a_0^2\left[1-\cos(\varphi_3-\varphi_4)\right] \quad (5\text{-}28\text{a})$$

$$P_2(L_2) = a_2(L_2) \cdot a_2(L_2)^* = \frac{1}{2}a_0^2\left[1+\cos(\varphi_3-\varphi_4)\right] \quad (5\text{-}28\text{b})$$

综上所述，由于电压对强度调制器两个波导中光波的相位调制，所以该强度调制器的输出功率完全取决于调制电压的大小。

最后讨论负折射率超材料的损耗对强度调制器输出特性的影响。令负折射率超材料的折射率为 $n_2=n_r+jn_i$，其中 $n_r<0$。利用微扰理论[228]，可以得到 3dB 耦合器衰减系数的表达式为

$$\alpha\approx\langle\phi|(2n_r n_i)|\phi\rangle k_0^2/\beta \quad (5\text{-}29)$$

式中，β 和 ϕ 分别为不考虑折射率虚部 n_i 时 3dB 耦合器的有效传播常数和超模的场分布。根据式(5-4)～式(5-7)中的场分布，就可以计算出衰减系数。由于整个强度调制器是由两个同样的 3dB 耦合器组成，因此输出光强应该乘上衰减因子 $e^{-\alpha L_c}$。在下面的数值仿真中将对强度调制器的衰减特性进行更为深入的分析。

5.2.3 数值仿真

为了分析电光材料初始折射率对其耦合长度的影响，选择入射波的波长依然为光通信中常采用的 $\lambda=1.55\,\mu m$，同时取 $n_1=1.47$，$n_0=1.46$，波导间距为 $d_0=3.28d_s$，电光材料波导芯层的厚度为 $d_1=0.82d_s$，其中 $d_s=\lambda/\left(2\sqrt{n_1^2-n_0^2}\right)$，是对于波长为 λ 且保持单模传输介质波导的波导宽度。这里选择的负折射率超材料与双折射波导的包层互相匹配，即 $\varepsilon_0=-\varepsilon_2$，$\mu_0=-\mu_2$。对于不同的 n_1，定向耦合器的耦合长度随负折射率超材料层厚度的变化关系如图 5-11 所示。

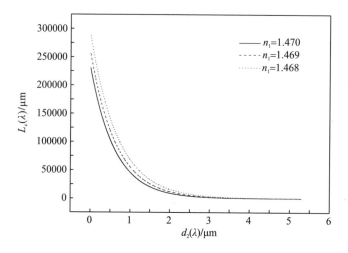

图 5-11 不同 n_1 的定向耦合器的耦合长度随 d_2 的变化曲线

　　从图中可以看出，如果采用较大的 n_1，L_1、d_0 和 d_1 都可以被极大地缩小。从这一角度来说，若要减小器件尺寸应该尽可能地采用初始折射率较大的电光材料。但是，d_0 的减小又会使强度调制器作为光开关时的消光系数减小，这在本节后面将做进一步的说明。

　　根据图 5-11，利用超模理论对含负折射率超材料层的耦合长度进行计算，这里选择如下参数：$n_1 = 1.47$，$d_2 = 7.75\,\mu m$，$L_1 = 0.5L_c = 48.98\,\mu m$。为了实现结构紧凑的强度调制器，有必要适当减小调制区长度 L_0 的取值。在图 5-12 中，讨论

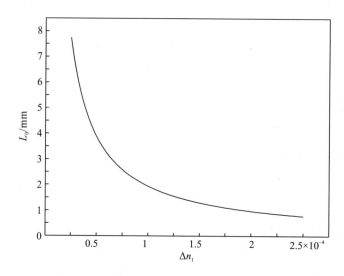

图 5-12 调制区长度与折射率变化量之间的关系曲线

了 L_0 与波导 1 中折射率变化量 Δn_1 之间的关系。由式(5-23)可知，当波导中电光材料的电光系数增大时，在同样的调制电压下，Δn_1 是线性增加的。从图中可以看到，Δn_1 的增大会引起 L_0 的减小。因此，为了设计尺寸小的强度调制器，应该在不破坏波导结构的情况下，尽可能选择电光系数大的电光材料用作波导。2007 年，一个由 Jen 领导的研究小组报道了一种新型的具有良好稳定性的树枝状电光材料，其电光系数可以达到 327pm/V[229]，是最好的无机晶体 LiNbO₃ 非线性光学效应的 10 倍。如果选用这种材料制作本章提出的强度调制器，可以在调制电压为 $V_c = 7.15\,\mathrm{V}$，$\Delta n_1 = 2.5 \times 10^{-4}$，$L_0 = 0.775\,\mathrm{mm}$ 时，实现 $0.87\,\mathrm{mm} \times 0.022\,\mathrm{mm}$ 的器件。

下面进一步讨论强度调制器的输出特性。波导 2 的输出光强与 Δn_1 的关系如图 5-13 所示，其中，实线表示不考虑波导在 $z = 0$ 和 $z = L_0$ 之间耦合的情况下的输出曲线，即 $\Delta \beta L_0 = 0$（理想情况）。如果考虑这种耦合，那么在加电压的区域 L_0 内会引起 $\pi/46$ 的相移差，即 $\Delta \beta L_0 \approx \pi/46$（实际情况），此时的输出曲线如图 5-13 中的点线所示。从图中可以看出，$\Delta \beta L_0 \approx 0$ 的近似引起了与实际情况的误差，该误差在 $\Delta n_1 = 0$ 和 $\Delta n_1 = 2.5 \times 10^{-5}$ 达到最大，约为输入光强的 0.47%。此时，如果将强度调制器用作光开关，其消光比约为 23dB。通常情况下要求光开关的消光比要大于 20dB，经过进一步的计算可知这里的相移差 $\Delta \beta L_0$ 应小于 $\pi/32$。

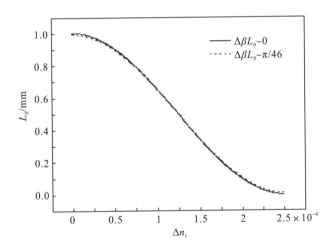

图 5-13　波导 2 输出光强与折射率变化量之间的关系曲线

根据图 5-11 中的分析结果可知，选择较大的 n_1 可在一定程度上缩短耦合长度，减小器件尺寸。然而由于 $d_0 = 3.28\lambda / \left(2\sqrt{n_1^2 - n_0^2} \right)$，$n_1$ 的增大会减小波导间的间距，加大波导在 L_0 范围内的相互耦合，从而增大相移差，使理想输出曲线与实际输出曲线的误差增大。当强度调制器用于光开关时，这个误差的增大意味着消光比的减小，故不利于实现性能良好的光开关。因此，为了保证相移差 $\Delta\beta L_0$ 足够小，不能过分减小波导间距。综上所述，在设计强度调制器时应该同时兼顾器件尺寸和消光比这两方面，并根据实际应用对参数进行适当调节。

下面讨论强度调制器的衰减特性。假设整个强度调制器中只有负折射率超材料是有损耗的，选择其品质因素为 $|n_r|/n_i = 1$，可以得出 d_2 随 α 的变化曲线，如图 5-14 所示。从图中可以看出，随着负折射率超材料厚度的增加，整个强度调制器的衰减系数迅速增加。为了减小损耗，有必要减小 d_2 的厚度。然而根据图 5-11 的分析可知，减小耦合长度需要增加负折射率超材料层的厚度。所以，为了兼顾降低损耗和强度调制器的小型化两方面的需求，有必要采用折中的方案。经过计算发现，可以选择 $d_2 = 3.79\lambda$，此时 $\alpha L_c = 0.51$，$L_c = 0.776\ \text{mm}$，整个器件的尺寸为 $1.55\text{mm} \times 0.022\text{mm}$。此时有 60% 的光能够经过强度调制器输出，而 40% 的光被负折射率超材料吸收。经过上述的计算和分析不难发现，当 FOM=1 时，无法同时实现强度调制器的小型化和低能量损耗。因此，有必要选择 FOM 较大的负折射率超材料。

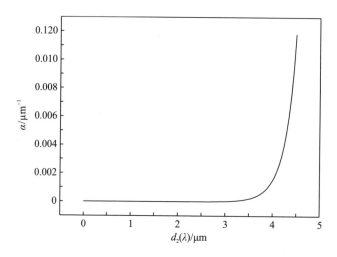

图 5-14　当 FOM=1 时，衰减系数随负折射率超材料厚度的变化曲线

下面假设 $n_r = 1.46$，$d_2 = 3.79\lambda$，给出了利用不同 FOM 值的负折射率超材料得到的强度调制器的透射谱，如图 5-15 所示。从图中可以看出，当 FOM = 5 时，强度调制器的透射率可以达到 90%，而当 FOM 高达 100 时，99% 的能量能够通过强度调制器，仅有 1% 的能量损耗。2008 年，Jason 等报道了一种利用渔网级联方式实现的红外波段三维负折射率超材料[55]，其中 FOM=5 已经在实验上实现了。因此，我们有理由相信，随着材料科学的不断发展，制作出高品质因数的负折射

率超材料是有可能的，这为实现本书提出的强度调制器的小型化和低损耗提供了必不可少的条件。

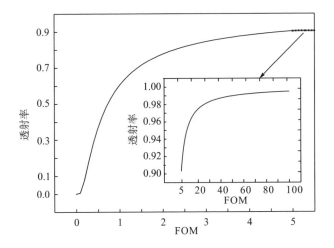

图 5-15　负折射率超材料 FOM 值不同时强度调制器的透射谱

5.3　基于负折射率超材料的平顶滤波器

超材料作为一种新型的人工复合材料，近年来备受关注。它具有许多不同寻常的电磁特性，如负折射率、反平行群和相速度等[230-232]。超材料包括双负 (double-negative, DNG) 材料和单负 (single-negative, SNG) 材料。它可以用于实现新型的光子器件，包括紧凑型方向耦合器[233]、偏振分束器[234]和可调节通带的滤波器等[235]。典型的具有负介电常数 (ENG) 或负磁导率 (MNG) 介质的超材料是通过在其表面叠加印刷分环谐振器或嵌入细金属丝[236]衬底来实现的，它们通常表现为各向异性并具有张量形式的材料参数。因此，分析具有各向异性负介电常数 (AENG) 和各向异性负磁导率 (AMNG) 超材料的光子器件更接近实际。

本节利用 AENG 和 AMNG 超材料构造了一种三层结构的平顶滤波器。采用传递矩阵法计算了三层结构的透射率，结果表明在某些频率处会出现两种隧穿模式，并相互合并。此外，本节还考虑了超材料损失对结构导波的影响。

5.3.1　理论分析与建模

考虑如图 5-16 所示的由单轴 AENG (n_1) 和 AMNG (n_2) 材料创建的三层结构。

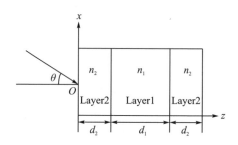

图 5-16　由单轴 AENG 和 AMNG 超材料创造的三层结构

各向异性超材料的参数可描述为

$$\vec{\varepsilon} = \varepsilon_0 \begin{pmatrix} \varepsilon_\perp & 0 & 0 \\ 0 & \varepsilon_\perp & 0 \\ 0 & 0 & \varepsilon_\parallel \end{pmatrix}$$

第 1 层的相对磁导率为 μ_1，相对介电常数为 ε_2，并且对第二层有

$$\overline{\mu_2} = \mu_0 \begin{pmatrix} \mu_\parallel & 0 & 0 \\ 0 & \mu_\parallel & 0 \\ 0 & 0 & \mu_\perp \end{pmatrix}$$

在同一层中，任意两个位置 z 和 $z+\Delta z$ 的电场和磁场可以通过传递矩阵建立联系[237]：

$$M_j(\Delta z) = \begin{pmatrix} \cos(k_i \Delta z) & -\dfrac{1}{\sigma_i}\sin(k_i \Delta z) \\ \sigma_i \sin(k_i \Delta z) & \cos(k_i \Delta z) \end{pmatrix} \quad i = 1, 2 \qquad (5\text{-}30)$$

式中，$k_i = \sqrt{\omega^2 \varepsilon_i \mu_i / c^2 - k_\parallel^2}$。对于 TE 波，有 $\sigma_i = k_i / \mu_i$。对于 TM 波，有 $\sigma_i = k_i / \varepsilon_i$。

由传输矩阵可得传输系数 t，即

$$t = \frac{2p}{\left(M_{11} + M_{12}p\right)p + M_{21} + M_{22}p} \qquad (5\text{-}31)$$

式中，$M_{ij}\,(i, j = 1, 2)$ 为 $\left(M_b M_a M_b\right)$ 矩阵的元素。这里 $M_a = M_1(d_1)$，$M_b = M_2(d_2)$ 且 $p = \sqrt{k_0^2 - k_x^2}/k_0$。功率通过率由 $T = tt^*$ 决定。

5.3.2　仿真结果及讨论

下面研究三层结构中的隧穿模。本节以 TE 波为主要研究对象，用同样的方法也可以得到 TM 波的解。

在本章所设计的结构中，各向异性超材料的有效介电常数和有效磁导率可通过理论推导出并作为参考[238]，一维光子晶体 TE 波的平均介电常数和磁导率一般为零(体积上)的条件可表示为

$$\overline{\varepsilon} = \frac{\left(\varepsilon_{\parallel} - \sin^2\theta/\mu_1\right)d_1 + 2\varepsilon_2 d_2}{d_1 + 2d_2} = 0 \tag{5-32}$$

$$\overline{\mu} = \frac{\mu_1 d_1 + 2\left[\mu_{\parallel}\left(1 - \sin^2\theta/\varepsilon_2\mu_{\perp}\right)\right]d_2}{d_1 + 2d_2} = 0 \tag{5-33}$$

方程式(5-34)和式(5-35)可以看作隧穿模合并的条件。为了不失一般性，假设超材料的色散关系为 $\varepsilon_{\parallel} = f(\omega)$，$\varepsilon_{\perp} = g(\omega)$，$\mu_{\parallel} = h(\omega)$ 和 $\mu_{\perp} = k(\omega)$，而 μ_1 和 ε_2 与频率无关。将这些变量代入方程式(5-34)和式(5-35)，可得到合并频率：

$$F(\omega) = \mu_1 d_1 + 2h(\omega)d_2 - \left[h(\omega)d_2\mu_1 \cdot \left(d_1 f(\omega) + 2\varepsilon_2 d_2\right)\right]\!/\varepsilon_2 k(\omega)d_1 = 0 \tag{5-34}$$

当 $F(\omega)$ 接近零时，将出现一种隧穿模式。如果两个隧穿模式彼此接近，最终它们会在某些频率上合并。由于特殊的色散关系，可能出现不止一种隧穿模式。当 $F(\omega_{\mathrm{p}}) \equiv 0$ 时，在 $\omega = \omega_{\mathrm{p}}$ 处会形成一个完美的隧穿模式。

德鲁德模型可给出 AENG 介质的介电常数和 AMNG 介质的磁导率[224]，即

$$\varepsilon_{\perp} = 1 - \frac{\omega_{\mathrm{ev}}^2}{\omega^2}, \quad \varepsilon_{\parallel} = 1 - \frac{\omega_{\mathrm{eh}}^2}{\omega^2}, \quad \mu_{\perp} = 1 - \frac{\omega_{\mathrm{mv}}^2}{\omega^2}, \quad \mu_{\parallel} = 1 - \frac{\omega_{\mathrm{mh}}^2}{\omega^2} \tag{5-35}$$

式中，ω_{eh} (ω_{mh}) 和 ω_{ev} (ω_{mv}) 分别为电(磁)等离子体在水平和垂直方向的有效频率。这里，ω 的单位是千兆赫，对于 AENG 材料，选择 $\mu_1 = 1$，$\omega_{\mathrm{ev}} = 34.64\,\mathrm{GHz}$ 和 $\omega_{\mathrm{eh}} = 31.3\,\mathrm{GHz}$。同时对于 AMNG，有 $\varepsilon_2 = 1$，$\omega_{\mathrm{mv}} = 31.62\,\mathrm{GHz}$ 和 $\omega_{\mathrm{mh}} = 30\,\mathrm{GHz}$。

下面将展示三层结构的隧穿模式和平顶滤波器的产生。首先假设 $d_2 = 2\,\mathrm{mm}$，$\theta = 61°$，本章所设计的三层结构在不同频率下的透射率如图 5-17 所示。当 $d_1 = 2\,\mathrm{mm}$ 时，存在两种隧穿模式，随着 d_1 的增大，它们会相互靠近，且当 $d_1 = 4.5\,\mathrm{mm}$ 时，它们合并为一个宽通带。这就实现了一个平顶滤波器。

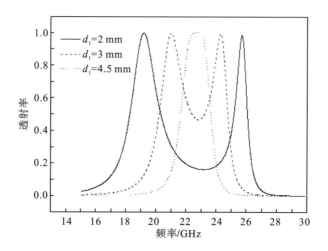

图 5-17 d_1 不同时三层结构的透射率

然后令 $d_1 = 4.5\,\text{mm}$ ，$d_2 = 2\,\text{mm}$ ，如图 5-18 所示为入射角对本章所设计的三层结构透射率的影响。当 $\theta = 75°$ 时，也存在两种非常接近的隧穿模式。随着 θ 的减小，两种隧穿模式之间的频率间隙变小。当 $\theta = 61°$ 时，在透射率中观察到一个宽频带平顶。

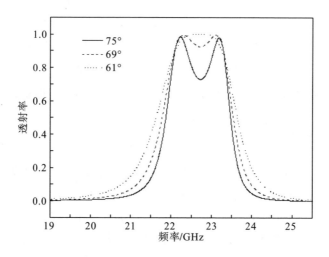

图 5-18 θ 不同时三层结构的透射率

基于上述分析和模拟，通过改变 AENG 和 AMNG 超材料的位置，构建了另一种三层结构，如图 5-19 所示。

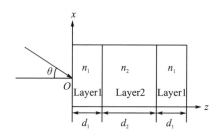

图 5-19　通过交换单轴 AENG 和 AMNG 超材料的位置创造的三层结构

首先，假设 $d_1 = 2\,\text{mm}$，$\theta = 34°$，新设计的三层结构在不同频率下的透射率如图 5-20 所示。当 $d_2 = 2\,\text{mm}$ 时，存在两种隧穿模式，且随着 d_2 的增加，两种模式相互接近。当到达 $d_2 = 4.5\,\text{mm}$ 时，它们合并成平顶通带。

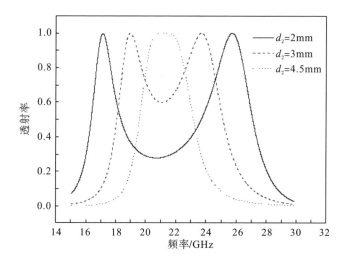

图 5-20　d_1 不同时三层结构的透射率

然后，保持 $d_1 = 2\,\text{mm}$ 和 $d_2 = 4.5\,\text{mm}$ 来探究入射角对新搭建三层结构透射率的影响，如图 5-21 所示。当 $\theta = 62°$ 时，存在两种彼此非常接近的隧穿模式。随着 θ 的减小，两种隧穿模式之间的频率间隙变小。当 $\theta = 34°$ 时，从透射率中可以观察到一个宽频带平顶。

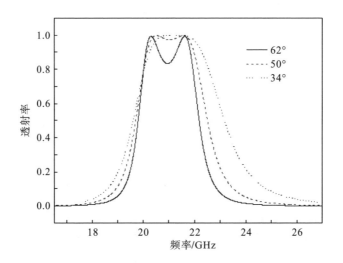

图 5-21　θ 不同时三层结构的透射率

　　所有上述的理论和数值分析都基于一个假设,即所有材料都是无损的,但众所周知,大多数超材料具有复杂的折射率,其虚部不可忽略。因此,有必要对煤制天然气材料对滤料损耗的影响进行探讨。这种效应可以通过考虑单负材料的相对介电常数的影响来得到:

$$\varepsilon_\perp = 1 - \frac{\omega_{ev}^2}{\left(\omega^2 - i\omega\delta_e\right)} , \quad \varepsilon_\parallel = 1 - \frac{\omega_{eh}^2}{\left(\omega^2 - i\omega\delta_e\right)}$$

$$\mu_\perp = 1 - \frac{\omega_{mv}^2}{\left(\omega^2 - i\omega\delta_m\right)} , \quad \mu_\parallel = 1 - \frac{\omega_{mh}^2}{\left(\omega^2 - i\omega\delta_m\right)} \qquad (5\text{-}36)$$

式中,δ_e 为电子阻尼频率;δ_m 为磁阻尼频率。这里选择 $\mu_1 = 1$,$\omega_{ev} = 34.64\,\text{GHz}$,$\omega_{eh} = 31.3\,\text{GHz}$,$\varepsilon_2 = 1$,$\omega_{mv} = 31.62\,\text{GHz}$,$\omega_{mh} = 30\,\text{GHz}$,$d_1 = 2\,\text{mm}$,$d_2 = 4.5\,\text{mm}$,$\theta = 34°$,$\delta_e = \delta_m = \delta = 1$(为简单起见),如图 5-22 所示。从图中可以发现,由透射率和介电常数的虚部所引起的损耗显著降低了光的透射率,甚至峰值也只有 1,过滤器的平顶完全消失。其他仿真结果表明,当 $\delta = 2$ 时,几乎没有光可以通过三层结构。但也应注意到,损耗超材料虽然使光的透射率大幅降低,但光在不同频率的分布并没有改变。

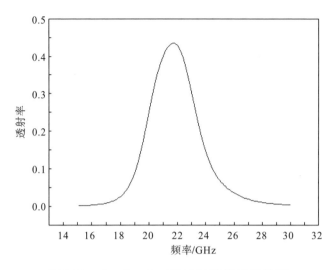

图 5-22　$\delta_e = \delta_m = \delta = 1$ 时三层结构的透射率

5.4　本 章 小 结

本章介绍了三种利用负折射率超材料组成的新型器件，包括小型化的偏振分束器、强度调制器和平顶滤波器。

本章利用一种含负折射率超材料的定向耦合器实现了小型化的偏振分束器。嵌入的负折射率超材料层极大地缩短了耦合长度，能够实现大小为 138.4 μm×18.6 μm 的偏振分束器。在该偏振分束器中，通过将 TM 模的耦合长度设置为 TE 耦合长度的一半，实现了对两种偏振波的有效分离。采用作图法得出了该偏振分束器中负折射率超材料长度的解，并且通过三维曲线分析了其与负折射率超材料层厚度、直波导厚度、双折射波导间距及双折射介质折射率差的关系。研究表明，负折射率超材料层厚度的增加、直波导厚度和波导间距的减小都能够缩短器件的长度。这种新型偏振分束器的结构简单、易于制作，同时由于采用直波导构成，避免引入弯曲损耗。

从马赫-泽德干涉仪的原理出发，本章提出了一种由负折射率介质组成的紧凑的新型强度调制器。利用两个含负折射率超材料的 3 dB 定向耦合器代替常用的 Y 分支或普通定向耦合器，并采用超模和耦合模理论相结合的方式分析了该强度调制器的工作原理和特征参数。在兼顾器件尺寸和消光比的情况下利用一种新型的高电光系数材料设计了一种大小为 0.87 mm×0.022 mm 的强度调制器。最后，采用微扰法分析并讨论了由负折射率超材料损耗引起的整个强度调制器的输出损耗。这里提出的负折射率超材料组成的强度调制器不仅结构更加紧凑，而且采用的直波导结构不会带来任何弯曲损耗，因此是一种相当有应用前景的新型光电子器件。

本章利用 AENG 和 AMNG 超材料构造了一种三层结构的平顶滤波器。采用传递矩阵法计算了三层结构的透射率，结果表明在某一频率会出现两种隧穿模式并相互合并，实现了平顶滤波器。另外，超材料损耗显著降低了透光率，但并不改变光的透光率分布。

第6章 超材料波导中的光自旋霍尔效应及其光场调控应用

光子自旋霍尔效应作为一种能够对圆偏振光进行分裂和调控的物理机制，有望为基于圆偏振光的光场调控技术提供新机理和新思路。

6.1 近零折射率超材料波导中的光自旋霍尔效应

近年来出现了一种新型的超材料——近零折射率超材料，其可应用于增强光的定向辐射、辐射模式定型、能量准直、光吸收及磁场屏蔽等[239-249]。根据介电常数(ε)、磁导率(μ)是否接近于零，这种超材料可分为近零介电常数(ENZ)、近零磁导率(MNZ)及近零介电常数且近零磁导率(ε、EMNZ)超材料三类。由于超材料存在损耗，近零折射率超材料中的透射光也不可避免地被大量吸收。而对于各向异性的近零折射率超材料，情况则完全不同。因此，损耗型近零折射率超材料波导为增强光自旋霍尔效应(SHEL)提供了一种新方法。本节将重点对 ENZ 超材料和 EMNZ 超材料中的 SHEL 现象进行讨论，并研究其对 SHEL 的调制和增强作用。

6.1.1 近零介电常数超材料中反射光的自旋霍尔效应

空气/ENZ/空气波导结构示意图如图 6-1 所示，其中空气、ENZ 平板和空气的相对介电常数(磁导率)分别定义为 $\varepsilon_1 (\mu_1)$、$\varepsilon_2 (\mu_2)$ 和 $\varepsilon_3 (\mu_3)$。当入射光在空气-ENZ 界面反射时，其左、右圆偏振光分量将在 y 轴具有 SHEL 位移。众所周知，当左、右圆偏振光沿同一方向传播时，它们具有相反的自旋角动量。同时，轨道角动量对其角动量变化的补偿是相同的。因此可以预见，左旋圆偏振光或右旋圆偏振光 SHEL 位移的符号相反，数值相同，即左、右圆偏振光之间的分裂应是对称的。因此，以下讨论以左旋圆偏振光为例。

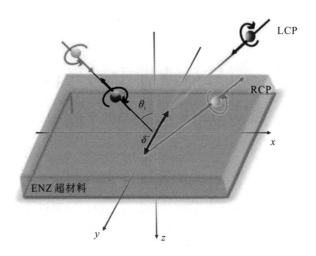

图 6-1　ENZ 波导中反射光的 SHEL 效应示意图

根据 2.5.1 节介绍的转移矩阵法，在空气/ENZ/空气结构中，可得各个界面的反射系数为

$$r_{12}^{\mathrm{p}} = \frac{k_{1z}/\varepsilon_1 - k_{2z}/\varepsilon_2}{k_{1z}/\varepsilon_1 + k_{2z}/\varepsilon_2} \tag{6-1}$$

$$r_{23}^{\mathrm{p}} = \frac{k_{2z}/\varepsilon_2 - k_{3z}/\varepsilon_3}{k_{2z}/\varepsilon_2 + k_{3z}/\varepsilon_3} \tag{6-2}$$

$$r_{12}^{\mathrm{s}} = \frac{k_{1z}/\mu_1 - k_{2z}/\mu_2}{k_{1z}/\mu_1 + k_{2z}/\mu_2} \tag{6-3}$$

$$r_{23}^{\mathrm{s}} = \frac{k_{2z}/\mu_2 - k_{3z}/\mu_3}{k_{2z}/\mu_2 + k_{3z}/\mu_3} \tag{6-4}$$

式中，$k_0 = 2\pi/\lambda$，$k_{iz} = \sqrt{k_0^2 \varepsilon_i \mu_i - k_x^2}$ $(i=1,2,3)$，$k_x = n_0 k_0 \sin\theta$，并假设反射率 $R = r \cdot r^*$。根据 2.3 节的公式 (2-53)，可得经空气/ENZ/空气波导结构后，反射光的空间 SHEL 位移为

$$\delta_{\mathrm{H}}^{\pm} = \pm \frac{k_1 w_0^2 \cot\theta_{\mathrm{i}} \operatorname{Re}\left[r_{\mathrm{p}}(r_{\mathrm{p}} + r_{\mathrm{s}})^*\right]}{k_1^2 w_0^2 r_{\mathrm{p}}^2 + \cot^2\theta_{\mathrm{i}}\left|r_{\mathrm{p}} + r_{\mathrm{s}}\right|^2} \tag{6-5}$$

$$\delta_{\mathrm{V}}^{\pm} = \pm \frac{k_1 w_0^2 \cot\theta_{\mathrm{i}} \operatorname{Re}\left[r_{\mathrm{s}}(r_{\mathrm{p}} + r_{\mathrm{s}})^*\right]}{k_1^2 w_0^2 r_{\mathrm{s}}^2 + \cot^2\theta_{\mathrm{i}}\left|r_{\mathrm{p}} + r_{\mathrm{s}}\right|^2} \tag{6-6}$$

下面计算不同 ENZ 平板中反射光的 SHEL 位移。所选参数为 λ=632.8nm，d=λ，μ_1=μ_2=μ_3=1。当 ENZ 超材料的介电常数不同时，s 偏振光和 p 偏振光的反射率如图 6-2(a) 和图 6-2(b) 所示。

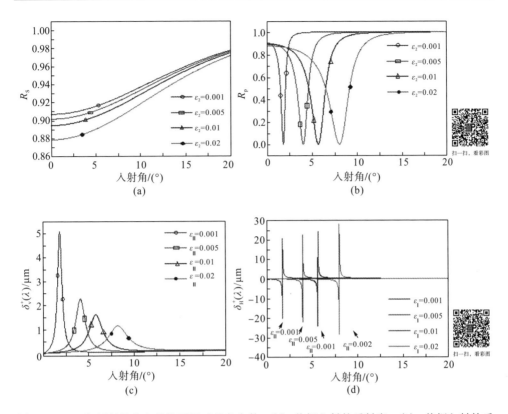

图 6-2 ENZ 超材料的介电常数不同时的各参数: (a)s 偏振入射的反射率; (b)p 偏振入射的反射率; (c)左旋圆偏振光的 SHEL 位移; (d)右旋圆偏振光的 SHEL 位移

从图 6-2(a)可以看出,随着 ε_2 的增加,s 偏振光的反射率降低,但其值仍然接近 1,这意味着经空气/ENZ/空气后的大部分光被反射。在图 6-2(b)中,对于 p 偏振光,不同入射角的反射率均出现最小值,同时由于相位匹配条件,最小反射率的临界角随 ε_2 的增大而增大。图 6-2(c)和图 6-2(d)分别给出了水平偏振光和垂直偏振光相应的 SHEL 位移。从图中容易看出,s 偏振光和 p 偏振光的 SHEL 位移在角谱中分别呈对称和反对称分布。根据文献,s 偏振(p 偏振)光的 SHEL 位移与 $|r_p|/|r_s|$ $(|r_s|/|r_p|)$ 成正比[250],当 p 偏振光入射时,SHEL 位移峰值出现在 p 偏振光反射率最小处,因此其 SHEL 位移最大值和反射率最小值对应的入射角相同。此外,SHEL 位移峰值将随 ε_2 的增加而增大。

由于大多数超材料是有损耗的,所以必须分析 ε_2 的虚部对反射率和 SHEL 位移的影响。这里把 ENZ 介电常数的虚部称为衰减系数。所选参数为 $\lambda=632.8$ nm,$d=\lambda$,$\mathrm{Re}(\varepsilon_2)=0.01$,$\mu_1=\mu_2=\mu_3=1$。

在图 6-3(a)中,随着衰减系数的增加,s 偏振光的反射率明显降低,部分光被 ENZ 平板吸收。同时,ENZ 的损耗会使 s 偏振光的 SHEL 位移减小,如图 6-3(c)

所示。但在图 6-3(b) 中，对于 p 偏振光，当衰减系数从 0 增加到 0.004 时，最小反射率增加。由于 ENZ 的衰减，p 偏振光的最小反射率越来越大，SHEL 位移也随之大幅减小，如图 6-3(d) 所示。因此，在所设计的波导结构中，ENZ 的衰减系数是影响 SHEL 的主要因素。同时，随着衰减系数的增加，SHEL 位移峰值对应的临界角将增大。

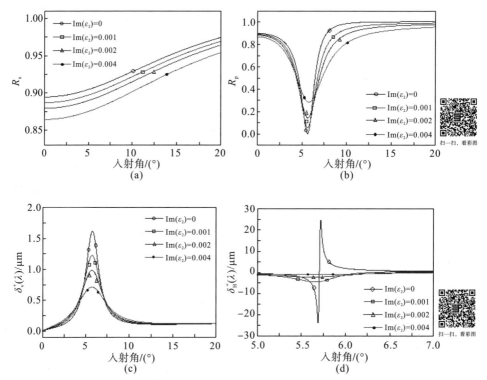

图 6-3   ENZ 超材料的衰减系数不同时的各参数：(a) s 偏振光入射的反射率；(b) p 偏振入射的反射率；(c) 左旋圆偏振光的 SHEL 位移；(d) 右旋圆偏振光的 SHEL 位移

ENZ 平板厚度不同时的 SHEL 位移如图 6-4 所示。图 6-4(a) 中，当 d_2 从 2.0λ 下降到 1.0λ 时，s 偏振光的 SHEL 位移峰值基本保持不变，对应的入射角也相同。当 $d_2=0.5\lambda$ 时，SHEL 位移峰值和相应的入射角略有增加。对于 p 偏振光，ENZ 厚度的增加使 SHEL 位移峰值减小。同时，对于较厚的 ENZ 波导，正负 SHEL 位移峰值对应的角度差变小，如图 6-4(b) 所示。这是因为 ENZ 厚度的增加降低了入射光在临界角附近的反射率。由于 ENZ 由多层组成，其厚度不能小于半波长[251]，而为了提高 SHEL，则需要制作较薄的 ENZ 层，因此在实际设计中应进行折中考虑，选择合适的波导厚度。此外，如图 6-4 所示，在角谱上，s 和 p 偏振光的 SHEL 位移峰呈对称和反对称分布。

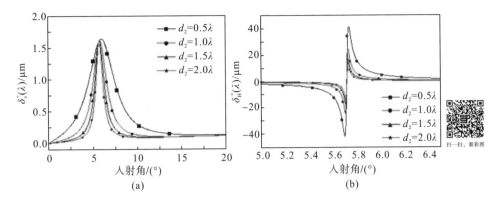

图 6-4　ENZ 超材料厚度不同时的 SHEL 位移：(a) s 偏振入射的左旋圆偏振光的 SHEL 位移；
(b) p 偏振入射的左旋圆偏振光的 SHEL 位移

6.1.2　近零介电常数超材料中透射光的自旋霍尔效应

在研究近零介电常数超材料对透射光 SHEL 的影响时，为了获得更大的光自旋相关的分裂值，在 6.1.1 节所设计的结构中加入贵金属 Au 层，此时多层波导结构为空气-ENZ-Au-ENZ-空气。假设入射光以 θ 角从空气中入射，波导中每层编号如图 6-5 所示。

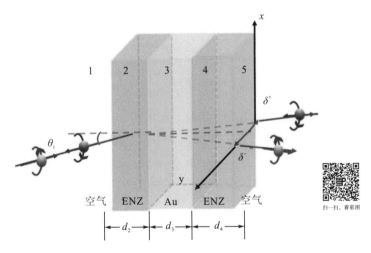

图 6-5　空气中 ENZ-Au-ENZ 波导结构透射光的 SHEL 示意图

其中，1～5 层各层材料的相对介电常数和磁导率分别表示为 ε_i 和 μ_i（$i=1$，2，3，4，5）。ENZ 超材料、Au 层和 ENZ 超材料厚度分别为 d_2、d_3 和 d_4。ENZ 超材料的介电张量为

$$\vec{\varepsilon} = \varepsilon_{\mathrm{o}} \begin{pmatrix} \varepsilon_{\perp} & & \\ & \varepsilon_{\perp} & \\ & & \varepsilon_{\parallel} \end{pmatrix} \tag{6-7}$$

根据 6.2.1 节中的转移矩阵法，可得光通过 ENZ/Au/ENZ 波导的透射系数为

$$t = t_{12}t_{23}t_{34}t_{45}\exp(\mathrm{i}k_{2z}d_2)\exp(\mathrm{i}k_{3z}d_3)\exp(\mathrm{i}k_{4z}d_4) \tag{6-8}$$

对于 s 偏振光：

$$r_{ij} = \left(k_{iz} - k_{jz}\right)\big/\left(k_{iz} + k_{jz}\right), \quad t_{ij} = 2k_{iz}\big/\left(k_{iz} + k_{jz}\right), \quad k_{iz} = \sqrt{k_0^2 \varepsilon_i \mu_i - k_x^2} \quad (i = 1,3,5)$$

$$k_{jz} = \sqrt{\varepsilon_{\parallel}\mu_j - k_x^2} \quad [(j = 2,4)]$$

对于 p 偏振光：

$$r_{ij} = \left(k_{iz}/\varepsilon_i - k_{jz}/\varepsilon_j\right)\big/\left(k_{iz}/\varepsilon_i + k_{jz}/\varepsilon_j\right), \quad t_{ij} = \left(2k_{iz}/\varepsilon_i\right)\big/\left(k_{iz}/\varepsilon_i + k_{jz}/\varepsilon_j\right),$$

$$k_{iz} = \sqrt{k_0^2 \varepsilon_i \mu_i - k_x^2} \ (i = 1,3,5), \quad k_{jz} = \sqrt{\varepsilon_{\parallel}\mu_j - \varepsilon_{\parallel}k_x^2/\varepsilon_{\perp}} \quad (j = 2,4)$$

当入射光为高斯分布时，可得经空气/ENZ/Au/ENZ/空气波导后，其透射光的空间 SHEL 位移为

$$\delta_{\mathrm{H}}^{\pm} = \pm \frac{k_0 w_0^2 \left(t_{\mathrm{p}}^2 \dfrac{\cos\theta_{\mathrm{t}}}{\sin\theta_{\mathrm{i}}} - t_{\mathrm{p}}t_{\mathrm{s}}\cot\theta_{\mathrm{i}}\right)}{k_0^2 w_0^2 t_{\mathrm{p}}^2 + \cot^2\theta_{\mathrm{i}}\left(t_{\mathrm{p}}\dfrac{\cos\theta_{\mathrm{t}}}{\cos\theta_{\mathrm{i}}} - t_{\mathrm{s}}\right)^2 + \left(\dfrac{\partial t_{\mathrm{p}}}{\partial\theta_{\mathrm{i}}}\right)^2} \tag{6-9}$$

$$\delta_{\mathrm{V}}^{\pm} = \pm \frac{k_0 w_0^2 \left(t_{\mathrm{s}}^2 \dfrac{\cos\theta_{\mathrm{t}}}{\sin\theta_{\mathrm{i}}} - t_{\mathrm{s}}t_{\mathrm{p}}\cot\theta_{\mathrm{i}}\right)}{k_0^2 w_0^2 t_{\mathrm{s}}^2 + \cot^2\theta_{\mathrm{i}}\left(t_{\mathrm{s}}\dfrac{\cos\theta_{\mathrm{t}}}{\cos\theta_{\mathrm{i}}} - t_{\mathrm{p}}\right)^2 + \left(\dfrac{\partial t_{\mathrm{s}}}{\partial\theta_{\mathrm{i}}}\right)^2} \tag{6-10}$$

这里应注意到，当透射系数为复数时，相应的 SHEL 位移应该是 $\delta_{\mathrm{H}}^{\pm}$ 和 $\delta_{\mathrm{V}}^{\pm}$ 的实部。此外，当 $k_1^2 w_0^2 \gg \cot^2\theta_{\mathrm{i}}$，$\partial t/\partial\theta_{\mathrm{i}} \approx 0$ 时，方程式(6-9)、式(6-10)可分别简化为

$$\delta_{\mathrm{H}}^{\pm} = \pm \frac{\cot\theta_{\mathrm{i}}}{k_0}\left[1 - \frac{|t_{\mathrm{s}}|}{|t_{\mathrm{p}}|}\cos\left(\varphi_{\mathrm{s}} - \varphi_{\mathrm{p}}\right)\right] \tag{6-11}$$

$$\delta_{\mathrm{V}}^{\pm} = \pm \frac{\cot\theta_{\mathrm{i}}}{k_0}\left[1 - \frac{|t_{\mathrm{p}}|}{|t_{\mathrm{s}}|}\cos\left(\varphi_{\mathrm{p}} - \varphi_{\mathrm{s}}\right)\right] \tag{6-12}$$

下面探讨经过空气/ENZ/Au/ENZ/空气波导后透射光的 SHEL。所选参数为 λ=1550 nm，$\mathrm{Re}(\varepsilon_{\perp})$ = 0.01，$\varepsilon_{\parallel}$=1，ε_3 = $-96.958 + 11.503\mathrm{i}$，$d_2$=$d_4$=1 μm 和 d_3=20 nm。为了简便，定义因子(FOM)＝$\mathrm{Re}(\varepsilon_{\perp})/\mathrm{Im}(\varepsilon_{\perp})$。p 偏振光和 s 偏振光的透射率分别如图 6-6(a)和图 6-6(b)所示。

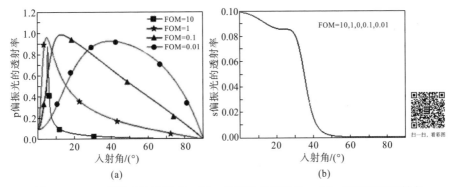

图 6-6　FOM 不同时的透射率：(a) p 偏振光的透射率；(b) s 偏振光的透射率

由图可知，随着 FOM 的减小，透射率在角谱中的分布显著变宽。也就是说，随着虚部增加，在较大的入射角范围内，光均可通过 ENZ/Au/ENZ 波导透射。一般情况下，材料损耗将极大地降低透射光的 SHEL 位移。而在本结构中，ENZ 超材料的损耗将有助于增加透射。这是因为当材料损耗增加时，相应地由斜入射引起的传播损耗将减少[252]，此结果与文献[253]相一致。另外，s 偏振光的透射率不受 FOM 的影响，其只与 μ_2 相关，与 $\mathrm{Im}(\varepsilon_\perp)$ 无关。

当垂直偏振入射时，对于不同的 $\mathrm{Re}(\varepsilon_\perp)$ 和 $\mathrm{Im}(\varepsilon_\perp)$，左旋圆偏振光的 SHEL 位移如图 6-7 所示。图中假设 $\mathrm{Im}(\varepsilon_\perp)$ 在 0.001～0.02 的范围内变化，所选参数为 $\lambda=1550\ \mathrm{nm}$，$\varepsilon_\parallel=1$，$d_2=d_4=1\ \mu\mathrm{m}$，$d_3=20\ \mathrm{nm}$。图 6-7(a) 中，当 $\mathrm{Re}(\varepsilon_\perp)=0.001$，$\mathrm{Im}(\varepsilon_\perp)=0.001$ 时，出现了为 -30λ 的负 SHEL 位移峰。随着 $\mathrm{Im}(\varepsilon_\perp)$ 的增大，负 SHEL 位移峰消失，出现正峰值。由图可知，正峰值为平顶分布，并随 $\mathrm{Im}(\varepsilon_\perp)$ 的增加而变宽，同时 SHEL 位移峰中心对应的入射角略有增加。从图 6-7(b) 可以发现，当 $\mathrm{Re}(\varepsilon_\perp)=0.005$，$\mathrm{Im}(\varepsilon_\perp)$ 在 0.001～0.002 变化时，SHEL 位移峰值为负值。当 $\mathrm{Im}(\varepsilon_\perp)=0.002$ 时，同时出现了 15λ 的正峰值和 10λ 的负峰值。在此范围以外，SHEL 位移峰值主要为正值，且变化趋势与图 6-7(a) 类似。继续增大 $\mathrm{Re}(\varepsilon_\perp)$，将出现更多的 SHEL 位移峰值对，但峰值将减小，如图 6-7(c) 和图 6-7(d) 所示。由于 SHEL 位移与电

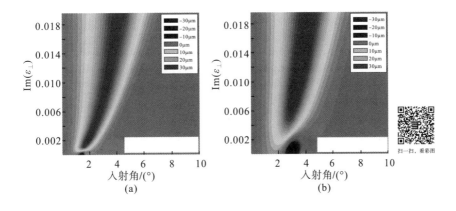

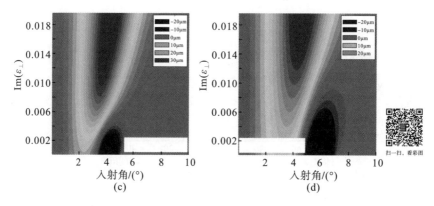

图 6-7　当 $\mathrm{Re}(\varepsilon_\perp)$ 和 $\mathrm{Im}(\varepsilon_\perp)$ 不同时，s 偏振入射的左旋圆偏振光的 SHEL 位移等高图：(a) $\mathrm{Re}(\varepsilon_\perp)$ =0.001；(b) $\mathrm{Re}(\varepsilon_\perp)$ =0.005；(c) $\mathrm{Re}(\varepsilon_\perp)$ =0.01；(d) $\mathrm{Re}(\varepsilon_\perp)$ =0.02

场分布有关，因此在总电场不变的情况下，更多的 SHEL 位移必定会降低电场峰值，如 $\mathrm{Re}(\varepsilon_\perp)$ =0.02 时的 SHEL 位移峰值比 $\mathrm{Re}(\varepsilon_\perp)$ =0.01 时出现的两个峰值小。

为了验证结果，利用 Ag 和 Ge 薄层交替组成各向异性的 ENZ 超材料，根据有效介质理论，其介电常数分量为

$$\varepsilon_\parallel = \frac{1}{f/\varepsilon_{\mathrm{Ag}} + (1-f)/\varepsilon_{\mathrm{Ge}}} \tag{6-13}$$

$$\varepsilon_\perp = f\varepsilon_{\mathrm{Ag}} + (1-f)\varepsilon_{\mathrm{Ge}} \tag{6-14}$$

式中，$f=0.1432$，$\varepsilon_{\mathrm{Ag}} = 5 - \omega_p^2/(\omega^2 + \mathrm{i}\alpha\gamma\omega)$，$\gamma = 5.07\times10^{13}\,\mathrm{rad/s}$，$\alpha=7$，$\omega_p = 1.38\times10^{16}\,\mathrm{rad/s}$，$\varepsilon_{\mathrm{Ge}} = 19.01 + 0.087\mathrm{i}$。当入射光波长为 1.55 μm 时，可得 $\omega = 1.2161\times10^{15}\,\mathrm{rad/s}$，$\varepsilon_\parallel = 22.7664 + 0.289\mathrm{i}$，$\varepsilon_\perp = 0.0109 + 5.033\mathrm{i}$。假设 Au 层厚度为 d_3=20nm，两层 ENZ 超材料厚度相同 $d_4=d_2$，图 6-8(a) 和图 6-8(b) 分别给出了当 ENZ 超材料厚度不同时，p 偏振光和 s 偏振光的透射率。当 d_2 增加时，在

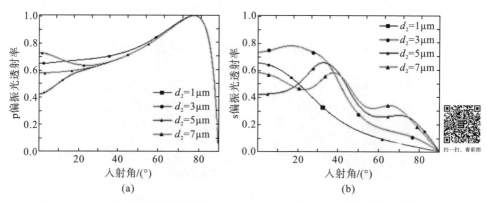

图 6-8　ENZ 厚度不同时的透射率：(a) p 偏振光的透射率；(b) s 偏振光的透射率

入射角小于 20°的范围内，透射率的大小取决于 d_2，其随入射角的增大存在一定变化。当入射角大于 20°以后，不同厚度材料的透射率曲线将逐渐合并在一起。同时可以发现，当入射角为 77.5°时，透射率高达 0.96。图 6-8(b) 中，对于 s 偏振光，其透射率随入射角的增加而减小，同时当 $d_2 > 5$ μm 时，透射率曲线呈现谐振特性。

当 ENZ 超材料厚度不同时，水平和垂直偏振入射的左旋圆偏振光的 SHEL 位移等高图分别如图 6-9(a) 和图 6-9(b) 所示，所选参数与图 6-8 相同。

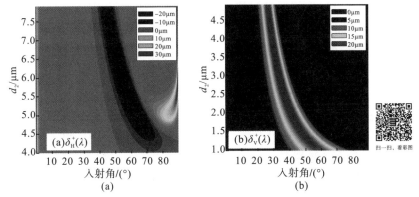

图 6-9　当 ENZ 厚度不同时，水平和垂直入射的左旋圆偏振光的 SHEL 位移等高图：
(a) p 偏振光；(b) s 偏振光

对于水平偏振入射，当入射角约为零时，将出现较大的正 SHEL 位移峰值，而且对于不同厚度的 ENZ 超材料，其值几乎保持不变。同时，当入射角接近零时，图 6-10(a) 中存在一个 SHEL 位移峰的窄带分布。这种现象是因为 ENZ 超材料介电常数的实部接近于零，入射光经 ENZ/Au/ENZ 波导部分透射后，产生的 SHEL 位移峰值将出现在入射角相当小的地方。当 $d_2 > 4$ μm 时，在 $\theta = 70°$ 左右出现另一个负峰值，且随 ENZ 超材料厚度的增加，其值将增大，对应的入射角减小。另外，

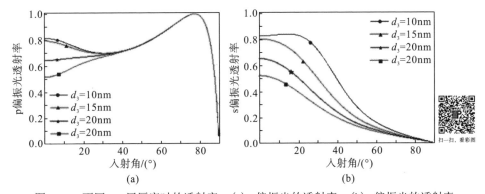

图 6-10　不同 Au 层厚度时的透射率：(a) p 偏振光的透射率；(b) s 偏振光的透射率

当 $d_2=5\ \mu m$ 时，在 85°左右出现正的 SHEL 位移峰。综上所述，一般情况下，由于 ENZ 超材料波导的临界角较小，当 $\theta<20°$ 时，可以观察到 SHEL 位移峰；当 $\theta>20°$ 时，ENZ 超材料波导的各向异性可产生 SHEL 位移峰；当具有更大的入射角，如 85°左右，在 ENZ 超材料与 Au 层界面激发的 SPR 作用下，也会产生 SHEL 位移峰。

对于垂直偏振入射，情况要简单得多，如图 6-10(b)所示。对于不同厚度的 ENZ 超材料，只有一个明显的 SHEL 位移峰平顶分布。当 $d_2=1\ \mu m$ 时，入射角在 49°～69°时可观察到较大的 SHEL 位移。随着 d_2 增加，该 SHEL 位移的带状分布将逐渐变窄，对应的入射角变小。这种 SHEL 位移峰的平顶分布是由透射率引起的，对于垂直偏振入射，其透射率几乎不随 ENZ 超材料厚度的变化而发生变化，而 SHEL 位移取决于光的透射率，所以产生了这种分布。因此，通过控制入射光的透射，可以灵活地增强和调制 SHEL。

最后，探讨 Au 层厚度对所设计结构透射率和 SHEL 位移的影响。图 6-11(a) 和图 6-11(b)分别给出了不同 Au 层厚度（$d_3=10\ nm$、15 nm、20 nm 和 25 nm）时，p 偏振光和 s 偏振光的透射率。在入射角小于 20°的范围内，透射率随着 Au 层厚度的增加而减小。当入射角在 76°左右时，四个透射率曲线合并在一起，并达到最大值 0.98。对于 s 偏振光，透射率随 Au 层厚度和入射角的增大而减小。

下面给出不同 Au 层厚度时，p 偏振入射和 s 偏振入射的左旋圆偏振光的 SHEL 位移，如图 6-11 所示。

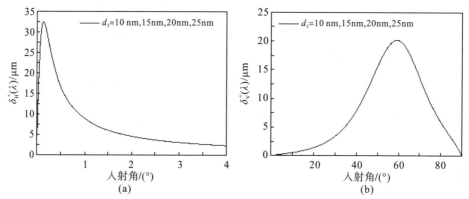

图 6-11　不同 Au 层厚度时的 SHEL 位移：(a)p 偏振入射的左旋圆偏振光的 SHEL 位移；
(b)s 偏振入射的左旋圆偏振光的 SHEL 位移

从图中可以看出，其 SHEL 位移分布未受 Au 层厚度的影响。这是因为损耗增强了透射，构造了一个光子隧穿结构，该结构不受 Au 层厚度的影响。所以在实验中允许 Au 厚度存在一定误差。同时也可以发现，当 p 偏振入射时，入射角接近零时将出现 SHEL 位移峰。对于 s 偏振入射，由于 p 偏振光大幅度的透射将在 60°左右产生大的 SHEL 位移峰。此外，对于水平偏振入射和垂直偏振入射，左旋圆偏振光的最大 SHEL 位移分别为 $32\lambda(49.6\mu m)$ 和 $22\lambda(34.1\mu m)$。

6.1.3　介电常数和磁导率近零超材料中透射光的自旋霍尔效应

EMNZ 材料的磁导率和介电常数都接近零[254-257]。一般说来，EMNZ 的损耗将极大地降低透射光。同时，当 EMNZ 超材料具有各向异性的介电常数和磁导率时，其损耗会增强 p 偏振光和 s 偏振光的透射[258,259]。对于垂直偏振入射来说，圆偏振光的 SHEL 位移与 p 偏振光的透射成正比[260]，而材料的损耗将增强透射，所以激发了人们探索 EMNZ 超材料中损耗增强 SHEL 的可能性。在 5.1.2 节计算模型的基础上，本节将进一步研究各向异性 EMNZ 超材料的损耗和各向异性对 SHEL 位移的影响和 SHEL 增强的物理机制。

如图 6-12 所示，假设入射光以 θ_i 角从空气入射到 EMNZ 中。1～3 层的相对介电常数和磁导率分别由 ε_i、μ_i $(i=1，2，3)$ 表示。EMNZ 超材料的厚度为 d_2，其各向异性的相对介电常数张量表示为

$$\tilde{\varepsilon}_2 = \begin{pmatrix} \varepsilon_\parallel & & \\ & \varepsilon_\parallel & \\ & & \varepsilon_\perp \end{pmatrix} \tag{6-15}$$

相对磁导率张量为

$$\tilde{\mu}_2 = \begin{pmatrix} \mu_\parallel & & \\ & \mu_\parallel & \\ & & \mu_\perp \end{pmatrix} \tag{6-16}$$

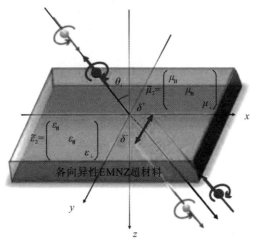

图 6-12　EMNZ 超材料的 SHEL 示意图

根据有效折射率法，可以得到有效折射率 $n_2 = \sqrt{\varepsilon_\parallel \mu_2 - \varepsilon_\parallel \sin^2\theta/\varepsilon_\perp}$ （p 偏振光）和 $n_2 = \sqrt{\varepsilon_\parallel \mu_\parallel - \mu_\parallel \sin^2\theta/\mu_\perp}$ （s 偏振光）。透射系数为

$$t = \frac{2n_2^3 k_0^2 \cos\theta}{2n_2^3 k_0^2 \cos\theta\cos(n_2 k_0 d_2) + \mathrm{i}\sin(n_2 k_0 d_2)\left[k_x^2(1+n_2^4) - n_2^2 k_0^2(1+n_2^2)\right]} \quad (6\text{-}17)$$

式中，$k_x = k_0\sin\theta$，$k_0 = 2\pi/\lambda$。假设入射光为高斯光束，经过 EMNZ 后透射光的空间 SHEL 位移的推导过程如同 5.1.2 节，这里不再重复。

根据文献[251]，p 偏振光的透射随 $\mathrm{Im}(\varepsilon_\perp)$ 的增加而增大。这里，所选参数为 $\lambda=1550$ nm，$d_2=2\lambda$，$\varepsilon_\parallel=1$，$\mathrm{Re}(\varepsilon_\perp)=0.01$，$\mu_\perp=0.01+0.01\mathrm{i}$。对于不同的 $\mathrm{Im}(\varepsilon_\perp)$，p 偏振光的透射率如图 6-13 所示。从图中可以发现，随着 $\mathrm{Im}(\varepsilon_\perp)$ 的增加，p 偏振光的透射率将显著增大，s 偏振光的透射率则保持不变。当入射角大于 6°时，大部分入射光将被反射。为了进一步验证，利用有限元法（FEM）给出了当入射角 $\theta=10$°时，p 偏振光的归一化磁场分布和 s 偏振光的归一化电场分布，所选参数与图 6-13（a）相同。从图中容易看出，随着 $\mathrm{Im}(\varepsilon_\perp)$ 的增加，p 偏振光的透射也增加。而 s 偏振光的电场分布不受 EMNZ 超材料损耗的影响，这与图 6-13（a）的结果相符。

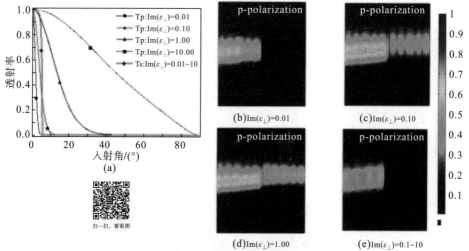

图 6-13　(a) 当 $\mathrm{Im}(\varepsilon_\perp)$ 不同时，p 偏振光和 s 偏振光的透射率；(b)~(e) $\theta=10$°时，不同 $\mathrm{Im}(\varepsilon_\perp)$ 下，p 偏振光的场分布

当 s 偏振光入射时，SHEL 位移与 $|t_p|/|t_s|$ 成正比，由此可以推断当 p 偏振光透射多，s 偏振光透射少时，其圆偏振光的 SHEL 位移将增大，此即损耗增强 SHEL 的基本原理。为了说明这一原理，图 6-14（a）和图 6-14（b）中分别给出了当 $\mathrm{Im}(\varepsilon_\perp)$ 不同时，p 偏振入射光和 s 偏振入射光的 SHEL 位移，所用参数与图 6-13 相同。

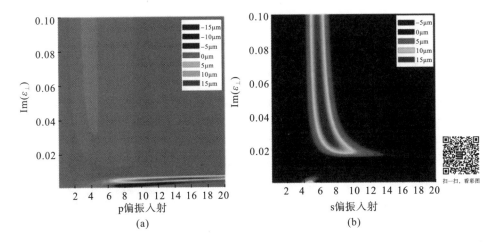

图 6-14　$\mathrm{Im}(\varepsilon_\perp)$ 不同时的 SHEL 位移：(a) p 偏振入射的左旋圆偏振光的 SHEL 位移；(b) s 偏振入射的左旋圆偏振光的 SHEL 位移

　　为了简化，假设 SHEL 位移是波长的倍数，后面的讨论均以此为准。图 6-14(a) 中，当损耗 $\varepsilon_\perp<0.01$ 时，对于 p 偏振入射光，左旋圆偏振光的 SHEL 位移将增大，其峰值为 $\pm 15\lambda$，对应 $\theta>6°$。当 $\mathrm{Im}(\varepsilon_\perp)>0.01$ 时，角谱中 SHEL 位移的增加并不明显。而对于 s 偏振入射光，结果则完全不同，如图 6-14(b) 所示，当 $\mathrm{Im}(\varepsilon_\perp)<0.02$ 时，SHEL 没有增强。而当 $\mathrm{Im}(\varepsilon_\perp)>0.01$，入射角在 $6°\sim10°$ 时，SHEL 位移峰值存在平顶分布。当 $0.02<\mathrm{Im}(\varepsilon_\perp)<0.04$，损耗增加时，SHEL 位移峰对应的入射角变小，且随着 $\mathrm{Im}(\varepsilon_\perp)$ 的增加，SHEL 位移峰值保持不变。这是因为当损耗增加时，s 偏振光和 p 偏振光的透射率并没有发生明显变化，$|t_\mathrm{p}|/|t_\mathrm{s}|$ 也保持不变。因此，在 s 偏振光入射的情况下，EMNZ 超材料的损耗对左旋圆偏振光 SHEL 位移峰值的影响不大。

　　下面研究当 $\mathrm{Re}(\varepsilon_\perp)$ 不同时，角谱中 SHEL 位移的分布。所选参数为 $\lambda=1550$ nm，$d_2=2\lambda$，$\mu_\parallel=1$，$\mu_\perp=0.01+0.01\mathrm{i}$。对于 s 偏振入射时，在不同的 $\mathrm{Re}(\varepsilon_\perp)$ 下，左旋圆偏振光的 SHEL 位移如图 6-15 所示。当 $\mathrm{Im}(\varepsilon_\perp)=0.001$ 时，有 5 个 SHEL 位移峰值，如图 6-15(a) 所示。对于 $\mathrm{Re}(\varepsilon_\perp)=0.02$，$\theta$ 约为 $5°$ 时，出现 -14.08λ 的负 SHEL 位移。当 $\mathrm{Re}(\varepsilon_\perp)$ 增大时，SHEL 位移峰值明显减弱。同时，分别在 $\theta=12.24°$ 和 $\theta=17.49°$ 处出现了 15.76λ 正峰值和 -14.85λ 负峰值。在图 6-15(b) 中，当 $\mathrm{Im}(\varepsilon_\perp)=0.01$ 时，这些 SHEL 位移峰值对应的入射角增大。$\theta=6.33°$ 处的负峰值有略微增加，变为 15.55λ。而对于 $\theta=9.96°$ 和 $\theta=16.16°$，其 SHEL 位移峰值分别减小到 9.02λ 和 -5.90λ。在图 6-15(c) 中，当 $\mathrm{Im}(\varepsilon_\perp)$ 增加到 0.1 时，可以发现所有的正和负 SHEL 位移峰在 $\theta=6°$ 附近合并成一个正峰。随着 $\mathrm{Re}(\varepsilon_\perp)$ 的增加，峰值略有减小，相应的入射角则略为增大。由于这种 SHEL 位移分布看起来像带通滤波器，

因此可以在角谱上观察到 SHEL 位移的平顶分布，表明其对 $\mathrm{Im}(\varepsilon_{\perp})$ 的抗变化能力强，迄今为止，这种现象尚未在其他波导中观察到。该特性有望实现具有抗干扰性能的新型光电器件。

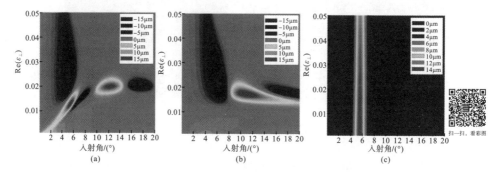

图 6-15 当 $\mathrm{Re}(\varepsilon_{\perp})$ 不同时，s 偏振入射的左旋圆偏振光的 SHEL 位移：（a）$\mathrm{Im}(\varepsilon_{\perp})=0.001$；（b）$\mathrm{Im}(\varepsilon_{\perp})=0.01$；（c）$\mathrm{Im}(\varepsilon_{\perp})=0.1$

考虑 $\mu_{\perp}$ 对 EMNZ 中 SHEL 的影响。假设其实部和虚部是相同的，即 $\mu_{\perp}=\alpha+\alpha\mathrm{i}$。图 6-16 给出了当垂直偏振入射时，不同 α 对左旋圆偏振光 SHEL 位移的影响。

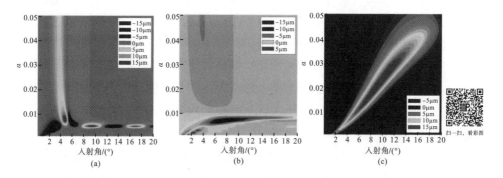

图 6-16 当 α 不同时，s 偏振入射下左旋圆偏振光的 SHEL 位移：（a）$\mathrm{Im}(\varepsilon_{\perp})=0.001$；（b）$\mathrm{Im}(\varepsilon_{\perp})=0.01$，（c）$\mathrm{Im}(\varepsilon_{\perp})=0.1$

如图 6-16（a）所示，当 $\mathrm{Im}(\varepsilon_{\perp})=0.001$，$\alpha>0.015$ 时，SHEL 位移峰值小于 5λ，并呈平顶分布。当 α 减小时，会出现 6 个正、负峰。当 $\alpha=0.005$ 时，最大正 SHEL 位移为 $15.38\lambda(\theta=9.41°)$，最大负值为 $-15.40\lambda(\theta=13.2°)$。而在图 6-16（b）中，当 $\mathrm{Im}(\varepsilon_{\perp})=0.01$ 时，在 $\alpha=0.005$ 处的 SHEL 位移峰将合并在一起。当 $\alpha=0.007$，$\theta=7.8°$ 时出现 15.85λ 的负峰值。当 $\mathrm{Im}(\varepsilon_{\perp})$ 增加到 0.1 时，有一个 SHEL 位移峰值，如图 6-16（c）所示。由于相位匹配条件，随着 α 的增大，SHEL 位移峰值对应的入射角也增大。同时，SHEL 位移分布展宽，在 $\alpha=0.018$，$\theta=9.41°$ 处有最大 SHEL 位移 15.92λ。

　　最后探索了在不同厚度的 EMNZ 平板中左旋圆偏振光的 SHEL 位移，如图 6-17 所示。当 $\mathrm{Im}(\varepsilon_\perp) = 0.001$ 时，在图 6-18(a) 的角谱上出现了几个 SHEL 位移峰。当入射角为 8°时，在不同的 EMNZ 板厚度下出现了 5 个正、负峰的周期分布。在图 6-17(b) 中，当 $\mathrm{Im}(\varepsilon_\perp) = 0.01$ 时，三个 SHEL 位移峰得到极大的增宽。对于 $d_2 = 3\lambda$，分别在 6.15°、9.75°、17.62°出现三个峰值 -11.43λ、15.87λ 和 -14.53λ。当 $\mathrm{Im}(\varepsilon_\perp) = 0.1$ 时，这些 SHEL 位移峰合并成一个，如图 6-17(c) 所示。随着 EMNZ 厚度的增加，平顶的 SHEL 位移峰所对应的入射角变小，通带宽度基本保持不变。综上可知，在以上结构中，SHEL 的增强受厚度变化的影响很小。众所周知，EMNZ 超材料通常由多层不同的薄膜制成，很难使其厚度小于 1μm，EMNZ 越厚能量吸收得越多，从而使 SHEL 明显减弱。而在本结构中，由于超材料介电常数和磁导率的各向异性，EMNZ 板的损耗可以增强 SHEL，以便在 EMNZ 中实现左、右圆偏振光的较大分裂。

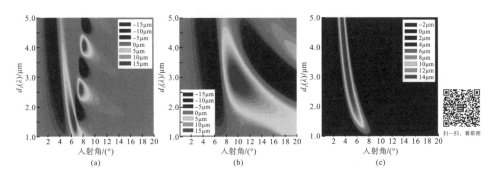

图 6-17　当 d_2 不同时，s 偏振入射下左旋圆偏振光的 SHEL 位移：(a) $\mathrm{Im}(\varepsilon_\perp) = 0.001$；
(b) $\mathrm{Im}(\varepsilon_\perp) = 0.01$，(c) $\mathrm{Im}(\varepsilon_\perp) = 0.1$

6.2　各向异性超材料波导中的光自旋霍尔现象

6.2.1　各向异性超材料中透射光的自旋霍尔效应

　　本节旨在研究利用各向异性超材料增强透射光的 SHEL，并给出相应的理论分析和物理机制。为了实现透射光的 SHEL 位移最大值，本节分析了波矢 z 分量实部或虚部的可能组合，并讨论超材料的损耗和色散对透射光的影响。

　　各向异性超材料中透射光的 SHEL 如图 6-18 所示，其厚度为 d_2，介电张量见公式 (6-7)。当入射光为高斯分布时，经过各向异性超材料后透射光的 SHEL 位移为 6.1.2 节中的式 (6-11) 和式 (6-12)，其中该结构的透射系数 t_p、t_s 可根据 2.5.1 节的转移矩阵法得

$$t_p = \frac{4\varepsilon_\| \sqrt{\varepsilon_1 \varepsilon_3} k_{1z} k_{2z} \exp(i k_{2z} d_2)}{(\varepsilon_\| k_{1z} + \varepsilon_1 k_{2z})(\varepsilon_3 k_{2z} + \varepsilon_\| k_{3z})} \tag{6-18}$$

$$t_s = \frac{4 k_{1z} k_{2z} \exp(i k_{2z} d_2)}{(k_{1z} + k_{2z})(k_{2z} + k_{3z})} \tag{6-19}$$

式中，k_{iz}（i=1，2，3）为第 i 层波矢的 z 分量，其表达式为 $k_{iz} = k_0 \sqrt{\varepsilon_i \mu_i - k_x^2}$。由于超材料是各向异性的，故 k_{2z} 为 $k_{2z}^p = \sqrt{k_0^2 \varepsilon_\| - \varepsilon_\| k_x^2 / \varepsilon_\perp}$ 和 $k_{2z}^s = \sqrt{k_0^2 \varepsilon_\| - k_x^2}$。

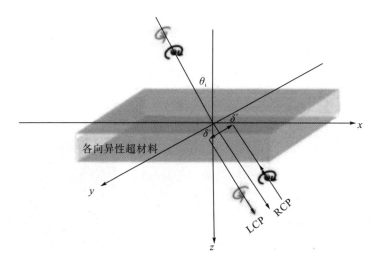

图 6-18　经过各向异性超材料后透射光的 SHEL 示意图

　　根据文献，$\delta_H^\pm$ 与 $\pm[1 - \mathrm{Re}(t_s / t_p)]\cos\theta_i$ 成正比[237]。当式（6-17）和式（6-18）中的 k_{2z}^p 和 k_{2z}^s 为实数时，t_p 和 t_s 分别可以写为 $t_p = |t_p|\exp(i k_{2z} d_2)$ 和 $t_s = |t_s|\exp(i k_{2z} d_2)$。因此，$\mathrm{Re}(t_s / t_p)$ 可以写为 $|t_s| / |t_p| \cos(\varphi_s - \varphi_p)$，由此可知水平偏振光（垂直偏振光）的 SHEL 位移与 $|t_s| / |t_p|$ 成正（反）比。这意味着要使左右旋圆偏振分量的分离将产生较大位移，需要 $|t_p|$ 较小且 $|t_s|$ 分量相对较大。在透过各向异性超材料后，由于 p 偏振光和 s 偏振光的透射系数 t_p 和 t_s 不同，右（左）旋圆偏振光将部分转换为左（右）旋圆偏振光。所以，转换的光束分量将产生 SHEL 位移以确保角动量守恒，t_p 和 t_s 之间的差值与左（右）旋圆偏振光束的 SHEL 位移成正比。

　　在式（6-17）和式（6-18）中，由于 k_{2z} 是虚数，$i k_{2z} d_2$ 为负，故 $\exp(i k_{2z} d_2)$ 非常小，相应地 $|t|$ 将大幅减小。下面将分几种情况讨论各向异性超材料对透射光 SHEL 的影响。根据图 6-19，将各向异性超材料置于空气中，$\varepsilon_1 = \varepsilon_3 = 1$，选择入射光束腰为 50μm。

1. k_{2z}^{p} 和 k_{2z}^{s} 均为实数

所选参数为 $\lambda=1.55$ μm，$\varepsilon_{\parallel}=1.5$ 和 $\varepsilon_{\perp}=-1$，相应的 k_{2z}^{p} 和 k_{2z}^{s} 均为实数。图 6-19(a) 和图 6-19(b) 分别给出了 H 偏振入射和 V 偏振入射时透射光的右旋圆偏振分量的 SHEL 位移。图中超材料的厚度分别为 0.8λ(黑色)、1.0λ(红色)、1.2λ(蓝色) 和 1.5λ(橄榄绿)。由图可知，当超材料厚度增加时，对于 H 偏振入射和 V 偏振入射来说，右旋圆偏振光 SHEL 位移的变化趋势几乎相同。最大 SHEL 位移均小于 0.5λ。为了探讨其原因，图 6-19(c) 和图 6-19(d) 分别给出了在不同超材料厚度下，$|t_{\mathrm{s}}|/|t_{\mathrm{p}}|$ 和 $\cos(\varphi_{\mathrm{s}}-\varphi_{\mathrm{p}})$ 的值。随着 d_2 的增加，角谱中 $|t_{\mathrm{s}}|/|t_{\mathrm{p}}|$ 和 θ 之间的关系曲线没有变化，而 $\cos(\varphi_{\mathrm{s}}-\varphi_{\mathrm{p}})$ 曲线的变化周期则越来越小。因此，$|t_{\mathrm{p}}|$ 和 $|t_{\mathrm{s}}|$ 不会受 d_2 的影响。同时，当光在超材料中传播时，厚度越大，产生的相移也越大。由于相移在角谱中的变化较快，所以 $\cos(\varphi_{\mathrm{s}}-\varphi_{\mathrm{p}})$ 与 θ 的变化曲线必然会变窄。

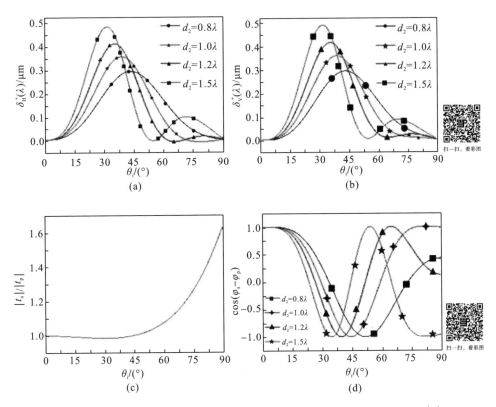

图 6-19　当 H 偏振(a)和 V 偏振(b)入射时，右旋圆偏振光的 SHEL 位移；$|t_{\mathrm{s}}|/|t_{\mathrm{p}}|$ (c)和 $\cos(\varphi_{\mathrm{s}}-\varphi_{\mathrm{p}})$ (d)与入射角的关系图

2. k_{2z}^{p} 为虚数，k_{2z}^{s} 为实数

所选参数为 $\lambda=1.55~\mu\mathrm{m}$，$\varepsilon_{\parallel}=2$，$\varepsilon_{\perp}=0.6$，相应的 k_{2z}^{p} 为虚数，k_{2z}^{s} 为实数。对于 H 偏振入射和 V 偏振入射来说，透射光的右旋圆偏振分量的 SHEL 位移分别在图 6-20(a) 和图 6-20(b) 中给出。在此设置下，当 H 偏振入射时，透射光的右旋圆偏振分量将产生较大的 SHEL 位移。这是因为当 k_{2z}^{p} 为虚数时，$t_{\mathrm{p}}=\left|t_{\mathrm{p}}\right|\exp(ik_{2z}d_2)$ 非常小，而水平偏振光的 SHEL 位移与 $\left|t_{\mathrm{s}}\right|/\left|t_{\mathrm{p}}\right|$ 成正比，与 $\left|t_{\mathrm{p}}\right|$ 成反比。另外，当 k_{2z}^{s} 为实数时，$\left|t_{\mathrm{s}}\right|$ 将不受材料厚度的影响。同时，由于 H 偏振的入射光在超材料中传播的距离较长，透射光逐渐减少，因此在角谱中 $\left|t_{\mathrm{s}}\right|/\left|t_{\mathrm{p}}\right|$ 的值将增大，从而使透射光产生较大的 SHEL 位移。此外，当 V 偏振入射时，透射光的右旋圆偏振分量的 SHEL 位移将随超材料厚度的增加而略有增大。

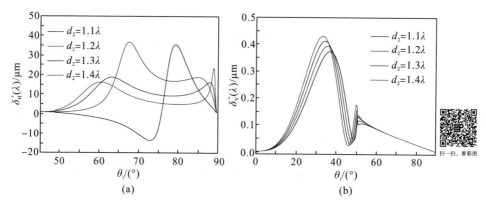

图 6-20　当 k_{2z}^{p} 为虚数，k_{2z}^{s} 为实数时，H 偏振(a) 和 V 偏振(b) 入射下右旋圆偏振光的 SHEL 位移

3. k_{2z}^{p} 和 k_{2z}^{s} 均为虚数

所选参数为 $\lambda=1.55\mu\mathrm{m}$，$\varepsilon_{\parallel}=-1.5$，$\varepsilon_{\perp}=-0.3$。

当 $\mathrm{Im}(k_{2z}^{\mathrm{p}})>\mathrm{Im}(k_{2z}^{\mathrm{s}})$ 时，对于 H 偏振入射和 V 偏振入射来说，透射光的右旋圆偏振分量的 SHEL 位移分别如图 6-21(a) 和图 6-21(b) 所示，$\left|t_{\mathrm{s}}\right|/\left|t_{\mathrm{p}}\right|$ 和 $\cos(\varphi_{\mathrm{s}}-\varphi_{\mathrm{p}})$ 与入射角的关系曲线如图 6-21(c) 和图 6-21(d) 所示。在图 6-21 中，超材料厚度分别为 1.2λ(黑色)、1.3λ(红色)、1.4λ(蓝色) 和 1.5λ(橄榄绿)。当 k_{2z}^{p} 和 k_{2z}^{s} 均为虚数时，$\exp(ik_{2z}d_2)$、$\left|t_{\mathrm{p}}\right|$ 和 $\left|t_{\mathrm{s}}\right|$ 均比较小。由于 $\mathrm{Im}(k_{2z}^{\mathrm{p}})>\mathrm{Im}(k_{2z}^{\mathrm{s}})$，所以 $\left|t_{\mathrm{p}}\right|$ 的衰减系数 $[\exp(ik_{2z}^{\mathrm{p}}d_2)]$ 小于 $\left|t_{\mathrm{s}}\right|$ 的衰减系数 $[\exp(ik_{2z}^{\mathrm{s}}d_2)]$。也就是说，随着 d_2 的增加，$\left|t_{\mathrm{p}}\right|$ 比 $\left|t_{\mathrm{s}}\right|$ 的衰减要快得多。因此，当 H 偏振入射时，透射光的右旋圆偏振分量的

SHEL 位移和 $|t_s|/|t_p|$ 将随厚度的增加而增大。由图 6-21(b) 容易看出，当 V 偏振入射时，透射光的右旋圆偏振分量的 SHEL 位移很小，其与 $|t_s|/|t_p|$ 成反比。同时可知，超材料厚度的变化对相位差 $(\varphi_s-\varphi_p)$ 没有影响。如前所述，当 k_{2z}^p 和 k_{2z}^s 均为虚数时，$\exp(\mathrm{i}\,k_{2z}^{p,s}d_2)$ 等于 $\exp(-|k_{2z}^{p,s}d_2|)$。因此，超材料厚度的变化只会使损耗系数增加，而对相位差 $(\varphi_s-\varphi_p)$ 没有影响。

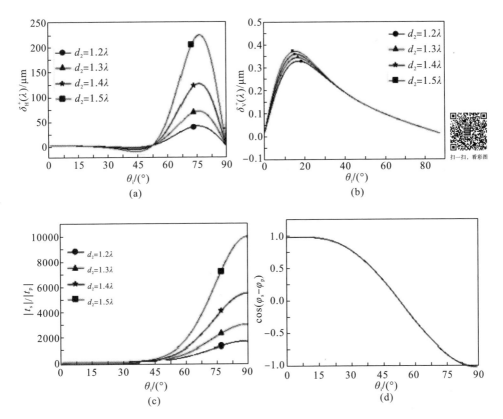

图 6-21　当 k_{2z}^p、k_{2z}^s 均为虚数，且 $\mathrm{Im}(k_{2z}^p)>\mathrm{Im}(k_{2z}^s)$ 时，H 偏振(a) 和 V 偏振(b) 入射下，右旋圆偏振光的 SHEL 位移；$|t_s|/|t_p|$ (c) 和 $\cos(\varphi_s-\varphi_p)$ (d) 与入射角的关系图

令 $\lambda=1.55\ \mu\mathrm{m}$，$\varepsilon_\parallel=-1$，$\varepsilon_\perp=2$，则 k_{2z}^p 和 k_{2z}^s 均为虚数且 $\mathrm{Im}(k_{2z}^p)<\mathrm{Im}(k_{2z}^s)$。在 V 偏振入射下，透射光的右旋圆偏振分量的 SHEL 位移及 $|t_p|/|t_s|$ 与入射角的关系如图 6-22(a) 和图 6-22(b) 所示。与图 6-21 类似，可用同样的方法进行分析。当 V 偏振光入射时，随着超材料厚度的增加，透射光中右旋圆偏振分量的 SHEL 位移将显著增大，$|t_s|$ 的衰减比 $|t_p|$ 更快。

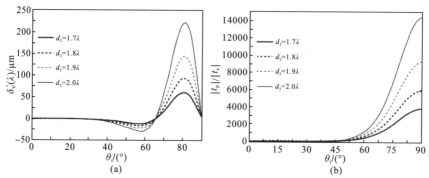

图 6-22　当 k_{2z}^p、k_{2z}^s 均为虚数，且 $\mathrm{Im}(k_{2z}^p)<\mathrm{Im}(k_{2z}^s)$ 时，H 偏振(a) 和 V 偏振(b) 入射下，右旋
圆偏振光的 SHEL 位移

4. 损耗型超材料波导中透射光的 SHEL

本节主要考虑超材料的损耗对透射光 SHEL 的影响。所选参数为 $\lambda=1.55\mu m$，$\mathrm{Re}(\varepsilon_{\parallel})=-1$，$\mathrm{Re}(\varepsilon_{\perp})=2$，$d_2=2.0\lambda$。假设 $\varepsilon_{\parallel}$ 和 $\varepsilon_{\perp}$ 的虚部相同，等于 χ。当 H 偏振和 V 偏振入射时，透射光的右旋圆偏振分量的 SHEL 位移分别如图 6-23(a) 和图 6-23(b) 所示。而 $|t_s|/|t_p|$ 和 $\cos(\varphi_s-\varphi_p)$ 与入射角的变化曲线如图 6-23(c) 和图 6-23(d) 所示。

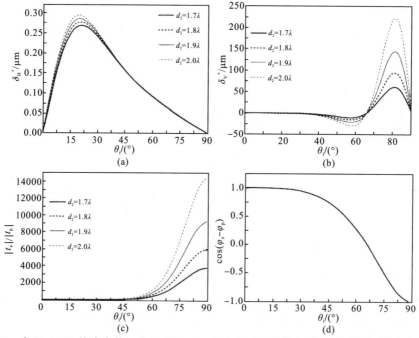

图 6-23　当 k_{2z}^p、k_{2z}^s 均为虚数，且 $\mathrm{Im}(k_{2z}^p)<\mathrm{Im}(k_{2z}^s)$ 时，H 偏振(a) 和 V 偏振(b) 入射下，右旋
圆偏振光的 SHEL 位移；$|t_s|/|t_p|$ (c) 和 $\cos(\varphi_s-\varphi_p)$ (d) 与入射角的关系图

此时，k_{2z}^{p} 和 k_{2z}^{s} 均为虚数且 $\text{Im}(k_{2z}^{p}) < \text{Im}(k_{2z}^{s})$，表明 t_s 的损耗系数大于 t_p。如果引入另一个具有虚介电常数的衰减系数，并且假设 $\varepsilon_{\parallel}$ 和 $\varepsilon_{\perp}$ 的虚部相同，那么 χ 的增加将使 t_s 的衰减系数的增长幅度小于 t_p 的衰减系数。这表明，对于图 6-23 (b) 中的 V 偏振入射，当 $|t_p|/|t_s|$ 逐渐减小时，透射光的右旋圆偏振分量的 SHEL 位移将极大地减小。此外，当介电常数的虚部较大时，对 t_p 和 t_s 的相移有很大影响。对于不同的入射角，当 $\chi=1.5\text{i}$ 时，$\cos(\varphi_s - \varphi_p)$ 接近 1，表明相位差 $(\varphi_s - \varphi_p)$ 接近零。这是因为，当 k_{2z}^{p} 和 k_{2z}^{s} 都是虚数且 $\text{Im}(k_{2z}^{p}) < \text{Im}(k_{2z}^{s})$ 时，χ 将决定 t_p 和 t_s 的相位，χ 越大，φ_p 和 φ_s 将接近 $\pi/2$。因此，当 $\chi=1.5\text{i}$ 时，t_p 和 t_s 的相移约为 0，$\cos(\varphi_s - \varphi_p)$ 接近 1。

5. 色散型超材料波导中透射光的 SHEL

以双曲超材料 (HMM) 为例，采用重掺杂 ZnGaO 作为等离子成分[260]，其组成、相关参数及计算模型与前两节相同，HMM 均由 20 对 ZnO/ZnGaO 组成，每层厚度为 $d_{ZnO}=45\ \text{nm}$，$d_{ZnGaO}=40\ \text{nm}$。图 6-24 (a) 和图 6-24 (b) 分别给出了当 H 偏振入射时，HMM 中透射光的右旋圆偏振分量的色散曲线和 SHEL 位移曲线。

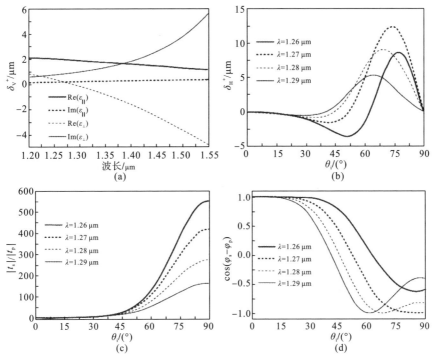

图 6-24 HMM 中透射光的 SHEL：(a) HMM 的色散曲线；(b) H 偏振入射下，右旋圆偏振光的 SHEL 位移；$|t_s|/|t_p|$ (c) 和 $\cos(\varphi_s - \varphi_p)$ (d) 与入射角的关系图

当 $1.2~\mu m<\lambda<1.288~\mu m$ 时，$\varepsilon_{\parallel}$ 和 $\varepsilon_{\perp}$ 均为正。当 $1.288~\mu m<\lambda<1.55~\mu m$ 时，$\varepsilon_{\parallel}$ 为正且 $\varepsilon_{\perp}$ 为负。随着入射波长的增加，$\varepsilon_{\parallel}$ 的虚部变化缓慢，而 $\varepsilon_{\perp}$ 的虚部大幅度增加。此外，当入射波长从 $1.26~\mu m$ 变化到 $1.29~\mu m$ 时，在 H 偏振入射下，HMM 中透射光的右旋圆偏振光分量的最大 SHEL 位移将先增大后减小。为了进一步理解这一现象，对不同波长，图 6-24(c) 和图 6-24(d) 分别给出了 $|t_s|/|t_p|$ 和 $\cos(\varphi_s-\varphi_p)$ 与入射角的关系曲线。随着波长的增加，$\varepsilon_{\perp}$ 的虚部明显增大，使 $|t_s|/|t_p|$ 减小，t_p 和 t_s 的相位差变大。

综上可知，当光在 HMM 中传播时，损耗加剧，SHEL 位移很小，计算可得最大 SHEL 位移为 $15.24~\mu m(12\lambda)$。而超材料的各向异性可以使圆偏振光的 SHEL 位移增大，但同时损耗会减小其最大 SHEL 位移。为了增强透射光的 SHEL，应采取措施实现前面四种情况中的 k_{2z} 分布和相对较小的吸收。这里需要强调的是，虽然 HMM 中的最大 SHEL 位移远小于图 6-20～图 6-23 的理论预测值，但仍大于各向同性超材料(约 7λ)[258]或金属波导(小于 λ)[236]的值。因此，下面将针对 HMM 超材料的 SHEL 展开详细讨论。

6.2.2　双曲超材料中隧穿光的自旋霍尔效应

在 6.2.1 节讨论的 HMM 波导中透射光 SHEL 的基础上，本节利用 HMM 构建了受抑全内反射(frustrated total internal reflection，FTIR)的光子隧穿结构，进一步研究了 SiO₂/空气/HMM/空气/SiO₂ 波导中隧穿光的自旋霍尔效应(spin Hall effect of tunneling light，SHETL)，并通过仿真分析了 HMM 厚度、损耗和色散对圆偏振光 SHEL 位移的影响。

如图 6-25 所示，基于 FTIR 结构的光子隧穿波导由 SiO₂/空气/HMM/空气/SiO₂ 对称组成。假设入射光以 θ 角入射到 y-z 平面内的波导中。1～5 层的相对介电常数、磁导率、厚度分别以 ε_i、μ_i 和 $d_i(i=1,2,3,4,5)$ 表示，其中 $\varepsilon_1=\varepsilon_5$，$\varepsilon_2=\varepsilon_4$。HMM 具有各向异性，其相对介电张量和相对磁导率张量分别为式(6-7)和式(6-15)。

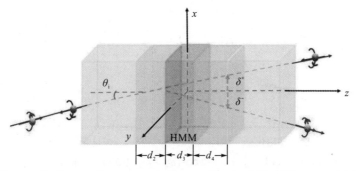

图 6-25　基于 SiO₂-空气-HMM-空气-SiO₂ 的 FTIR 结构中的 SHEL 示意图

这种对称波导结构满足隧穿条件[260]：$\kappa_2 d_2 = \kappa_4 d_4$，$\kappa_1 = \gamma_{15}\kappa_5$ 和 $k_2 = \gamma_{24}\kappa_4$，式中，$\kappa_i^2 = \kappa_0^2(\varepsilon_1\mu_1\sin^2\theta - \varepsilon_i\mu_i)$，$\gamma_{ij} = \varepsilon_i / \varepsilon_j$（s 偏振光），$\gamma_{ij} = \mu_i / \mu_j$（p 偏振光）。利用转移矩阵法可以求得透射系数。根据 2.2.2 节中的转移矩阵法，在同一层中处于任意 z 和 $z+\Delta z$ 的电场和磁场相互关联，即

$$\boldsymbol{M}_i(\Delta z) = \begin{pmatrix} \cos(\boldsymbol{k}_{iz}\Delta z) & \mathrm{i}\sin(\boldsymbol{k}_{iz}\Delta z)/q_i \\ \mathrm{i}q_i\sin(\boldsymbol{k}_{iz}\Delta z) & \cos(\boldsymbol{k}_{iz}\Delta z) \end{pmatrix} \quad i=(2,3,4) \tag{6-20}$$

式中，$\boldsymbol{k}_x = \boldsymbol{k}_0\sqrt{\varepsilon_1}\sin\theta$，$\boldsymbol{k}_0$ 为真空中波矢。对于 s 偏振光，$\boldsymbol{k}_{iz} = \sqrt{\varepsilon_i\mu_i\boldsymbol{k}_0^2 - \boldsymbol{k}_x^2}$，$\boldsymbol{k}_{3z} = \sqrt{\varepsilon_\parallel\mu_\parallel\boldsymbol{k}_0^2 - \boldsymbol{k}_x^2}$，$q_i = \boldsymbol{k}_{iz}/\mu_i\boldsymbol{k}_0$ 和 $k_3 = \boldsymbol{k}_{3z}/\mu_\parallel k_0$ $(i=2,4)$。对于 p 偏振光，$\boldsymbol{k}_{iz} = \sqrt{\varepsilon_i\mu_i\boldsymbol{k}_0^2 - \boldsymbol{k}_x^2}$ $(i=2,4)$，$k_{3z} = \sqrt{\varepsilon_\parallel\mu_\parallel\boldsymbol{k}_0^2 - \varepsilon_\parallel\boldsymbol{k}_x^2/\varepsilon_\perp}$，$q_i = \boldsymbol{k}_{iz}/\varepsilon_i\boldsymbol{k}_0$ $(i=2,4)$ 和 $q_3 = \boldsymbol{k}_{3z}/\varepsilon_\parallel\boldsymbol{k}_0$。

根据转移矩阵可得透射系数为

$$t = \frac{2p}{(Q_{11}+Q_{12}p)p + Q_{21} + Q_{22}p} \tag{6-21}$$

式中，$p = \sqrt{\boldsymbol{k}_0^2 - \boldsymbol{k}_x^2}/\boldsymbol{k}_0$；$Q_{ij}(i,j=1,2)$ 为 $(M_2M_3M_4)$ 的矩阵元。功率透射率定义为 $T=tt^*$。SHEL 的隧穿模式满足 $\kappa_2 d_2 = \kappa_4 d_4$，$\kappa_i^2 = k_0^2(\varepsilon_1\mu_1\sin^2\theta - \varepsilon_i\mu_i)(i=2,4)$，则透射系数为

$$t = \frac{8\mathrm{i}\gamma_{54}\kappa_1\kappa_2\kappa_3\kappa_4}{D_{r1} + D_{r2} + D_{r2} + \mathrm{i}D_{i1} + \mathrm{i}D_{i2} + \mathrm{i}D_{i3}} \tag{6-22}$$

式中，

$$D_{r1} = (\kappa_2 + \gamma_{23}\kappa_3)(\kappa_3 + \gamma_{34}\kappa_4)(\kappa_1\kappa_5 - \gamma_{12}\kappa_2\kappa_4)\sinh(2\kappa_2 d_2 + \kappa_3 d_3) \tag{6-23}$$

$$D_{r2} = 2(\gamma_{34}\kappa_2\kappa_4 - \gamma_{23}\kappa_3^2)(\kappa_1\kappa_5 + \gamma_{12}\gamma_{54}\kappa_2\kappa_4)\sinh(\kappa_3 d_3) \tag{6-24}$$

$$D_{r3} = (\kappa_2 - \gamma_{23}\kappa_3)(\kappa_3 - \gamma_{34}\kappa_4)(\kappa_1\kappa_5 - \gamma_{12}\gamma_{54}\kappa_2\kappa_4)\sinh(2\kappa_2 d_2 - \kappa_3 d_3) \tag{6-25}$$

$$D_{i1} = (\kappa_2 + \gamma_{23}\kappa_3)(\kappa_3 + \gamma_{34}\kappa_4)(\gamma_{54}\kappa_1\kappa_4 + \gamma_{12}\kappa_5\kappa_2)\cosh(2\kappa_2 d_2 + \kappa_3 d_3) \tag{6-26}$$

$$D_{i2} = 2\kappa_3(\kappa_2 - \gamma_{24}\kappa_4)(\gamma_{54}\kappa_1\kappa_4 - \gamma_{12}\kappa_5\kappa_2)\cosh(\kappa_3 d_3) \tag{6-27}$$

$$D_{i3} = (\kappa_2 - \gamma_{23}\kappa_3)(\kappa_3 - \gamma_{34}\kappa_4)(\gamma_{54}\kappa_1\kappa_4 + \gamma_{12}\kappa_5\kappa_2)\cosh(2\kappa_2 d_2 - \kappa_3 d_3) \tag{6-28}$$

式中，$\kappa_i^2 = k_0^2(\varepsilon_1\mu_1\sin^2\theta - \varepsilon_i\mu_i)$ $(i=1,2,4,5)$，$\kappa_3^2 = k_0^2(\varepsilon_\parallel\varepsilon_1\mu_1\sin^2\theta/\varepsilon_\perp - \varepsilon_\parallel\mu_\parallel)$，$\gamma_{23} = \varepsilon_2/\varepsilon_\parallel$(TM)，$\gamma_{23} = \mu_2/\mu_\parallel$(TE)，$\gamma_{34} = \varepsilon_\parallel/\varepsilon_4$(TM)，$\gamma_{34} = \mu_\parallel/\mu_4$(TE)，$\gamma_{ij} = \varepsilon_i/\varepsilon_j$(TM)，$\gamma_{ij} = \mu_i/\mu_j$(TE) $(i=1,2,4; j=2,5)$。

由于 HMM 是单轴各向异性材料，满足 $\varepsilon_x = \varepsilon_y = \varepsilon_\parallel$，$\varepsilon_z = \varepsilon_\perp$。在 x 轴和 y 轴上 HMM 的介电常数成分相同，其传播特性与各向同性材料相同。在透射角谱的推导过程中，通过坐标变换，可得入射场与透射场的关系。由于 z 轴的电场可以从梯度方程求得 $E_z k_z = -(E_x k_x + E_y k_y)$，故只需考虑二维旋转矩阵。而在 x-y 平面 HMM 的相对介电常数分量相似，因此透射角谱与各向同性材料组成的多层波导相同[238]。

在本节 FTIR 结构中，只有第三层中的 HMM 是单轴各向异性的。计算中，可利用有效折射率推导出 p 偏振光在 FTIR 结构中的传输系数为 $n_{\mathrm{eff}} =$

$\sqrt{\varepsilon_\parallel \mu_\parallel - \varepsilon_\parallel \sin\theta / \varepsilon_\perp}$。这种情况下，HMM 各向异性的影响包含在透射系数的计算中。在 SHEL 位移的推导过程中，可以发现 $x(y)$ 方向和 z 方向的介电常数差只对透射系数有影响。因此，左旋圆偏振光和右旋圆偏振光的 SHEL 位移也可以通过前面章节中的方法进行计算。当入射光为高斯分布时，经过该结构隧穿光的 SHEL 位移的推导与 6.1.2 节相同，在此不再赘述。

众所周知，线偏振光可以看作是左、右旋圆偏振光的叠加。经 FTIR 结构透射后，由于 p 偏振光和 s 偏振光的传输系数不同，右(左)旋圆偏振光将部分转换为左(右)旋圆偏振光[260]。因此，转换后的光束分量沿 x 轴移动，以确保角动量守恒。t_p 和 t_s 之间的差值与 6.1.2 节中的左、右旋圆偏振光束的 SHEL 位移成正比。从中容易看出，水平(垂直)偏振光的 SHEL 位移与 $|t_s|/|t_p|(|t_p|/|t_s|)$ 成正比。同时发现，如果 p 和 s 偏振光的透射系数相等，那么没有 SHEL 位移。较大的 $|t_s|/|t_p|(|t_p|/|t_s|)$ 值意味着更多的右(左)旋圆偏振光被转换成左(右)旋圆偏振光。因此，圆偏振光将产生较大的 SHEL 位移以保持总角动量守恒。此外，在本节所设计的 FTIR 结构中，各向异性的 HMM 处于五层波导的中间。当光通过 HMM 层，介电常数和磁导率的各向异性将使 x、y 和 z 方向上的波矢分布不同：$k_z^2 = \varepsilon_\parallel \mu_\parallel k_0^2 - \varepsilon_\parallel k_x^2/\varepsilon_\perp - \varepsilon_\parallel k_y^2/\varepsilon_\perp$，所以可以利用 HMM 波导调节动量空间的自旋分裂。

为了得到精确的解析结果，在未忽略任何项的情况下，计算圆偏振光的 SHEL 位移。在 SiO$_2$/空气/HMM/空气/SiO$_2$ 波导中，首先忽略 HMM 的色散，假设其相对介电常数为正。SiO$_2$ 为弱色散，其色散关系为

$$n_1 = \sqrt{1 + \frac{0.696\lambda^2}{\lambda^2-0.005} + \frac{0.408\lambda^2}{\lambda^2-0.014} + \frac{0.8974794\lambda^2}{\lambda^2-97.934}} \tag{6-29}$$

假设所有材料均为非磁性材料，即 $\mu_1=\mu_2=\mu_3=1$。所选参数为 $\varepsilon_2=1$，$\varepsilon_\parallel=1.5$，$\varepsilon_\perp=2$，$\theta=61°$，$d_2=d_3=1\mu m$。光束束腰 w_0 对 SHEL 位移的影响如图 6-26 所示。

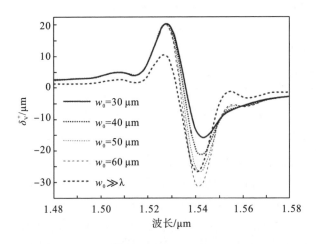

图 6-26　不同光束束腰在垂直偏振入射时的 SHEL 位移谱

当 w_0=30 μm、40 μm、50 μm 及 60 μm 时，利用 6.1.2 节中的公式(6-11)计算垂直偏振的 SHEL 位移。但是当 w_0 远大于入射波长时，可用公式近似计算 SHEL 位移，如图 6-27 中的蓝色曲线。随着束腰的增大，在入射波长为 1.54 μm 处，负 SHEL 位移峰由原来的-12.55 μm 增大到-29.90 μm。而当 w_0 远大于 λ 时，负峰值将减小，如 w_0=50 μm 时，其值为-26.39 μm。因此，以下计算选择光束束腰为 50 μm，不采用近似计算，以便获得精确结果。

当不同入射角时，隧穿模的透射比 $|t_p|/|t_s|$ 如图 6-27(a)所示。在小入射角范围内，θ 的增大将提高隧穿模的透射比。当垂直偏振入射时，相应的 SHEL 位移如图 6-27(b)所示。在这种情况下，垂直偏振分量的透射率接近于零，大部分光被反射回来。同时，在透射比最大的波长处将出现 SHEL 位移峰。在 1～2 μm 的波长范围内，只有在特定入射角时才会产生 SHEL 位移峰，并且透射率比峰值与 SHEL 位移峰之间存在对应关系。随着透射率比峰值的增加，SHEL 位移也增加。这也验证了前面理论分析的预测，即 SHETL 与水平和垂直偏振分量的透射系数相关联。

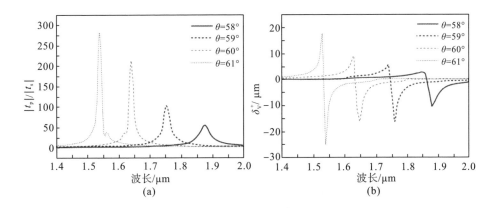

图 6-27　不同入射角时的各参数：(a)垂直偏振入射时的透射比 $|t_p|/|t_s|$；(b)SHEL 位移谱

当 HMM 介电常数的垂直分量为负时，分析 FTIR 结构中的 SHEL 位移。所选参数为 $\varepsilon_2=1$，$\varepsilon_{\parallel}=1$，$\varepsilon_{\perp}=-1$，$\theta=49°$，$d_2$=1μm，$d_3$=2μm。图 6-28 中显示了不同波长时，垂直偏振入射的 SHEL 位移谱。当 $\varepsilon_{\perp}$ 为负时，在 1～2 μm 波长范围内将出现三个隧穿模，这种现象是由 HMM 介电常数的负分量引起的。可以推测，与仅具有正介电常数分量的各向异性波导相比，在负分量的各向异性波导中将产生更多的隧穿模。

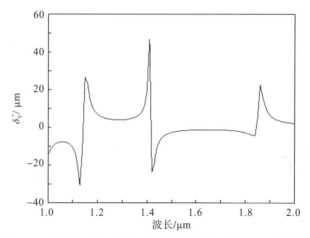

图 6-28　不同入射光波长，垂直偏振入射时的 SHEL 位移谱

下面研究 HMM 厚度对 SHITL 的影响。所选参数为 $\varepsilon_2=1$，$\varepsilon_\parallel=1$，$\varepsilon_\perp=-1$，$\theta=49°$，$d_2=1\ \mu m$。图 6-29 给出了不同 d_3 时，垂直偏振分量的 SHEL 位移等高图。当 HMM 厚度在 1.4～1.6 μm 时，在 $\lambda=1.06\ \mu m$、1.14 μm 和 1.21 μm 处分别出现三个 SHEL 位移峰。随着 HMM 厚度的增加，这些峰将向更大的入射波长移动。当 1.7 μm＜d_3＜2.1 μm 时，在 1.0～1.25 μm 的波长范围内，出现另一组 SHEL 位移峰，其中包含四个明显的峰值。随着 HMM 厚度的增加，SHEL 位移等高图将出现较大的 SHEL 位移带。对于特定的入射角和 HMM 厚度，可以观察到在一定波长范围内的大 SHEL 位移。例如，当 $d_3=2.4\ \mu m$，波长变化范围为 1.00～1.15 μm 时，所产生的右旋圆偏振光的 SHEL 位移较大，而在其他各向同性波导中没有观察到这种现象。这一独特的现象，即周期性 SHEL 位移峰分布可在带通滤波器中

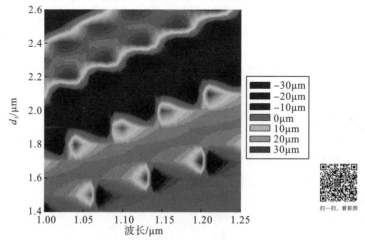

图 6-29　在 FTIR 结构中，当 HMM 厚度不同，垂直偏振入射时的 SHEL 位移等高图

加以应用。进一步的计算结果表明，空气层厚度的变化对 SHEL 位移没有影响，从而可以更灵活地设计 FTIR 结构，并允许存在一定的制作容差。

由于 HMM 总是存在损耗，所以需要研究超材料的吸收对 SHETL 的影响。假设 HMM 平行和垂直介电常数的衰减系数为 α，即 $\varepsilon_{\parallel}=1+\alpha$，$\varepsilon_{\perp}=-1+\alpha$。所选参数为 $\varepsilon_1=2.085$，$\varepsilon_2=1$，$\theta=49°$，$d_2=1\ \mu m$，$d_3=2\ \mu m$。当 α 从 0 变化到 0.05i 时，垂直偏振分量的 SHEL 位移如图 6-30 所示。

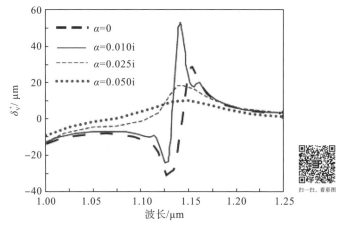

图 6-30　不同衰减系数时，垂直偏振入射的 SHEL 位移谱

由图可知，当 HMM 无损耗时，SHEL 位移峰值约为 $\pm30\ \mu m$，而当 HMM 衰减系数为 0.01i 时，正向位移峰值增大。随后衰减系数继续增大，SHEL 位移峰值减小。进一步的计算表明，即使衰减系数仅为 0.1i，SHEL 位移峰值也会消失。从中容易看出，HMM 损耗对 SHEL 位移有很大的影响。同时还注意到，SHEL 位移峰的精确值与 s 偏振光和 p 偏振光之间的透射系数比有关。因此，HMM 的轻微损耗将使 SHEL 位移增强，而由于入射光的吸收，在损耗严重的 HMM 波导中将观察不到 SHEL 位移。

最后考虑材料色散对 SHEL 位移的影响，所选参数、等离子成分、HMM 结构偏振光与 6.1.1 节相同。图 6-31(a) 给出了当波长在 1.26～1.36 μm 时，HMM 的色散曲线，图 6-31(b) 为相应的 SHEL 位移谱，其中当 $\lambda=1.31\ \mu m$，$\theta=70°$ 时，出现了约为 $-38\ \mu m$ 的最大 SHEL 位移。在这种情况下，介电常数分量为 $\varepsilon_{\parallel}=1.8713+0.2163i$，$\varepsilon_{\perp}=-0.2598+1.0798i$。此时 HMM 的衰减系数明显比图 6-31 中 FTIR 结构的衰减系数大得多，但 SHEL 位移峰值的减小可以通过 HMM 的各向异性来补偿，同时也验证了 SHEL 位移与 p 偏振光和 s 偏振光的透射系数有关的预测。一旦实现大的 $|t_s|/|t_p|(|t_p|/|t_s|)$，就可以观察到大的 SHEL 位移峰。因此，即使在波导中出现强吸收，仍然会存在大的 SHEL 位移峰。

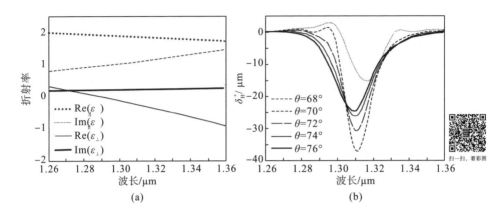

图 6-31　材料色散对 SHEL 位移的影响：(a) HMM 的色散曲线；(b) FTIR 结构中平行偏振入射
时右旋偏振光的 SHEL 位移

此外，对于经过单个 HMM 的透射光，其 SHEL 位移最大值约为 15 μm，而通过 FTIR 结构的隧穿光的 SHEL 位移显著增大，其值可以放大 2 倍以上。由此可知，即使在大的吸收下，HMM 也能极大地提高 FTIR 结构中的 SHEL。

6.3　左手材料衬底磁光薄膜中的光自旋霍尔效应

6.3.1　结构模型与计算方法

电磁超材料是指在特定频段内具有独特电磁特性的人工电磁结构，当这类材料具有合适的结构时，其有效介电常数及有效磁导率均可以为负数。有效介电常数及有效磁导率仅有一个为负数的超材料称为单负(SNG)超材料，二者均为负数时称为双负(DNG)超材料。

磁光效应是打破时间反演对称性的经典物理现象之一，并已在工业领域得到了广泛的应用。最常见的应用是磁光记录[261-263]和磁光隔离[264-266]。当线偏振光在磁性材料表面反射时，角动量被转移到反射波并引起偏振面的旋转，这种现象称为磁光克尔效应(magneto-optical Kerr effect，MOKE)。已有研究表明由于克尔旋转可以形成额外的自旋轨道耦合，从而可以调制 SHEL[267]。由于 MOKE 在普通磁性材料中非常微弱，所以目前已经提出了很多方法来对其进行增强，包括基于表面等离子体共振(surface plasmon resonance，SPR)[268,269]、异常光透射[270,271]和超材料[272,273]。一般而言，由于金属纳米结构的高光学阻尼，故 SPR 和 EOT 结构通常伴随着较高的光损耗。然而，超材料的光学损耗可以通过合理的结构来减小，因此可以对其进行灵活设计。同时，超材料可以极大地增强磁光效应。增强 MOKE 能够通过磁场增强来实现对 SHEL 的调制。

　　本节系统研究了具有双负超材料衬底的磁光介质 $Ce_1Y_2Fe_5O_{12}$（Ce:YIG）薄膜中反射光的自旋霍尔效应，包括理论分析及对计算结果的物理解释。作为比较，本节还研究了单负超材料衬底的情形。为了增加结果的可靠性，选取文献中经过实验验证的双负超材料进一步计算了相同情形下的自旋霍尔效应。

　　为了方便，假设结构的每一层及空气的编号如图 6-32 所示。假设高斯光束以入射角 θ 从空气入射到 xoz 平面内的 Ce:YIG 层上。衬底由双负超材料组成，具有半无限厚度。由于光自旋霍尔效应，当入射光在磁性层的上表面反射时，左旋圆偏振（left-handed circular polarization，LHCP）光和右旋圆偏振（right-handed circular polarization，RHCP）光将在 y 方向上发生分裂。第一层和第三层的相对介电常数和磁导率可表示为 ε_i、$\mu(i=1,3)$。磁光层的相对磁导率（介电常数）用 $\mu_2(\varepsilon_2)$ 表示，厚度用 d_2 表示。图中三个红色箭头描述了磁光层的饱和磁化矢量 M，分别表示极向磁光克尔效应（polarized magneto-optical Kerr effect，PMOKE）、纵向磁光克尔效应（longitudinal magneto-optical Kerr effect，TMOKE）和横向磁光克尔效应（transverse magneto-optical Kerr effect，LMOKE）情形。

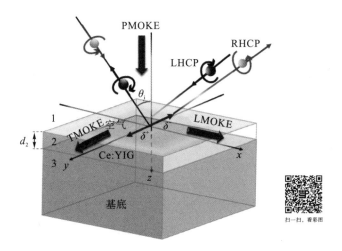

图 6-32　磁光效应结构中的 SHEL 示意图

　　在由 2.5.1 节介绍的磁光转移矩阵法计算得到了反射系数以后，可以由如下过程计算反射光的自旋横移。考虑一个束腰宽度为 w_0 的高斯光束入射，其角谱为

$$\tilde{\boldsymbol{E}}_{i\pm}(k_{ix},k_{iy}) = (\mathbf{e}_{ix} + \mathrm{i}\,\sigma\mathbf{e}_{ix})\frac{w_0}{\sqrt{2\pi}}\exp\left[-\frac{w_0^2(k_{ix}^2 + k_{iy}^2)}{4}\right] \qquad (6\text{-}30)$$

式中，$\sigma=\pm 1$ 分别对应于左旋圆偏振光和右旋圆偏振光。对于如图 6-32 所示的结构，入射面是 xoz，并且自旋相关横移沿 y 轴方向。因此，反射光束的角谱可以写成

$$\begin{bmatrix} \tilde{E}_r^H \\ \tilde{E}_r^V \end{bmatrix} = \begin{bmatrix} r_{pp} - \dfrac{k_{ry}}{k_0}(r_{ps}-r_{sp})\cot\theta_i & r_{ps} + \dfrac{k_{ry}}{k_0}(r_{pp}-r_{ss})\cot\theta_i \\ r_{sp} + \dfrac{k_{ry}}{k_0}(r_{pp}-r_{ss})\cot\theta_i & r_{ss} - \dfrac{k_{ry}}{k_0}(r_{ps}-r_{sp})\cot\theta_i \end{bmatrix} \begin{bmatrix} \tilde{E}_i^H \\ \tilde{E}_i^V \end{bmatrix} \quad (6\text{-}31)$$

式中，$\tilde{E}_r^H$ 和 $\tilde{E}_r^V$ 分别为反射光束角谱的水平偏振分量和垂直偏振分量；k_{ry} 为反射波矢量的 y 分量；H、V 分别为水平和垂直偏振，结合条件，有

$$\tilde{E}_r^H = (\tilde{E}_{r+} + \tilde{E}_{r-})/\sqrt{2}$$
$$\tilde{E}_r^V = i(\tilde{E}_{r-} + \tilde{E}_{r+})/\sqrt{2} \quad (6\text{-}32)$$

式中，$\tilde{E}_r^H$ 和 $\tilde{E}_r^V$ 为左、右圆偏振分量的角谱，由此可以得到反射光束的 LHCP 和 RHCP 分量的角谱及其对应的电场分布：

$$E_r(x_r,y_r,z_r) = \iint E_r(k_{rx},k_{ry})\exp[i(k_{rx}x_r+k_{ry}y_r+k_{rz}z_r)]dk_{rx}dk_{ry} \quad (6\text{-}33)$$

自旋分裂可以表示为

$$\delta_V^+ = \frac{\iint E_{r\pm}\cdot E_{r\pm}^* y_r\, dx_r\, d_{yr}}{\iint E_{r\pm}\cdot E_{r\pm}^*\, dx_r\, dy_r} \quad (6\text{-}34)$$

经过适当简化，LMOKE 情形下的自旋分裂计算公式为

$$\delta_V^\pm = \frac{\pm k_0 w_0^2 \cot\theta_i \left[\dfrac{|r_p|}{|r_s|}\cos(\varphi_p-\varphi_s)m|\chi|\dfrac{|r_p|}{|r_s|}\sin(\varphi_p-\varphi_{ps})-1 \right]}{\cot^2\theta_i \dfrac{|r_p|^2}{|r_s|^2} + \cos^2(\varphi_s)m\,2|\chi|\sin(\varphi_{ps})\cos(\varphi_s) + k_0^2 w_0^2 \left[\cos(\varphi_s)\pm|\chi|\sin(\varphi_{ps})\right]^2}$$

$$(6\text{-}35)$$

式中，r_p、r_s、r_{ps} 为菲涅耳反射系数；φ_p、φ_s、φ_{ps} 分别为其对应相位；$|\chi|=|r_{ps}|/|r_s|$。

从公式可以看出，LHCP 分量和 RHCP 分量的 SHEL 位移之间的差异主要反映在包含因子 $|\chi|$ 的项中。如果 $|\chi|=0$，那么可以得到 $\delta_V^+ = -\delta_V^-$，这意味着 RHCP 和 LHCP 分量经历相同的 SHEL 位移且反射光的分裂是对称的。类似地，PMOKE 情形的非对称 SHEL 位移的计算公式可以简化为

$$\delta_V^\pm = \pm \frac{k_0^2 w_0^2 \cot\theta_i \left[|\chi|^2 - \dfrac{|r_{sp}|}{|r_s|}\left[\sin(\varphi_{sp}-\varphi_s)\pm|\chi|\cos(\varphi_{ps}-\varphi_{sp})\right] + \dfrac{|r_p|}{|r_s|}\left[\cos(\varphi_p-\varphi_s)m|\chi|\sin(\varphi_p-\varphi_{ps})\right]-1 \right]}{k_0^2 w_0^2(1+|\chi|^2) + \cot^2\theta_i \dfrac{|r_p|^2}{|r_s|^2} \pm 2k_0^2 w_0^2 |\chi|\sin(\varphi_{ps}-\varphi_s)}$$

$$(6\text{-}36)$$

对于 TMOKE 情形，简化计算公式为

$$\delta_V^{\pm} = \pm \frac{k_0^2 w_0^2 \cot\theta_i \left[\dfrac{|r_p|}{|r_s|} \cos(\varphi_p - \varphi_s) - 1 \right]}{k_0^2 w_0^2 + \cot^2\theta_i \dfrac{|r_p|^2}{|r_s|^2}} \qquad (6\text{-}37)$$

显然，在方程式(6-36)中交叉反射系数等于零。因为在 TMOKE 情形中没有克尔旋转而是反射光强度的变化。

6.3.2　计算结果与讨论

为了研究外加磁场对反射光的光自旋霍尔效应的影响，本节分别计算了 LMOKE、TMOKE 和 PMOKE 结构中反射光束的克尔旋转和自旋相关分裂。在所有情况下，假定磁场可以使磁光层达到饱和磁化。三种情况下均有 $\varepsilon_{DNG} = -2.996 + 0.997i$，$\mu_{DNG} = -1.49 + 0.86i$，$d_{Ce:YIG} = 739$ nm，选择以上三个参数是为了得到较大的克尔旋转。在 Ce:YIG 层中有 $\varepsilon_{20} = 5.2347 + 0.0681i$，$\varepsilon_{21} = 0.029 - 0.0169i$。这里选择 1100 nm 作为工作波长，因为 Ce:YIG 在 $1\mu m$ 波长附近因 Ce^{3+}-Fe^{3+}(四面体)电荷转移而表现出较强的法拉第旋转。

1. LMOKE 情形

现在考虑第一种情况，其中基底是 DNG 超材料，并且 Ce：YIG 层沿 x 方向被磁化(LMOKE)。当 p 偏振的入射光照射到磁光层时，反射光的克尔旋转如图 6-33 (a)所示。从图中可以看到，由于 DNG 衬底对磁光克尔效应的增强，入射角在 37.2°附近时旋转达到 45°左右。

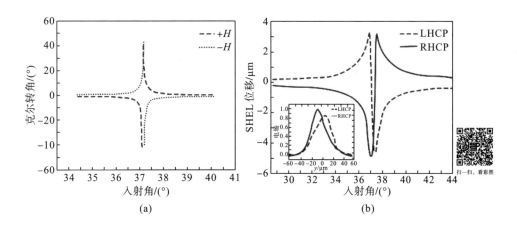

(a)　　　　　　　　　　　　　　(b)

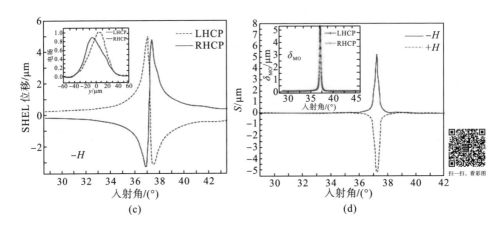

图 6-33　LMOKE 情形：(a)克尔转角；(b)正向磁场下的自旋分裂；(c)反向磁场下的自旋分裂；
(d)非对称性 S

　　更重要的是，当施加反向磁场时，克尔旋转的方向也发生了反转，而旋转角度的绝对值保持不变。图 6-33(b)和图 6-33(c)分别显示 Ce：YIG 层上表面反射的 LHCP 和 RHCP 分量在改变外加磁场方向时的 SHEL 位移。从图中可以看出，当入射角在 37°～37.5°时，图 6-33(a)中克尔旋转角达到峰值，LHCP 和 RHCP 分量的 SHEL 位移也达到峰值。这种现象可以用偏振旋转对动量空间和实空间中自旋相关分裂的影响来解释。另外，图 6-33(b)和图 6-33(c)中两个圆偏振分量的 SHEL 位移表现出明显的不对称性。在以往的研究中，自旋相关分裂大多表现为对称分裂[274,275]，即反射光的 LHCP 和 RHCP 分量向相反方向 SHEL 位移但距离相等。只有极少的研究发现了不对称的 SHEL 位移，如通过改变入射光的偏振特性[257]。更有意思的是，当施加的磁场反转时，两个分量的分离距离将会互换，而移动方向保持不变。这表明外加磁场可以很好地控制反射光的自旋相关分裂。图 6-33(b)和图 6-33(c)的插图显示了在 $x = 0$ 处左旋和右旋分量的归一化电场强度分布，从图中可以看出反射光束在振幅和质心位置上都表现出明显的不对称性，这一现象与参考文献[276]的结果相似。

　　为了更直观地观察两个圆偏振分量 SHEL 位移的不对称性和外加磁场对自旋相关分裂的影响，这里定义并计算了两个参数，包括自旋分裂的非对称性 S

$$S = \delta_{V}^{+} + \delta_{V}^{-} \tag{6-38}$$

及磁光自旋分裂（Magneto-optical photonic spin Hall effect，MOPSHE）

$$\delta_{MO} = \delta(-H) - \delta(+H) \tag{6-39}$$

　　可以看到，在 37°附近 S 值大于自旋分裂本身，这是因为两个自旋分量在某些入射角处具有相同方向的自旋分裂，如图 6-33(b)和图 6-33(c)所示。此外，从

图 6-33(d)可以发现 S 的符号是由外部磁场方向进行调制的。两分量的 MOPSHE 数值相等,这是由外部磁场反转时两个分量的移位大小交换所致。

2. PMOKE 情形

下面研究沿 z 方向施加磁场的情况。图 6-34(a)给出了外加$+z$ 和$-z$ 方向磁场时反射光的克尔旋转。与 LMOKE 情形类似,磁场方向将直接影响克尔旋转的符号,这与文献[277]的结论一致。与 LMOKE 不同的是,PMOKE 情形的克尔旋转具有两个峰值,图 6-34(b)和图 6-34(c)中两个圆偏振分量的峰值彼此可以很好地分开。此外,从图 6-34(b)和图 6-34(c)中可以看出,两个自旋分量的电场强度也表现出更明显的差异。同样,本节计算了 PMOKE 的不对称性,如图 6-34(d)所示。

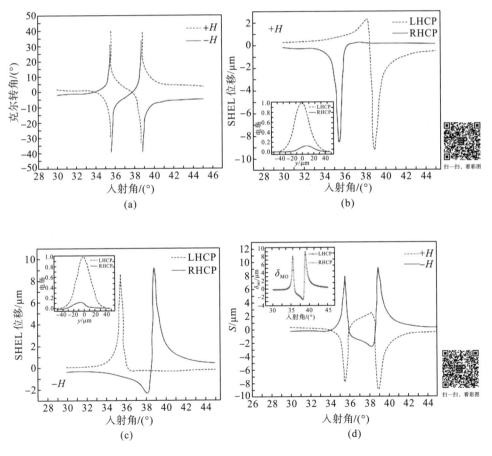

图 6-34　PMOKE 情形:(a)克尔转角;(b)正向磁场下的自旋分裂;(c)反向磁场下的自旋分裂;
(d)非对称性 S

3. TMOKE 情形

众所周知，横向磁光克尔效应不同于极性和纵向克尔效应。在 LMOKE 情形和 PMOKE 情形中，当入射光被磁光层反射时，将发生克尔旋转。从前面的结果可以发现，反射光束将经历不对称的自旋分裂及非对称性 S 与克尔旋转密切相关。但是在 TMOKE 情形中，反射光将产生一个附加的非互易相移而不是克尔旋转[258]。可以预测，TMOKE 反射光束的两个自旋分量的 SHEL 位移应该是对称的，为了验证这一预测，本节计算了反射光束的强度变化及自旋相关分裂，分别如图 6-35(a)～图 6-35(c) 所示。显然，反射光中两个自旋分量的 SHEL 位移大小相等但方向相反，它们是对称的。为了更直观地显示两个自旋分量的对称 SHEL 位移，当入射角为 40°时反射光在 $x=0$ 的归一化电场强度分布如图 6-35(b) 所示。从图中可以看出，两个分量的分裂是对称的，并且电场分布是相同的。由于在 TMOKE 结构中磁场反向会引起反射光强度的变化，因此也可以观察到反射光的 MOPSHE，如图 6-35(d) 所示。

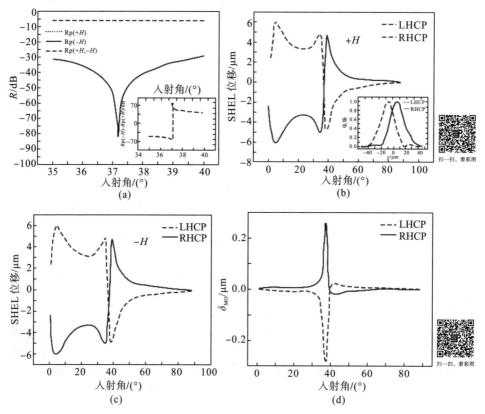

图 6-35 TMOKE 情形：(a) 反射率；(b) 正向磁场下的自旋分裂；(c) 反向磁场下的自旋分裂；
(d) MOPSHE 值

4. 单负衬底（LMOKE 情形）

为了研究衬底材料对反射光自旋相关分裂的影响，作为比较，下面用单负超材料衬底（这里 $\varepsilon < 0$）取代 DNG 衬底。如图 6-36(a) 所示，反射光的克尔旋转依然可以被增强近 30°。它与 DNG 衬底的区别在于，这需要较大的磁性材料厚度（约为 DNG 衬底的 5 倍）。因此，DNG 衬底更有利于光学器件的集成。这一结论与文献[278] 中太赫兹波段的结果是一致的。图 6-36(b) 和图 6-36(c) 给出了 LHCP 和 RHCP 分量的 SHEL 位移，两个自旋分量表现出明显的不对称性，并且电场振幅也不相等。

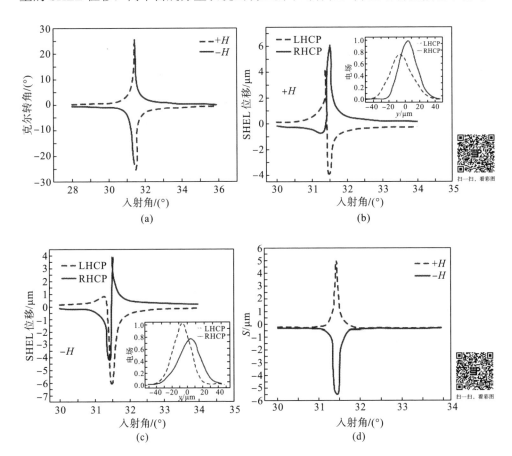

图 6-36　单负衬底 LMOKE 情形：(a) 克尔转角；(b) 正向磁场下的自旋分裂；(c) 反向磁场下的自旋分裂；(d) 非对称性 S

5. 经实验验证的 DNG 衬底

为了提高上述结果的说服力，这里使用由 Dollinget 等设计的基于等纳米结构的低损耗双负超材料[279]来研究 LMOKE 结构中磁场对 SHEL 的影响。在本节的计算中入射光的波长是 1410nm。根据文献[260]的实验结果，DNG 的介电常数和磁导率分别为 $\varepsilon_3=-1.5+0.2i$ 和 $\mu_3=-0.8+0.6i$。如图 6-37(a) 所示，通过调整磁光层的厚度，得到约 10°的克尔旋转。外加正负磁场时反射光的 SHEL 如图 6-37(b) 和图 6-37(c) 所示。从图中可以看出，SHEL 的磁场调制特性与图 6-36 相似。在这种结构中，克尔旋转相对较小，S 值约为 1.2μm，但仍然很明显。这些结果都充分说明磁场调制 SHEL 的实际可行性。

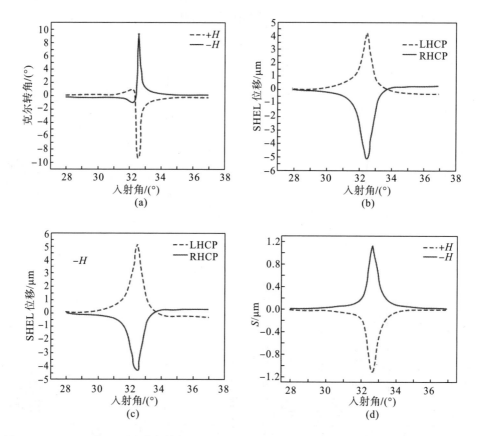

图 6-37　LMOKE 情形：(a)克尔转角；(b)正向磁场下的自旋分裂；(c)反向磁场下的自旋分裂；
(d)非对称性 S

6.4　超材料 Kretschmann 结构中的光自旋霍尔效应

本节所提出的结构是一种具有各向异性超材料的 Kretschmann 结构[280]，如图 6-38 所示。在棱镜和基底中，相对介电常数分别为 ε_1 和 ε_3，相对磁导率分别为 $\mu_1=\mu_3=1$。各向异性超材料的相对介电常数和磁导率可分别表示为

$$\varepsilon_2 = \begin{bmatrix} \varepsilon_{\parallel} & & \\ & \varepsilon_{\parallel} & \\ & & \varepsilon_{\perp} \end{bmatrix} \tag{6-40}$$

和

$$\mu_2 = \begin{bmatrix} \mu_{\parallel} & & \\ & \mu_{\parallel} & \\ & & \mu_{\perp} \end{bmatrix} \tag{6-41}$$

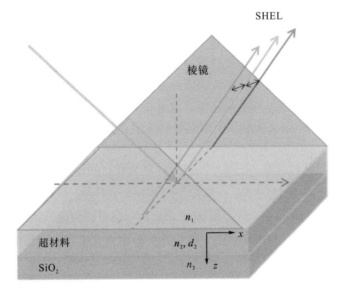

图 6-38　具有各向异性超材料的 Kretschmann 结构示意图

为了计算 SHEL 位移，Kretschmann 结构的反射系数可写为

$$r = \frac{r_{12} + r_{23}\exp(2\mathrm{i}k_{2z}d_2)}{1 + r_{12}r_{23}\exp(2\mathrm{i}k_{2z}d_2)} \tag{6-42}$$

式中，$r_{ij}(i=1,2,3;\ j=2,3,4)$ 为 i-j 界面处入射光的菲涅耳系数。由于超材料是各向异性的，所以可以得到 $r_{12}^{\mathrm{p}} = \dfrac{k_{1z}/\varepsilon_1 - k_{2z}/\varepsilon_{\mathrm{p}}}{k_{1z}/\varepsilon_1 + k_{2z}/\varepsilon_{\mathrm{p}}}$，$r_{23}^{\mathrm{p}} = \dfrac{k_{2z}/\varepsilon_{\mathrm{p}} - k_{3z}/\varepsilon_3}{k_{2z}/\varepsilon_{\mathrm{p}} + k_{3z}/\varepsilon_3}$，$r_{12}^{\mathrm{s}} = \dfrac{k_{1z}/\mu_1 - k_{2z}/\mu_{\mathrm{p}}}{k_{1z}/\mu_1 + k_{2z}/\mu_{\mathrm{p}}}$

及 $r_{23}^{\mathrm{s}} = \dfrac{k_{2z}/\mu_{\mathrm{p}} - k_{3z}/\mu_3}{k_{2z}/\mu_{\mathrm{p}} + k_{3z}/\mu_3}$，此处 $k_{2z}^{\mathrm{p}} = \sqrt{k_0^2\varepsilon_{\mathrm{p}}\mu_{\mathrm{p}} - \dfrac{\varepsilon_{\mathrm{p}}}{\varepsilon_{\perp}}k_x^2}$，$k_{2z}^{\mathrm{s}} = \sqrt{k_0^2\varepsilon_{\mathrm{p}}\mu_{\mathrm{p}} - \dfrac{\mu_{\mathrm{p}}}{\mu_{\perp}}k_x^2}$，$k_0 = $

$2\pi/\lambda$，$k_{iz} = \sqrt{k_0^2\varepsilon_i\mu_i - k_x^2}\ (i=1,3)$，$k_x = n_0k_0\sin\theta$。

当一束线偏振光在棱镜和耦合层的界面反射时，它将分裂成左旋和右旋圆偏振光。在本书所提出的棱镜-波导耦合系统中，p 偏振光和 s 偏振光的 SHEL 位移分别为

$$\mathrm{SHEL}_{\pm}^{\mathrm{p}} = \pm \frac{\lambda}{2\pi} \left[1 + \frac{|r_{\mathrm{s}}|}{|r_{\mathrm{p}}|} \cos(\varphi_{\mathrm{s}} - \varphi_{\mathrm{p}}) \right] \cot\theta \tag{6-43}$$

和

$$\mathrm{SHEL}_{\pm}^{\mathrm{s}} = \pm \frac{\lambda}{2\pi} \left[1 + \frac{|r_{\mathrm{p}}|}{|r_{\mathrm{s}}|} \cos(\varphi_{\mathrm{p}} - \varphi_{\mathrm{s}}) \right] \cot\theta \tag{6-44}$$

式中，$r_{\mathrm{s,p}} = |r_{\mathrm{s,p}}| \exp(\mathrm{i}\varphi_{\mathrm{s,p}})$；正、负号分别为左旋和右旋圆偏振分量。基于上述 SHEL 位移的表达式可以发现，如果采取措施来增加 s 偏振（p 偏振）光的反射率并减小 p 偏振（s 偏振）光的反射率，就可以得到 p 偏振（s 偏振）光增强的 SHEL 位移。

根据 SHEL 位移的表达式，这一效应的物理机制可解释为：Kretschmann 结构中的 SHEL 由光的自旋轨道角动量耦合引起。当 p 偏振（s 偏振）光的反射系数较小时，反射光相对较弱。由于轨道角动量的补偿，自旋角动量保持不变，故轨道角动量的半径将增大以确保总角动量守恒。这意味着圆偏振光的 SHEL 位移将被扩大。这就是 p 偏振（s 偏振）光的较小反射系数对应于 p 偏振（s 偏振）光的较大 SHEL 的原因。

下面分析超材料厚度、各向异性和损耗对 SHEL 的影响。首先，假设 k_{2z}^{p} 和 k_{2z}^{s} 都是实数。由公式（6-43）可知，p 偏振光的 SHEL 位移与 $|r_{\mathrm{s}}|/|r_{\mathrm{p}}|$ 的值成正比。对于 p 偏振光来说，大的 SHEL 位移意味着 p 偏振光的反射率远小于 s 偏振光。也就是说，p 偏振光耦合进波导中，而 s 偏振光在界面处几乎发生全反射。s 偏振光的情况可用相同的方式进行分析。

这里，给出了在不同超材料层（metamaterial，MM）厚度下，$|r_{\mathrm{p}}|/|r_{\mathrm{s}}|$ 和 $\cos(\varphi_{\mathrm{p}} - \varphi_{\mathrm{s}})$ 与入射角的关系，如图 6-39（a）和图 6-39（b）所示。为了方便起见，这里选择 $\varepsilon_1 = 2.29$（BK7），$\varepsilon_{\mathrm{p}} = -1$，$\varepsilon_{\perp} = 1$，$\mu_{\mathrm{p}} = -1$，$\mu_{\perp} = 1$ 及 $\lambda = 1.55\,\mu\mathrm{m}$。显而易见，当 $d_2 = 4\,\mu\mathrm{m}$ 时，$|r_{\mathrm{p}}|/|r_{\mathrm{s}}|$ 出现了接近 380 的峰值，$\cos(\varphi_{\mathrm{p}} - \varphi_{\mathrm{s}})$ 随入射角的变化呈对

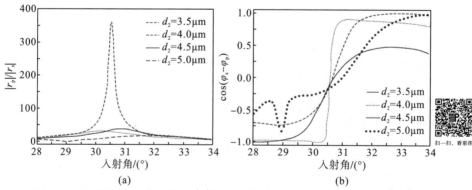

图 6-39 在不同 MM 厚度下，$|r_{\mathrm{p}}|/|r_{\mathrm{s}}|$ (a) 和 $\cos(\varphi_{\mathrm{p}} - \varphi_{\mathrm{s}})$ (b) 与入射角之间的关系

称曲线分布。当 MM 厚度不同时，棱镜/MM/SiO₂ 波导中 s 偏振光的 SHEL 位移如图 6-40 所示。相应 p 偏振光的 SHEL 位移如图 6-39 所示。根据 SHEL 的机理，当 $d_2=4$ μm 时 s 偏振光的反射系数相当小，大部分光耦合到波导中或通过波导传输。在这种情况下，p 偏振光的反射系数相对较大。由于要对自旋角动量进行补偿，轨道角动量的半径相对较小，这对应于较小的 SHEL 位移。同时，当出现 p 偏振(s 偏振)光较大的 SHEL 位移峰时，s 偏振(p 偏振)光显示较小的 SHEL 位移，其 SHEL 位移与 $|r_p|/|r_s|$ 成比例(成反比)。

从图 6-41 中可以发现，当 $d_2<4$ μm 时，随着 MM 厚度的增加，SHEL 位移的角谱变窄。当 $d_2=4$ μm 时，SHEL 位移达到最大值且具有最窄的角谱，如图 6-41(b)所示。随着 MM 厚度的进一步增加，SHEL 位移减小且角谱大幅变宽。对于如图 6-41 所示的 p 偏振光的 SHEL 位移，当 $d_2=5$μm 时，SHEL 位移的角谱也出现了峰值，这是由 $\cos(\varphi_p - \varphi_s)$ 的波谷引起的，如图 6-40(b)所示。但是在这一组合中，并未出现大的 SHEL 位移值。因此，可以得出以下结论：对于 s 偏振或 p 偏振入射光，只会出现一个大的 SHEL 位移值。这些结论验证了式(6-41)和式(6-42)的理论预测。

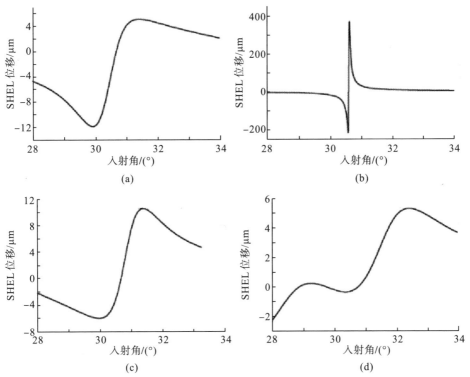

图 6-40　在不同 MM 厚度下，s 偏振光在棱镜/MM/SiO₂ 结构中的 SHEL 位移：(a)$d_2=3.5$μm；
(b)$d_2=4.0$μm；(c)$d_2=4.5$μm；(d)$d_2=5.0$μm

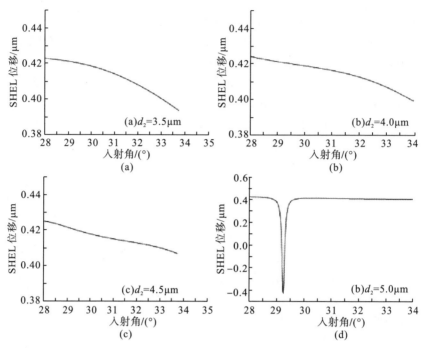

图6-41 在不同MM厚度下，p偏振光在棱镜/MM/SiO$_2$波导结构中的SHEL位移：(a)d_2=3.5μm；
(b)d_2=4.0μm； (c)d_2=4.5μm； (d)d_2=5.0μm

在这里必须强调上述结果是在假设k_{2z}^{p}和k_{2z}^{s}都是实数的前提下得到的。而在各向异性超材料中，当张量的某些分量为负时，k_{2z}^{p}和k_{2z}^{s}可能为虚数。例如，当$\varepsilon_{\parallel}<0$，$\varepsilon_{\perp}<0$，$\mu_{\parallel}>0$及$\mu_{\perp}>0$时，$k_{2z}^{p}$和$k_{2z}^{s}$均为虚数。在这种情况下，可能无法出现大的SHEL位移。为了方便起见，本节给出了不同各向异性超材料波矢z分量的实数或虚数的情况，如表6-1所示。

表6-1 对于不同各向异性参数的k_{2z}^{p}和k_{2z}^{s}值

情况	各向异性参数	k_{2z}^{p}	k_{2z}^{s}
(1)	$\varepsilon_p<0,\varepsilon_{\perp}>0,\mu_{11}>0,\mu_{\perp}>0$	实或虚	虚
(2)	$\varepsilon_{\parallel}>0,\varepsilon_{\perp}<0,\mu_{\parallel}>0,\mu_{\perp}>0$	实	实或虚
(3)	$\varepsilon_{\parallel}>0,\varepsilon_{\perp}>0,\mu_{\parallel}<0,\mu_{\perp}>0$	虚	实或虚
(4)	$\varepsilon_{\parallel}>0,\varepsilon_{\perp}>0,\mu_{\parallel}>0,\mu_{\perp}<0$	实或虚	实
(5)	$\varepsilon_{\parallel}<0,\varepsilon_{\perp}<0,\mu_{\parallel}>0,\mu_{\perp}>0$	虚	虚
(6)	$\varepsilon_{\parallel}<0,\varepsilon_{\perp}>0,\mu_{\parallel}>0,\mu_{\perp}>0$	实	实
(7)	$\varepsilon_{\parallel}<0,\varepsilon_{\perp}>0,\mu_{\parallel}>0,\mu_{\perp}<0$	实或虚	实或虚

续表

情况	各向异性参数	k_{2z}^{p}	k_{2z}^{s}
(8)	$\varepsilon_\parallel<0$, $\varepsilon_\perp<0$, $\mu_\parallel>0$, $\mu_\perp>0$	虚	实或虚
(9)	$\varepsilon_\parallel>0$, $\varepsilon_\perp<0$, $\mu_\parallel>0$, $\mu_\perp<0$	实	实
(10)	$\varepsilon_\parallel>0$, $\varepsilon_\perp>0$, $\mu_\parallel>0$, $\mu_\perp<0$	虚	实或虚
(11)	$\varepsilon_\parallel>0$, $\varepsilon_\perp<0$, $\mu_\parallel>0$, $\mu_\perp<0$	实或虚	虚
(12)	$\varepsilon_\parallel<0$, $\varepsilon_\perp>0$, $\mu_\parallel>0$, $\mu_\perp<0$	实或虚	实或虚
(13)	$\varepsilon_\parallel<0$, $\varepsilon_\perp<0$, $\mu_\parallel>0$, $\mu_\perp<0$	虚	实或虚
(14)	$\varepsilon_\parallel<0$, $\varepsilon_\perp<0$, $\mu_\parallel>0$, $\mu_\perp>0$	实或虚	实
(15)	$\varepsilon_\parallel<0$, $\varepsilon_\perp<0$, $\mu_\parallel>0$, $\mu_\perp<0$	实或虚	实或虚

　　如前所述，当 k_{2z}^{p} 和 k_{2z}^{s} 均为实数时，s 偏振(p 偏振)光的大 SHEL 值总是对应 p 偏振(s 偏振)光的小 SHEL 值。下面将分析 k_{2z}^{p} 和 k_{2z}^{s} 为不同实数时，Kretschmann 结构中的 SHEL 位移。这里选择 $\varepsilon_1=2.085$(SiO$_2$)，$\lambda=1.55\mu m$ 及 $d_2=4\mu m$。如图 6-42 所示，s 偏振光和 p 偏振光在 SiO$_2$/MM/SiO$_2$ 波导结构中不同情况下的 SHEL 位移：(a) k_{2z}^{p} 和 k_{2z}^{s} 均为实数；(b) k_{2z}^{p} 为虚数而 k_{2z}^{s} 为实数；(c) k_{2z}^{p} 为实数而 k_{2z}^{s} 为虚数；(d) k_{2z}^{p} 和 k_{2z}^{s} 均为虚数。当 k_{2z}^{p} 和 k_{2z}^{s} 均为实数时，可以实现 p 偏振光和 s 偏振光的大的 SHEL 值。应当注意的是，s 偏振(p 偏振)光的大的 SHEL 值对应于 p 偏振(s 偏振)光的小的 SHEL 值。当 k_{2z}^{p} 或 k_{2z}^{s} 为虚数时，p 偏振光或 s 偏振光在平板的第一界面处发生全反射。根据本书的分析，整个入射光引入了自旋轨道动量补偿的过程。由于要通过轨道角动量来补偿自旋角动量不变，轨道角动量的半径将变得足够小以保持总角动量的守恒。

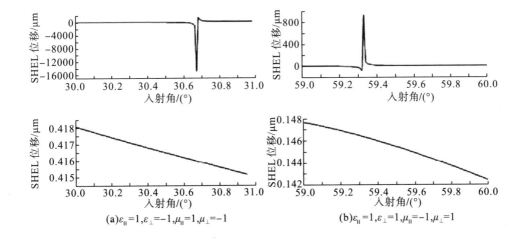

(a)$\varepsilon_\parallel=1,\varepsilon_\perp=-1,\mu_\parallel=1,\mu_\perp=-1$　　　　(b)$\varepsilon_\parallel=1,\varepsilon_\perp=1,\mu_\parallel=-1,\mu_\perp=1$

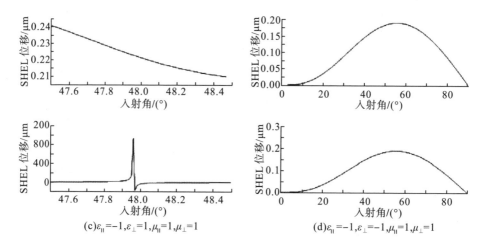

(c)$\varepsilon_\parallel=-1,\varepsilon_\perp=1,\mu_\parallel=1,\mu_\perp=1$ (d)$\varepsilon_\parallel=-1,\varepsilon_\perp=-1,\mu_\parallel=1,\mu_\perp=1$

图 6-42 不同介电常数和磁导率时，s 和 p 偏振光在棱镜/MM/SiO₂ 波导结构中的 SHEL 位移

从图中可以发现，通过正或负介电常数和磁导率分量的不同组合，其 SHEL 谱完全不同。大的 SHEL 值取决于入射波矢量的 z 轴分量。应该注意到，SHEL 仍然是由 s 偏振光和 p 偏振光的反射系数决定的。毕竟，对于 SHEL 和超材料介电常数及磁导率之间关系的理论分析预测仍然有效。因此，这为我们提供了一种通过超材料参数调制 SHEL 的灵活方法。

根据上面的模拟结果，可以得出结论，如表 6-2 所示。

表 6-2 不同 k_{2z}^p 和 k_{2z}^s 的 SHEL 增强效应

k_{2z}^s	k_{2z}^p	
	实数	虚数
实数	(a) p 和 s 偏振光	(b) s 偏振光
虚数	(c) p 偏振光	(d) 无

下面对以上结论进行理论分析。当 k_{2z}^p 为虚数时，$r_{23}^p\exp(2ik_{2z}^p d_2)$ 相当小，此时有 $r_p\approx r_{12}^p$。此处，r_{12}^p 可以写作 $(a-bi)/(a+bi)$（a 和 b 均为实数），其绝对值恒等于 1。这样便得出 $|r_p|\approx1$。在这种情况下，当式(6-41)中 $\dfrac{r_s}{r_p}\cos(\varphi_s-\varphi_p)<1$ 时，p 偏振光的 SHEL 位移总是很小。当式(6-42)中的 k_{2z}^s 为虚数时，s 偏振光的 SHEL 位移同样很小。

最后，当考虑 $|r_p|\approx1$ 时，k_{2z}^p 为虚数而 k_{2z}^s 为实数的情况。当 $|r_s|\ll1$ 时，s 偏振光出现较大的 SHEL 位移。同样，当 k_{2z}^s 为虚数而 k_{2z}^p 为实数时，有 $|r_s|\approx1$。当 $|r_p|=1$

时，p 偏振光出现较大的 SHEL 位移。

　　由于超材料总是有损耗的，因此必须考虑介电常数和磁导率的虚部。为简单起见，假设介电常数和磁导率的虚部是相同的。这里，选定 $\varepsilon_1 = 2.085\,(\mathrm{SiO_2})$，$\varepsilon_\parallel = -1 + \delta\mathrm{i}$，$\varepsilon_\perp = 1 + \delta\mathrm{i}$，$\mu_\parallel = 1 + \delta\mathrm{i}$，$\mu_\perp = 1 + \delta\mathrm{i}$，$\lambda = 1.55\mu\mathrm{m}$ 及 $d_2 = 4\mu\mathrm{m}$。当 δ 分别为 0、0.0001i、0.001i 和 0.01i 时，其 SHEL 如图 6-43(a)～图 6-43(d) 所示。随着 δ 的增加，更多的能量被超材料吸收。因此，s 偏振光和 p 偏振光的反射系数相应减小。如图 6-43 所示，当 $\delta=0$ 时，$r_\mathrm{s}/r_\mathrm{p}$ 的绝对值更大。此时，$|r_\mathrm{s}|$ 极大而 $|r_\mathrm{p}|$ 趋于 0。δ 的增加极大地减小了 $|r_\mathrm{s}|$，而对 $|r_\mathrm{p}|$ 的减弱却很小，因为它已经足够小了，因此 $|r_\mathrm{s}|/|r_\mathrm{p}|$ 随着吸收的增加而减小。当 δ 取 0.01i 时，SHEL 曲线的峰消失，其值约为几微米。根据 SHEL 的表达式，p 偏振光较大的 SHEL 将随 δ 的增加而大幅减小。然而，本书研究表明，在 ε 接近零的超材料波导中，MM 的损耗可能会增加 SHEL。而对于普通的各向异性 MM 而言，由于入射光的较大吸收，损耗必然会降低 SHEL。

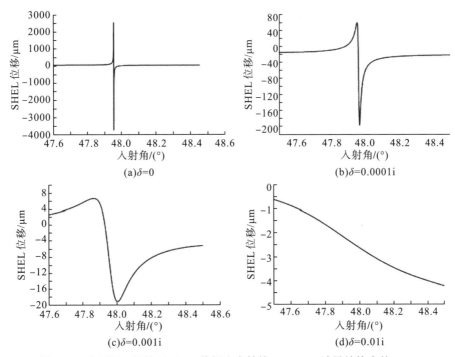

图 6-43　在不同 δ 的情况下，p 偏振光在棱镜/MM/SiO$_2$ 波导结构中的 SHEL

　　基于以上仿真结果，发现超材料的各向异性使 SHEL 得到了极大增强。此外，超材料还提供了一种灵活的方法来调控多层结构中的 SHEL。虽然超材料的损耗会明显降低 SHEL 的变化，但正因如此，设计和制造各向异性和低损耗超材料成为增强 SHEL 的有效方法。

下面，选择半导体超材料作为 Kretschmann 结构中的第二层。根据色散关系：

$$\varepsilon_\perp = \frac{2\varepsilon_1\varepsilon_2}{\varepsilon_1 + \varepsilon_2}, \quad \varepsilon_\parallel = \frac{\varepsilon_1 + \varepsilon_2}{2}, \quad \varepsilon_1 = 10.23, \quad \varepsilon_2 = 12.15[1 - \omega_p^2/(\omega^2 - i\omega/\gamma)]$$

式中，ω_p 为等离子体频率，γ 为阻尼系数。选定 $\omega_p = 2\times10^{14}$rad/s 和 $\gamma = 1\times10^{-13}$s^{-1}。选择 SiO$_2$ 作为棱镜材料，半导体超材料的厚度为 d_2=8μm。对于不同波长的 p 偏振入射光，其 SHEL 如图 6-44 所示。定义品质因数为 Re(ε)/Im(ε)。最大的 SHEL 值与超材料介电常数的 FOM 成正比。当 λ=9.5 μm 时，$\varepsilon_\parallel$ 和 $\varepsilon_\perp$ 的 FOM 分别为 16 和 0.2。当 λ=10 μm 时，$\varepsilon_\parallel$ 和 $\varepsilon_\perp$ 的 FOM 分别为 12 和 1.5。通过对比图 6-44(a) 和图 6-44(b)，当 λ=10μm 时 SHEL 出现最大值。这意味着 SHEL 是由 $\varepsilon_\parallel$ 和 $\varepsilon_\perp$ 的 FOM 决定的。$\varepsilon_\parallel$ 和 $\varepsilon_\perp$ 的平衡有助于增强 SHEL。

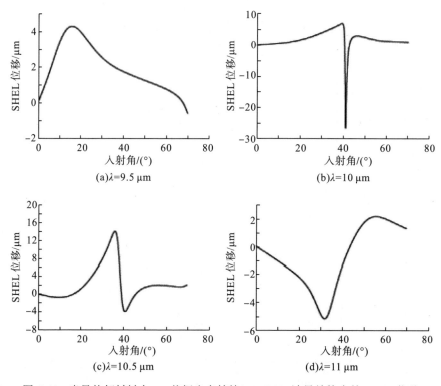

图 6-44　半导体超材料中，p 偏振光在棱镜/MM/SiO$_2$ 波导结构中的 SHEL 位移

6.5　本 章 小 结

本章针对新型超材料波导中的 SHEL 现象展开了系列研究，主要内容及结果概括如下。

(1) 本章探讨了近零介电常数超材料 ENZ 波导中反射光的增强 SHEL，并对其物理机制进行了分析。根据仿真结果，分析了 ENZ 介电常数、衰减和厚度对 s 偏振光和 p 偏振光 SHEL 位移的影响。结果表明，提高 ENZ 介电常数，降低 ENZ 衰减和厚度均可有效地增强 SHEL，而且当 ENZ 板厚度等于波长的一半时，对于 p 偏振光，在空气-ENZ 界面上可获得 SHEL 位移最大值 43.57λ。

(2) 本章研究了 ENZ/Au/ENZ 波导结构中透射光的 SHEL。根据模拟结果，分析了 ENZ 介电常数成分、厚度及 Au 层厚度对左旋圆偏振光横向位移的影响，研究表明各向异性 ENZ 超材料的损耗将导致横向位移峰的分布不同。为了验证该结果，利用交替的 Ag 和 Ge 薄层来构造各向异性的 ENZ 超材料，得到了不同 ENZ 超材料厚度和 Au 层厚度时水平和垂直偏振入射的横向位移。在所设计的结构中，对于水平和垂直偏振入射，左旋偏振光的最大横向位移分别达到 $49.6\mu m$ 和 $34.1\mu m$。同时，Au 层的变化对透射光的 SHEL 增强作用不大，所以允许其存在一定加工误差。

(3) 本章探讨了近零介电常数、磁导率 EMNZ 超材料波导结构中透射光的 SHEL。与损耗会极大削弱透射光的正常情况相反，EMNZ 超材料的损耗在入射角远大于临界角时能有效地提高 p 偏振光的透射率。由于与 p 偏振光的透射率成正比，所以当垂直偏振光通过各向异性 EMNZ 平板时，左旋和右旋圆偏振光的分裂可以得到大幅提高。因此，EMNZ 超材料的损耗并没有削弱 SHEL，而是通过 ε 和 μ 张量的各向异性得以增强。当介电常数垂直分量的虚部为 0.1 时，可以观察到横向位移峰的平顶分布，对于不同的 $\varepsilon_{\perp}$ 和 d_2，其分布保持不变。在这种情况下，对于垂直偏振入射的左旋圆偏振光的最大横向位移可以增加到 $24.676\ \mu m$，而无须其他任何放大方法。

(4) 本章研究了各向异性超材料波导中透射光的 SHEL。基于理论分析，得到波矢 z 分量四种可能的实数或虚数组合，以获得透射光的大的横向位移。研究表明：超材料的各向异性可增强透射光的 SHEL，但材料损耗显著降低了横向位移。在 ZnGaO/ZnO 多层膜的各向异性双曲超材料中，在没有任何放大方法的情况下，可以获得的最大横向位移 $15.24\ \mu m\ (12\lambda)$，是近零介电常数超材料中最大横向位移的 2 倍以上。

(5) 从理论上研究了双曲超材料 HMM 对 FTIR 隧穿结构中 SHEL 的增强作用，计算了 SiO_2-空气-HMM-空气-SiO_2 波导中右旋偏振光的 SHEL 位移，并讨论了增强 SHEL 的物理机制。本章还分析了 HMM 厚度、损耗和色散对左、右圆偏振光 SHEL 位移的影响。结果表明，尽管 HMM 损耗可能降低 SHEL 位移，但 HMM 的各向异性能显著增加隧穿光的 SHEL 位移。与单个 HMM 相比，具有相同 HMM 的 FTIR 结构的隧穿光的最大 SHEL 位移可以放大 2 倍以上，达到 $-38\ \mu m$，从而为增强 SHEL 提供了一种有效的方法。

(6)本章研究了负折射率超材料衬底 Ce:YIG 薄膜反射光的自旋霍尔效应。本章先得到结构模型的菲涅耳反射系数,再结合三维光束传输的角谱分析法,得到光束经磁性薄膜反射后的光场分布,最后经过质心积分公式计算得到光束质心,从而得到光束的自旋分裂值。分析过程中讨论了三种不同的磁光克尔效应的情况,经过合理简化,得到了三种 MOKE 下 SHEL 位移的计算公式,并根据计算公式分析了 SHEL 位移的变化规律。该工作亮点在于结合磁光效应系统讨论了外部磁场对反射光自旋分裂的影响,得到了三种情况下自旋分裂的计算公式,发现了存在磁致旋光时非对称的自旋分裂。

(7)本章研究了各向异性超材料在 Kretschmann 结构中的 SHEL,针对各向异性结构改进 SHEL 位移的计算方法,解释了产生大的 SHEL 的物理机制。随后,基于仿真结果系统讨论了超材料厚度、各向异性和损耗对 SHEL 的影响。最后,在 Kretschmann 结构中引入中红外波长范围的半导体超材料,验证了对 SHEL 影响因素的理论预测。计算结果表明,超材料的损耗和各向异性对 SHEL 有很大影响。因此,减少各向异性材料的损耗对于在 Kretschmann 结构中实现增强的 SHEL 是很有必要的。本章的研究提供了一种灵活的方法来增强和调控 SHEL,并在光子角动量控制和量子信息处理中具有潜在的应用价值。

本章主要讨论了不同类型超材料对光自旋霍尔效应的影响,有关工作可为 SHEL 增强和调制提供灵活有效的方法,从而实现其在集成光子学和纳米光子器件中的潜在应用。

第7章 超材料波导中的古斯–汉森效应及其传感应用

双曲超材料(HMM)作为一种新型的超材料[281, 282],由一系列亚波长的薄金属层和电介质层交替组成,可以看作是一种有效的单轴晶体[283-286]。2007 年,首次实现在 InGaAs/AlInAs 超晶格中,基于半导体工艺的 HMM 约为 9 μm[287]。随后,2012 年提出了 ZnAlO/ZnO 多层结构,该结构在近红外光谱范围内实现了负折射率,厚度约为 1.9 μm[288]。最近,Kalusniak 等采用重掺杂 ZnGaO 作为等离子体成分生成的 HMM 可以达到通信波长[289]。HMM 在自发辐射和衍射极限以下的成像方面具有广泛的应用前景。

本章主要研究具有 ZnGaO/ZnO 多层膜双曲超材料的 Kretschmann 结构和棱镜波导耦合结构中的 GH 效应,探讨各向异性波导中的计算方法并分析增强 GH 效应的物理机制。

7.1 双曲超材料 Kretschmann 结构中的 GH 效应

基于 Kretschmann 结构的棱镜/HMM/衬底波导如图 7-1 所示。棱镜和衬底的相对介电常数(折射率)分别为 $\varepsilon_1 (n_1)$ 和 $\varepsilon_3 (n_3)$。

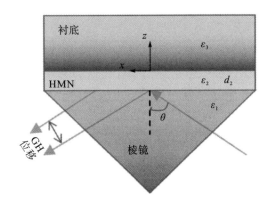

图 7-1　基于 HMM 的 Kretschmann 结构示意图

由 ZnGaO/ZnO 多层膜组成的 HMM 具有各向异性，其相对介电常数张量为 ε_2，厚为 d_2。

$$\tilde{\varepsilon}_2 = \begin{pmatrix} \varepsilon_\| & & \\ & \varepsilon_\| & \\ & & \varepsilon_\perp \end{pmatrix} \tag{7-1}$$

为了计算 GH 位移，利用 2.2.2 节中给出的稳态相位方法，即

$$L = -\frac{1}{k} \cdot \frac{\mathrm{d}\phi}{\mathrm{d}\theta} \tag{7-2}$$

式中，$\phi = a\tan(\mathrm{Im}(ND^*)/\mathrm{Re}(ND^*))$，$N$ 和 D^*分别为 r_{123} 的分子和分母的复共轭。由第 2 章公式(2-19)～式(2-22)可知，Kretschmann 结构的反射系数为[290]

$$r_{123} = \frac{r_{12} + r_{23}\exp(2\mathrm{i}k_{2z}d_2)}{1 + r_{12}r_{23}\exp(2\mathrm{i}k_{2z}d_2)} \tag{7-3}$$

式中，$r_{12}^{\mathrm{p}} = (k_{1z}/\varepsilon_1 - k_{2z}/\varepsilon_\|)/(k_{1z}/\varepsilon_1 + k_{2z}/\varepsilon_\|)$，$r_{23}^{\mathrm{p}} = (k_{2z}/\varepsilon_\| - k_{3z}/\varepsilon_3)/k_{2z}/\varepsilon_\| + k_{3z}/\varepsilon_3$，$r_{12}^{\mathrm{s}} = (k_{1z} - k_{2z})/k_{1z} + k_{2z}$ 和 $r_{23}^{\mathrm{s}} = k_{2z} - k_{3z}/k_{2z} + k_{3z}$；$k_{iz}(i=1,2,3)$ 为第 i 层波矢的 z 分量，可以表示为 $k_{iz} = k_0\sqrt{\varepsilon_i\mu_i - k_x^2}$。由于 HMM 是各向异性的，$k_{2z}$ 可写作 $k_{2z}^{\mathrm{p}} = \sqrt{k_0^2\varepsilon_\| - k_x^2\varepsilon_\|/\varepsilon_\perp}$ 和 $k_{2z}^{\mathrm{s}} = \sqrt{k_0^2\varepsilon_\| - k_x^2}$。为了简化，当 p 偏振入射时，HMM 的等效折射率为 $n_2 = \sqrt{\varepsilon_\|\mu_2 - \varepsilon_\|\sin^2\theta/\varepsilon_\perp}$，则相移 ϕ 为

$$\phi = a\tan\left(\frac{2W\mathrm{Im}(\Delta\beta)}{W^2 + \mathrm{Im}(\beta_0)^2 - \mathrm{Im}(\Delta\beta)^2}\right) \tag{7-4}$$

式中，$W = k_x - \mathrm{Re}(\beta_0) - \mathrm{Re}(\Delta\beta)$；$\beta_0$ 和 $\Delta\beta$ 的虚部分别为本征衰减和辐射衰减；β_0 为 HMM 与衬底界面处传播的表面等离子体激元(SPP)模的本征传播常数，可以写为

$$\beta_0 = k_0\sqrt{\frac{\varepsilon_2\varepsilon_3}{\varepsilon_2 + \varepsilon_3}} \tag{7-5}$$

$\Delta\beta$ 为 SPP 模在 HMM-衬底界面和 Kretschmann 结构中本征传播常数的差值，表示为[291]

$$\Delta\beta = \frac{2k_0r_{12}}{\varepsilon_3 - \mathrm{Re}(\varepsilon_2)}\left[\frac{\varepsilon_3\mathrm{Re}(\varepsilon_2)}{\varepsilon_3 + \mathrm{Re}(\varepsilon_2)}\right]^{3/2}\exp\left(\frac{-4\pi\varepsilon_3}{\lambda\sqrt{-\varepsilon_3 - \mathrm{Re}(\varepsilon_2)}}\right) \tag{7-6}$$

当满足相位匹配条件 $W=0$ 时，反射率将达到最小值，即

$$R_{\min} = |r_{12}|^2\left\{1 - \frac{4\mathrm{Im}(\beta_0)\mathrm{Im}(\Delta\beta)}{[\mathrm{Im}(\beta_0) + \mathrm{Im}(\Delta\beta)]^2}\right\} \tag{7-7}$$

在公式(7-2)中的 GH 位移为[292]

$$L = -\frac{2\mathrm{Im}(\Delta\beta)}{\mathrm{Im}(\beta_0)^2 - \mathrm{Im}(\Delta\beta)^2}\cos\theta \tag{7-8}$$

由上式可知,当本征衰减等于辐射衰减时,反射率达到最小值 0,GH 位移达到最大值。这是因为当满足相位匹配条件时,在 HMM 和衬底的界面处将激发 SPP 模,由于 SPP 模的存在,大部分入射光将被耦合进波导结构中,所以反射率最小。而被激发的 SPP 模将在波导中传播一定距离后,再在表面反射,这可使入射光和反射光之间的侧位移达到最大,同时 SPP 的激发也会使相位差发生明显变化,从而加大侧位移,即所谓的 GH 效应增强。

另外,由于 HMM 是各向异性材料,在不同的介电常数和入射角下,波矢的 z 分量可能是实数,也可能是虚数。表 7-1 给出了 k_{2z}^{p} 和 k_{2z}^{s} 的可能值。当 k_{2z} 为虚数时,由于 $ik_{2z}d_2$ 为负,公式(7-32)中的 $\exp(ik_{2z}d_2)$ 很小,相位差将增大。因此,可以利用 HMM 的各向异性调制波矢的 z 分量,进一步影响入射光和反射光之间的相位差,从而增强 GH 效应。此外,HMM 的强色散可使 GH 位移具有明显的光谱特征,故可用于波长选择器。所以,在 Kretschmann 结构中引入 HMM 可以更灵活、方便地增强和调节 GH 位移,以有利于其在集成光子学和纳米光子器件中的应用。

表 7-1 不同各向异性参数下的 k_{2z}^{p} 和 k_{2z}^{s}

条件	各向异性参数	k_{2z}^{p}	k_{2z}^{s}
(1)	$\varepsilon_{\parallel}>0$,$\varepsilon_{\perp}>0$	实数或虚数	实数或虚数
(2)	$\varepsilon_{\parallel}>0$,$\varepsilon_{\perp}>0$	实数	实数或虚数
(3)	$\varepsilon_{\parallel}>0$,$\varepsilon_{\perp}>0$	实数或虚数	虚数
(4)	$\varepsilon_{\parallel}>0$,$\varepsilon_{\perp}>0$	虚数	虚数

ZnGaO/ZnO 多层膜组成的 HMM 的色散方程为

$$\varepsilon_{\parallel} = \frac{\varepsilon_{ZnGaO}\varepsilon_{ZnO}}{\rho\varepsilon_{ZnO}+(1-\rho)\varepsilon_{ZnGaO}} \tag{7-9}$$

$$\varepsilon_{\perp} = \rho\varepsilon_{ZnGaO}+(1-\rho)\varepsilon_{ZnO} \tag{7-10}$$

式中,$\varepsilon_{ZnO}=3.7$,$\rho=d_{ZnGaO}(d_{ZnGaO}+d_{ZnO})^{-1}$。ZnGaO 的介电常数可由德鲁德介电函数表示为

$$\varepsilon_{ZnGaO} = \varepsilon_{ZnO}-\frac{\omega_{p}^{2}}{\omega(\omega+i\Gamma)} \tag{7-11}$$

式中,ω_{p} 为等离子频率;Γ 为电子阻尼率。

HMM 由 20 对 ZnO/ZnGaO 组成,各层的 $d_{ZnO}=45$ nm,$d_{ZnGaO}=40$ nm。根据文献[218],其他参数为 $h\omega_{p}=1.88$eV,$\Gamma=112$meV。在近红外区域内,$\varepsilon_{\perp}$、$\varepsilon_{\parallel}$ 的实部和虚部如图 7-2 所示。

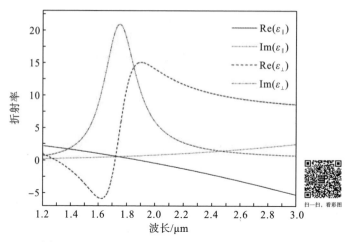

图 7-2 ZnGaO/ZnO 多层膜组成的 HMM 的色散曲线

基于色散曲线，可以将图 7-2 中的近红外区域分为三个波段，在波段 A 和波段 C，HMM 的折射率为正，而在波段 B，其折射率为负，即

A. 1.288 μm＜λ＜1.719 μm，其中 $Re(\varepsilon_\parallel)>0$，$Re(\varepsilon_\perp)<0$；

B. 1.719 μm＜λ＜1.877 μm，其中 $Re(\varepsilon_\parallel)>0$，$Re(\varepsilon_\perp)>0$；

C. 1.877 μm＜λ＜3.000 μm，其中 $Re(\varepsilon_\parallel)<0$，$Re(\varepsilon_\perp)>0$。

根据以上理论模型和分析，对所设计的 Kretschmann 波导结构中的 GH 位移进行仿真，并讨论其特性。假设在图 7-1 的棱镜/HMM/空气波导结构中，HMM 厚为 1.7 μm，$n_3=1$，玻璃棱镜的色散关系为

$$n_1 = \sqrt{1 + \frac{0.696\lambda^2}{\lambda^2 - 0.005} + \frac{0.408\lambda^2}{\lambda^2 - 0.014} + \frac{0.8974794\lambda^2}{\lambda^2 - 97.934}} \tag{7-12}$$

分析以上三个波段 HMM 各向异性对 GH 位移的影响。不同波长的 GH 位移如图 7-3 所示。

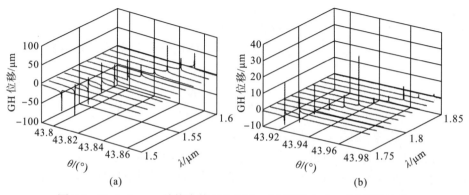

图 7-3 Kretschmann 结构中的 GH 位移：(a) 波段 A 内；(b) 波段 B 内

从图 7-3(a) 中可以看出，在波段 A(1.288 μm＜λ＜1.719 μm) 内，随着波长的增加，相对于 GH 最大位移值的临界角有小幅度的增大，同时 GH 位移由负值变化到正值。图 7-3(b) 则显示了在波段 B(1.719 μm＜λ＜1.877 μm) 内，当 HMM 介电常数的水平和垂直分量均为正值时，不同波长对应的 GH 位移。与波段 A 相比，波段 B 的 GH 位移有所减小，并始终为正值。进一步计算波段 C(1.877 μm＜λ＜3.000 μm)，其所对应的 GH 位移仅为波长量级，并且没有明显的 GH 峰值出现。因此在波段 A，$\varepsilon_{\parallel}$ 为正和 $\varepsilon_{\perp}$ 为负时对 GH 峰值的影响较大。这一现象也证明了 HMM 的各向异性将对 GH 效应的增强产生影响。

在不同波长下，棱镜折射率对 GH 位移的影响如图 7-4(a)～图 7-4(d) 所示。假设玻璃棱镜为电光材料，其折射率变化的量级为 10^{-6}。由图可知，当棱镜折射率改变时，GH 位移的峰值变化也非常明显。当波长为 1.50 μm 时，GH 位移峰值和相应的临界角均随 n_1 的增加而减小。当波长为 1.51 μm 时，角谱中的 GH 位移将出现正负两个峰值。随着 n_1 的增大，负峰值减小，正峰值略微增大。当入射光波长增至 1.55 μm 时，GH 位移峰值将随 n_1 的增加而增加，相应的临界角却减小。对于波长为 1.58 μm 时，在图 7-4(d) 中也会出现类似现象。其物理机制为当棱镜折射率增加时，在特定入射角下会增大波矢的平行分量。对于 GH 位移峰值，相位匹配条件不变，意味着 $k_0 n_1 \sin\theta$ 也不变，因此相对于 GH 位移峰值的临界角会减小。

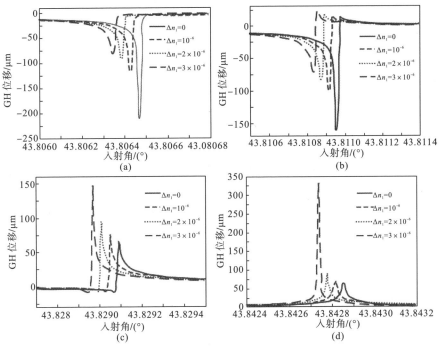

图 7-4　在不同波长和棱镜折射率时，Kretschmann 结构中的 GH 位移：(a)λ=1.50 μm；
(b)λ=1.5 μm；(c)λ=1.55 μm；(d)λ=1.58 μm

　　进一步考虑衬底折射率对 GH 位移的影响。当衬底为甘油溶液时，在不同波长下，Kretschmann 结构中的 GH 位移如图 7-5(a)～图 7-5(d) 所示。

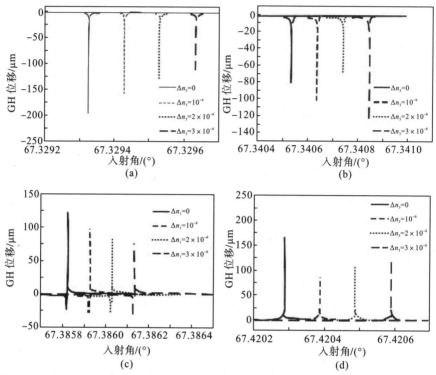

图 7-5　衬底为甘油溶液，不同波长和棱镜折射率时，Kretschmann 结构中的 GH 位移：
(a) $\lambda=1.50\ \mu\mathrm{m}$；(b) $\lambda=1.51\ \mu\mathrm{m}$；(c) $\lambda=1.55\ \mu\mathrm{m}$；(d) $\lambda=1.58\ \mu\mathrm{m}$

　　由图可知，当 $\lambda=1.50\ \mu\mathrm{m}$ 和 $\lambda=1.55\ \mu\mathrm{m}$ 时，GH 位移的峰值随甘油溶液折射率 (量级约为 10^{-6}) 的增大而减小。当 $\lambda=1.51\ \mu\mathrm{m}$ 和 $\lambda=1.58\ \mu\mathrm{m}$ 时，GH 峰值随甘油溶液折射率的变化呈随机性变化。同时也可以看出，对于衬底折射率和棱镜折射率，GH 位移的峰值针对前者的变化要大一些。

　　综上可知，在基于 Kretschmann 结构的棱镜/HMM/衬底波导中，GH 位移峰值将明显受材料色散和棱镜及基底折射率的影响。同时在改进的 Kretschmann 结构中，GH 位移对波导参数非常敏感。

7.2　双曲超材料棱镜波导耦合结构中的 GH 效应

　　在讨论了基于双曲超材料 Kretschmann 结构中 GH 效应的基础上，这节将对更复杂的棱镜波导耦合结构进行研究，如图 7-6 所示，该结构由棱镜、耦合层、导波层、衬底组成。每层的折射率为 n_i(i=1，2，3，4)，耦合层和导波层的厚度分别为 d_2 和 d_3。其中 HMM 为导波层，所选材料与上节相同，由 20 对 ZnO/ZnGaO 组成，各层的 d_{ZnO}=45 nm，d_{ZnGaO}=40 nm。

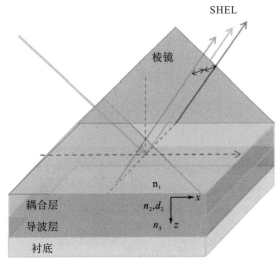

图 7-6　具有 HMM 的棱镜波导耦合结构示意图

HMM 的介电常数及 GH 位移的计算模型与 7.2.1 节相同，有所不同的是该光学系统的反射系数为

$$r_{1234} = \frac{r_{12} + r_{12}r_{23}r_{34}\exp(2\mathrm{i}k_{3z}d_3) + \left[r_{23} + r_{34}\exp(2\mathrm{i}k_{3z}d_3)\right]\exp(2\mathrm{i}k_{2z}d_2)}{1 + r_{23}r_{34}\exp(2\mathrm{i}k_{3z}d_3) + r_{12}\left[r_{23} + r_{34}\exp(2\mathrm{i}k_{3z}d_3)\right]\exp(2\mathrm{i}k_{2z}d_2)} \tag{7-13}$$

其中，

$$r_{ij} = \begin{cases} \dfrac{k_{iz}/\varepsilon_i - k_{jz}/\varepsilon_j}{k_{iz}/\varepsilon_i + k_{jz}/\varepsilon_j} & \text{(p 偏振光)} \\[4mm] \dfrac{k_{iz} - k_{jz}}{k_{iz} + k_{jz}} & \text{(s 偏振光)} \end{cases} \tag{7-14}$$

式中，r_{ij} 为第 i 层和第 j 层界面处的菲涅耳反射系数；k_{iz} 为第 i 层中波矢的 z 分量，表示为 $k_{iz} = k_0\sqrt{\varepsilon_i\mu_i - k_x^2}$，其中 k_x 为波矢的 x 分量，k_0 为真空中入射光的波矢量。在以下仿真中，假设 p 偏振光入射到棱镜波导耦合结构中，选择 BK7 作为棱镜，其色散关系为

$$n_1 = \sqrt{1 + \frac{1.040\lambda^2}{\lambda^2 - 0.006} + \frac{0.232\lambda^2}{\lambda^2 - 0.020} + \frac{1.010\lambda^2}{\lambda^2 - 103.561}} \tag{7-15}$$

下面针对不同波导中的 GH 效应进行研究，以期为实现高灵敏度的生化传感器提供理论依据。

当耦合层和衬底分别为 SiO₂ 和水时，这时棱镜波导耦合结构为棱镜/SiO₂/HMM/水。选择相关参数为：$\lambda=1.55\ \mu m$，$n_1=1.5007$，$n_2=1.444$，$\varepsilon_{\parallel}=1.154+0.3562i$，$\varepsilon_{\perp}=-4.8497+5.6774i$ 和 $n_4=1.333$。对于不同的耦合层厚度，反射率和 GH 位移分别如图 7-7(a) 和图 7-7(b) 所示。从图中可以看出，在 HMM 棱镜波导耦合结构中，当耦合层厚度不变时，反射率在不同入射角处呈谐振分布，而在一般的等离子体波导中只有一个反射峰出现。同时入射角越大，反射率峰的宽度越小，对应图 7-7(b) 中的 GH 位移将显著增加。这是因为反射率峰越窄，意味着光与波导在进行快速强耦合，激发波导中的导模，也就是光沿 z 轴的穿透深度更大。由于 GH 位移峰值与光的穿透深度成正比，所以当角谱中的反射率峰越窄时，GH 效应就越强。

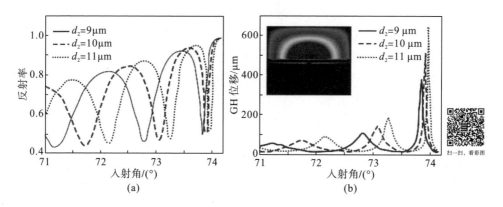

图 7-7   在棱镜/SiO₂/HMM/水波导结构中：(a)不同 d_1 时的反射率和 GH 位移；(b)不同 d_2 时的反射率和 GH 位移

为了显示光耦合到波导中的能量分布，在图 7-7(b) 的插图中给出了在棱镜/SiO₂/HMM/水波导中，当 $d_2=10\ \mu m$ 时导波在 z 轴上的电场分布。从图中容易发现，入射光的能量主要集中在耦合层中。因此，它可能对衬底材料的折射率变化不敏感。而当耦合层厚度 d_2 增加时，反射率峰值向较大的入射角移动，GH 位移也将增大。

此外，在 74°附近的模式反射率谱比在 73°附近的要尖锐得多。这意味着当入射角为 74°左右时，入射光更快地耦合到导波层中并产生导波模式。因为 HMM 具有很强的色散，继而在对 GH 位移的光谱特性进行研究时，需要考虑色散关系的影响。硅的色散关系为公式(7-15)。

GH 位移峰值随波长的变化如图 7-8 所示。由图 7-7 可知，对于不同的波长和 SiO₂ 厚度，GH 位移最大值对应的入射角是不同的。在以下计算中，选择 GH 位移变化最为明显的入射角范围：73.5°～74.5°。

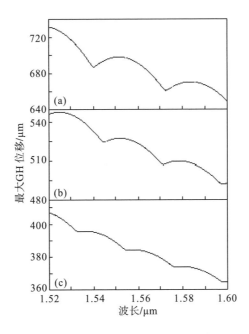

图 7-8   在棱镜/SiO2/HMM/水波导结构中，d_2 不同时 GH 位移的光谱特性：(a) d_2=11 μm；

(b) d_2=10 μm；(c) d_2=9 μm

如图 7-8 所示，随着入射波长的增加，GH 位移峰值明显减小。由于 HMM 的色散，GH 位移的光谱特性曲线表现出谐振分布的趋势。截至目前，这种 GH 位移的谐振性质还没有在其他波导中发现。这是因为 HMM 与不同波长的周期共振使光与波导的耦合也具有谐振性，从而在光谱中出现谐振分布的 GH 峰。此外，d_2 的增加也会使 GH 效应增强，这表明耦合层越厚，越能更好地将能量聚集在波导内。当光耦合到波导中时，导波模的传播距离会更长，所以当耦合层厚度增加时，在相同的入射波长下，GH 位移峰值也增大。

用空气代替以上结构中的 SiO2 层以将光能集中在水中，此时棱镜波导耦合结构为棱镜/空气/HMM/水波导。所用参数除了 n_2=1.0，其余不变。图 7-9(a) 和图 7-9(b) 分别给出了不同耦合层厚度的反射率和 GH 位移。图 7-9(b) 中的插图表示：当 d_2=10 μm 时，大部分入射光耦合进水层中，这可能会增强该结构对折射率变化的敏感性。与图 7-6 相比，在相同的耦合层厚度下，GH 的最大位移增加了两倍以上，GH 位移峰值对应的入射角显著减小。这是因为波导参数可对导波的有效折射率产生影响。众所周知，当入射光耦合到波导中时，导波模式将被激发。如果耦合层被空气替代，那么导模折射率和有效传播常数将减小。根据相位匹配条件，传播常数总是等于 $k_0 n_1 \sin\theta$，临界入射角随着传播常数的减小而减小。因此，GH 位移峰出现在较小的入射角处。

在棱镜/空气/HMM/水波导中，不同 d_2 的 GH 位移的光谱特性与图 7-8 基本相同，这里不再赘述。交换图中水和空气的位置，此时波导结构为棱镜/水/HMM/空气，选择与图 7-9 相同的参数，计算可得不同 d_2 时的反射率和 GH 位移分别如图 7-10(a) 和图 7-10(b) 所示。与图 7-9 相比，对于相同的 d_2，GH 位移峰值略有减小，其对应的入射角从 42°左右增至 62.5°左右。正如我们所知，图 7-9 和图 7-10 中导波的有效折射率是相同的，但 GH 位移峰值的临界角仍有明显向较大值偏移的趋势。这种现象是由两个波导结构中的耦合层不同引起的，耦合层的折射率越小，GH 位移的增强越明显。图 7-10(b) 的插图显示当 d_2=10 μm 时，波导中的光能分布。从图中可以发现，大部分耦合光集中在水层中，这将有助于提高该结构对液体折射率传感的灵敏度。

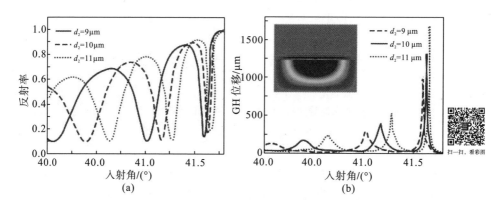

图 7-9　在棱镜/空气/HMM/水波导结构中的反射率和 GH 位移：(a)不同 d_1 时的反射率和 GH 位移；(b)不同 d_2 时的反射率和 GH 位移

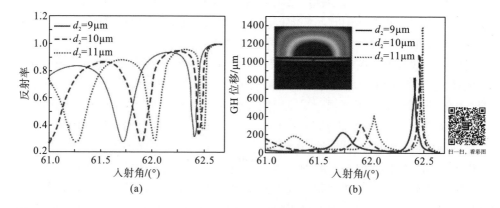

图 7-10　在棱镜/水/HMM/空气波导结构中的反射率和 GH 位移：(a)不同 d_1 时的反射率和 GH 位移；不同 d_2 时的反射率和 GH 位移

7.3 双曲超材料波导中 GH 位移的传感特性

对于 7.2.2 中所提出的三种不同的波导结构,利用甘油溶液代替波导结构中的水,以探讨其在折射率传感方面的应用。

对于棱镜/SiO$_2$/HMM/甘油溶液波导,GH 位移的最大值随甘油溶液折射率的变化如图 7-11 所示。由图可知,随着 d_2 的减小,GH 位移峰值也将减小。当耦合层厚度一定时,如 d_2=11 μm,折射率变化为 0.2,GH 位移峰值的变化范围小于 1.5 μm。从图中可以看出,当甘油溶液浓度变化较大时,GH 位移峰值的变化相对较小,显然不适合作为生化传感器。因此,必须采取措施提高该结构作为折射率传感器的灵敏度。

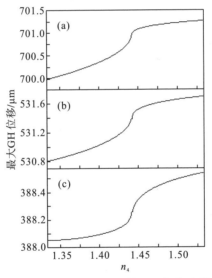

图 7-11 棱镜/SiO$_2$/HMM/甘油溶液中,不同 d_2 的 GH 位移随甘油溶液反射率的变化:
(a) d_2=11 μm; (b) d_2=10 μm; (c) d_2=9 μm

如 7.2.2 节,将上述波导中的 SiO$_2$ 用空气代替,检测该结构中甘油溶液的浓度。图 7-12 给出了当 d_2 不同,甘油溶液折射率变化时,GH 位移峰值的分布。从图中可以发现,尽管这种情况下,GH 位移峰值极大地增加,但是作为折射率传感器,该结构的灵敏度甚至比图 7-11 还要低。例如,对于 d_2=9 μm,随着甘油溶液折射率的增加,GH 位移峰值的变化范围约为 0.4 μm。即使在 d_2=11 μm,折射率变化为 0.2 时,GH 位移的变化也小于 1.0 μm,因此该结构也不适合作为高灵敏度的生化传感器。

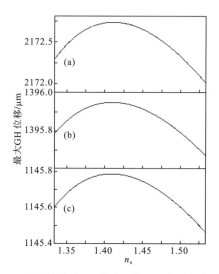

图 7-12　棱镜/空气/HMM/甘油溶液中，不同 d_2 的 GH 位移随甘油溶液反射率的变化：
(a) d_2=11 μm；(b) d_2=10 μm；(c) d_2=9 μm

　　最后探讨棱镜/甘油溶液/HMM/空气结构，其相应 GH 位移最大值的变化如图 7-13 所示。由图可知，当甘油溶液层的厚度增加时，GH 位移也增加，这与上述两种波导的情况相似。而在此结构中，最重要的区别是 GH 位移峰值表现出周期特性。同时，当 d_2 相同时，对于甘油溶液的不同折射率，GH 位移峰值几乎不变。当 d_2=11 μm 时，即使耦合层的折射率变化仅为 0.0001，其引起的 GH 位移峰值变化却大于 250 μm，

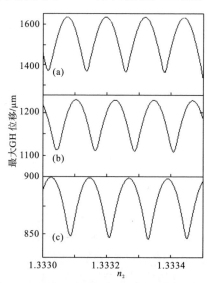

图 7-13　棱镜/甘油溶液/HMM/空气中，不同 d_2 的 GH 位移随甘油溶液反射率的变化：
(a) d_2=11 μm；(b) d_2=10 μm；(c) d_2=9 μm

而且随着传感区域厚度的增加,这一变化会进一步增大。作为折射率传感器,此结构的灵敏度与上述两个波导相比有了显著提高。因此,下面将用基于所提出的棱镜/甘油溶液/HMM/空气波导结构设计生化传感器,并估计其灵敏度和分辨率。

在此将耦合层设置为传感区域,并利用微流体通道导入待检测的甘油溶液,如图 7-14(a)所示。甘油溶液从“IN”端口注入测量腔,从“OUT”端口输出。当光束入射到棱镜时,由位置敏感探测器检测反射光,以此得到当甘油溶液浓度不同时,其所引起的 GH 位移峰值变化。GH 位移可以通过位置敏感探测器进行检测。这里定义灵敏度为

$$S = \frac{\mathrm{d} L_{\max}}{\mathrm{d} n_2} \tag{7-16}$$

当 d_2=10 μm 时,该结构作为折射率传感器的灵敏度如图 7-14(b)所示。从图中可以发现,该生化传感器的最大灵敏度达到 3.2×10^6 μm/RIU。进一步计算表明,如果位置敏感探测器的分辨率为 0.5 μm,那么该生化传感器甚至可以探测到 1.6×10^{-7} 范围内的折射率变化(在折射率为 1.33306 附近)。这意味着甘油浓度变化小到 0.1 mg/dL。与传统的基于短程表面等离子体激发的生化传感器相比,该结构的灵敏度提高了一个数量级[290]。

本节研究了基于 HMM 的棱镜-波导耦合结构中的 GH 效应,并探讨了其作为生化传感器的可能性。

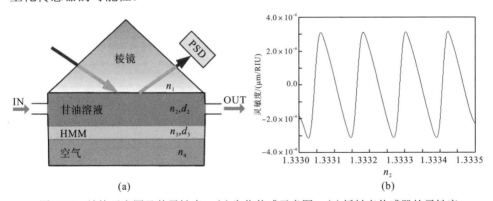

图 7-14　结构示意图及其灵敏度:(a)生化传感示意图;(b)折射率传感器的灵敏度

7.4　GH 效应的实验验证

为了获得最佳的 GH 效应增强效果,实验中采用磁光表面等离子体 SPR 结构的样品,示意图如图 7-15 所示,该样品由 BK7 棱镜/Fe/Au 薄膜组成。在此结构中,表面等离子共振和磁光克尔效应可同时增强 GH 位移,也称为磁光古斯-汉森位移(MOGH)。

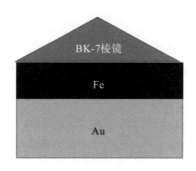

图 7-15　样品结构示意图

　　一方面，GH 弱测量实验实际测量的是 p 偏振光和 s 偏振光 GH 位移的差值，而 SPR 可增大 p 偏振光和 s 偏振光的 GH 位移之差，进而有利于实验的测量。另一方面，Fe-Au 薄膜 SPR 结构可增强 p 偏振入射光的 GH 位移，并受磁场方向的影响，而 s 偏振入射光不能激发表面等离子共振，故无法增强其 GH 位移。所以，实验中考虑 TMOKE（横向磁场）和 p 偏振光入射的情况。

　　BK7 棱镜/Fe/Au 结构中的光波模式如图 7-16 所示。图 7-16(a) 为 p 偏振入射光及 s 偏振入射光的反射率谱线。从反射率来看，p 偏振入射光经过全反射后在入射角为 46°附近产生了一个吸收峰，形成 SPR 共振，从插图的场分布可以进一步看出这种 SPR 模式沿介质界面呈周期振荡，远离界面时快速衰减。而 s 偏振光没有明显的吸收峰，但在入射角为 41°附近出现了一个微小的变化。从相位来看，p 偏振光应该有两个相位突变点，一个在全反射临界角附近，另一个是激发 SPR 的共振角处。根据稳态相位法可知，p 偏振光将出现两个 GH 增强的入射角，而 s 偏振光只有一个。图 7-16(b) 与这一推论完全相符，s 偏振光（插图）在入射角 41.3°附近出现了一个 GH 峰值，但其最大值还不到 0.4λ。而 p 偏振光在全反射临界角

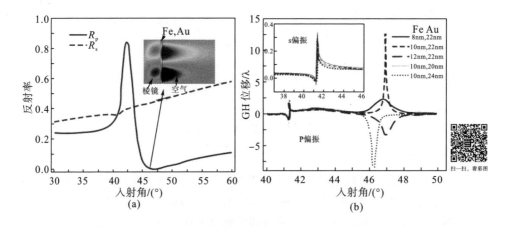

图 7-16　棱镜/Fe/Au 组成的磁光波导的反射率及 GH 位移：(a)反射率；(b)GH 位移

附近和 SPR 共振角附近都出现了 GH 峰值,前者最大约为 2.5λ,后者在 Fe 厚度为 10nm,Au 厚度为 22nm 时达到 12.5λ 左右。从图 7-16(b)中可以看出,在不同 Fe 和 Au 厚度下的 GH 位移既有正值也有负值,且对厚度的变化非常敏感。SPR 共振角的位置将随材料厚度的不同而发生变化,进而改变 GH 峰值的位置。根据以上分析,选择样品厚度为 Fe10 nm,Au22 nm,并采用磁控溅射法镀膜制作样品,衬底使用 BK7 棱镜。

　　实验中采用已有文献中常见的 GH 位移弱测量光路,如图 7-17 所示,光源为 632.8 nm 的 He-Ne 激光器,利用 100 mm 短焦平凸透镜进行聚焦,格兰偏振镜 P1 进行偏振选择,即为弱测量光路的前选择部分。采用 45°-90°-45°BK-7 玻璃棱镜作为波导耦合器件,通过折射率匹配液将样品固定于棱镜斜边。同时使用定制的电磁铁配合可调直流电源产生外加横向磁场(TMOKE),电源线反接即可改变磁场方向。后选择部分将 1/4 波片用于全反射光束中 s 分量和 p 分量的相位补偿,使用半波片调节光强,以保证最终光束始终在 CCD 接收范围内。偏振镜 P2 使光束产生相消干涉,250 mm 长焦平凸透镜用于准直光路。最后利用 CCD 进行数据采集。

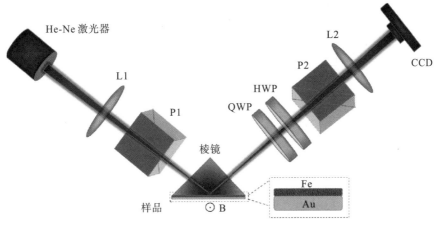

图 7-17　GH 位移弱测量实验原理图

主要实验过程如下。

第一步：光路准直。

调节激光器水平位置，保证输出激光光束与光学平台平行。

第二步：确定光束 H 偏振态。

使用单独的棱镜，利用 H 偏振光在布儒斯特角处的交叉偏振效应，分别确定 P1 和 P2 为 H 偏振态。

第三步：调节两个偏振镜相互垂直。

先将 P1 按顺时针方向转动 45°，然后将 P2 按同样方向转动 45°，再转 90°。

第四步：调节入射角在全反射临界角附近。转动半波片和 1/4 波片使光强最弱，此时 GH 位移为零。

第五步：转动第二个偏振镜 P2，调节放大角，记录数据。改变磁场方向，重复上述过程。

为了选择合适的样品材料厚度，在图 7-16 的基础上，分析了五种不同材料厚度组合下的 MOGH 位移，如图 7-18 所示。计算表明，当 Fe 厚度为 10 nm，Au 厚度为 22 nm 时，MOGH 位移可达 250 nm。改变材料厚度将改变 SPR 共振角，进而改变 MOGH 峰值的大小和位置。图 7-18(a)插图显示了该结构理论计算的 TMOKE 值，其中 TMOKE=$(R(H)_+ - R(H)_-)/(R(H)_+ + R(H)_-)$，各曲线颜色与 MOGH 各曲线对应，代表相同厚度值。从插图可以看出，TMOKE 的大小与 MOGH 大小密切相关，TMOKE 较大时 MOGH 也较大。

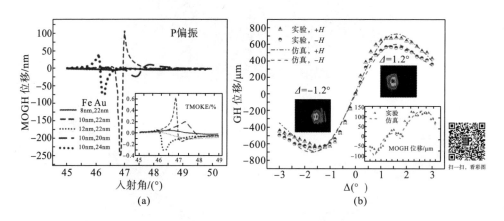

图 7-18　MOGH 理论值(a)及弱测量放大后的测量值(b)

在此基础上，对样品进行了 GH 位移的测量。测量时入射角为 46.9°，放大角从-3°~3°，步长为 0.2°。从图中可以看出，测量得到的 GH 位移最大值约为 700 μm。插图为 MOGH 位移，即 $|GH(H)_+ - GH(H)_-|$，最大达到 120 μm 左右。图中还给出了放大角在 1.2° 和-1.2° 时的光斑，可以发现-1.2° 处的光斑不均匀，因此在放大

角为-1°～-3°范围内的误差较大。需要指出的是，虽然在 SPR 共振附近的 GH 位移得到了增强，但由于弱测量本身的特点，多层结构将导致放大效果不佳，不过仍然足以测量出磁场对其的影响。

对 MOGH 位移实验进行验证后，进一步从理论上分析了 MOGH 位移的传感特性。如图 7-19(a) 所示，假设样品外侧为待测气体，其折射率从 1～1.003，步长为 0.001，此时 MOGH 位移变化明显，整体谱线逐渐向右移动，并且 MOGH 位移的最值逐渐减小。为了更加直观地看出 MOGH 位移随待测折射率的变化情况，当入射角为 48.5° 时，在不同折射率下，三种不同材料厚度组合下的 MOGH 位移变化如图 7-19(b) 所示。从图中可以看出三条曲线都具有比较好的线性度，并且当 Au 厚度为 22 nm、Fe 厚度为 10 nm 时的灵敏度最高，约为 6.67×10^4 nm/RIU。

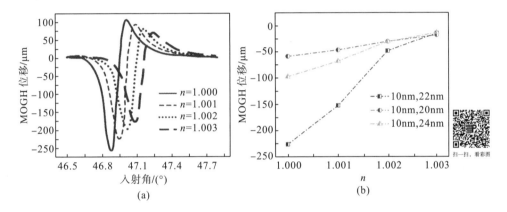

图 7-19　MOGH 传感特性：(a)MOGH 位移与检测光入射角的关系图；(b)MOGH 位移与待测气体折射率的关系图

7.5　本 章 小 结

本章针对增强 GH 位移，利用双曲超材料的棱镜波导耦合结构，考虑了不同波导结构、波导参数的影响，主要讨论了在三层和四层棱镜波导耦合结构中材料色散、耦合层厚度、棱镜及衬底折射率等对 GH 位移的影响，并探讨了其折射率传感特性及应用，对 GH 效应进行了实验验证。

(1)利用转移矩阵法和稳态相位法，推导了具有 ZnGaO/ZnO 多层膜的双曲超材料的不同波导结构的反射系数和 GH 位移表达式，在此基础上，分别计算了 Kretschmann 结构和棱镜波导耦合结构中的 GH 效应，分析了材料色散、耦合层厚度、棱镜及衬底折射率等对 GH 位移的影响，阐明了 GH 位移增强的物理机制。结果表明，波导材料的色散和材料的折射率都会显著改变 GH 位移峰值，HMM

与衬底界面处产生的 SPP 模可以增强 GH 位移,HMM 的各向异性对 GH 位移有较强的调制作用,同时 HMM 的强色散可使 GH 位移具有明显的光谱特征。

(2)基于仿真结果研究了三种棱镜波导耦合结构中的 GH 效应及其作为折射率传感器检测甘油溶液浓度的性能,并探讨了其作为生化传感器的可能性。由于 HMM 是各向异性材料,其介电常数的分量部分为负,因此可以灵活地调制 GH 位移,设计相关生化传感器。另外,HMM 会引起 GH 位移峰值的周期特性,这在其他波导中并没有发现。同时验证了将棱镜波导耦合结构的耦合层设置为传感区,可以显著提高对折射率变化的灵敏度。本章设计了生化传感器结构,并推导了不同甘油溶液折射率的灵敏度分布。计算结果表明,利用高灵敏度的位置敏感探测器,所提出的生化传感器的最大灵敏度可达 3.2×10^6 μm/RIU,分辨率达 1.6×10^{-7}(折射率为 1.33306 时)。

(3)本章设计了铁-金(Fe-Au)薄膜磁光表面等离子 SPR 结构,并分析了该结构的光波模式,计算了实验样品的参数对 GH 位移的影响并确定对材料厚度的选择。在此基础上,利用弱测量方法对实验样品进行了测量,所测得的 GH 位移最大值约为 700 μm。表明 TMOKE 时,所设计结构中激发的 SPR 和磁光效应对 GH 位移均有增强作用。将此结构应用于传感可知,当 Au 厚度为 22 nm、Fe 厚度为 10 nm 时的灵敏度最高,约为 6.67×10^4 nm/RIU。

本章有关工作和所得结论可为 GH 效应在生化传感和波分复用系统中波长选择器的优化设计及应用提供理论参考。

参 考 文 献

[1] Jalali B, Fathpour S. Silicon photonics. Journal of Lightwave Technology, 2007, 24 (12) : 4600-4615.

[2] Veselago V G. The electrodynamics of substances with simultaneously negative values of ε and μ. Sov. Phys. Usp, 1968, 10 (4) : 509.

[3] Pendry J B, Holden A J, Robbins D J, et al. Magnetism from conductors and enhanced nonlinear phenomena. IEEE Transactions on Microwave Theory Techniques, 1999, 47 (11) : 2075-2084.

[4] Smith D R, Padilla W J, Vier D C, et al. Composite medium with simultaneously negative permeability and permittivity. Physical Review Letters, 2000, 84 (18) : 4184.

[5] Shelby R A, Smith D R, Schultz S. Experimental verification of a negative index of refraction. Science, 2001, 292 (5514) : 77-79.

[6] Asada H, Endo K, Suzuki T. Reflectionless metasurface with high refractive index in the terahertz waveband. Optics Express, 2021, 29 (10) : 14513-14524.

[7] Aieta F, Kats M A, Genevet P, et al. Multi-wavelength achromatic metasurfaces by dispersive phasecompensation. Science, 2015, 347: 1342.

[8] Wang B, Dong F, Li Q T, et al. Visible-frequency dielectric metasurfaces for multiwave-length achromatic and highly dispersive holograms., Nano Lett., 2016, 16: 5235.

[9] Arbabi E, Arbabi A, Kamali S M, et al. Multiwavelength polarization-insensitive lensesbased on dielectric metasurfaces with meta-molecules. Optica, 2016, 3: 628.

[10] Wang S, Wu P C, Su V C, et al. A broadband achromatic metalens in the visible. Nat. Nanotechnol., 2018, 13: 227.

[11] Wen D, Yue F, Li G, et al. Multiplexed broadbandmetasurface holograms. Nat. Commun., 2015, 6: 8241.

[12] Maguid E, Yulevich I, Veksler D, et al. Photonic spin-controlled multifunc-tional shared-aperture antenna array. Science, 2016, 352: 1202.

[13] Yue F, Wen D, Zhang C, G, et al. Multichannel polarization-control-lable superpositions of orbital Angular momentum states. Adv. Mater., 2017, 29 (1603) : 838.

[14] Dong F, Chu W. Multichannel-independent information encoding with optical metasurfaces. Advanced Materials, 2019, 31 (45) 1804921.

[15] Kamali S M, Arbabi E, Arbabi A, et al. Angle-multiplexed metasurfaces: Encoding independent wavefronts in a single metasurfaceunder different illumination angles. Phys. Rev. X, 2017, 7: 041056.

[16] McCall M W, Lakhtakia A, Weiglhofer W S. The negative index of refraction demystified. Eur. J. Phys., 2001, 23 (3) : 353-359.

[17] Alù A, Engheta N. Guided modes in a waveguide filled with a pair of single-negative (SNG), double-negative (DNG), and/or double-positive (DPS) layers. IEEE Trans. Microw. Theory Tech., 2004, 52 (1) : 199-210.

[18]Ziolkowski R W, Heyman E. Wave propagation in media having negative permittivity and permeability. Phys. Rev. E, 2001, 64: (056625): 1-15.

[19]Shalaev V M. Optical negative-index metamaterials. Nature Photonics, 2007, 1(1): 41-48.

[20]Enrich C, Wegener M, Linden S, et al. Magnetic metamaterials at telecommunication and visible frequencies. Physical Review Letters, 2005, 95(20): 203901.

[21]Dolling G, Enrich C, Wegener M, et al. Cut-wire pairs and plate pairs as magnetic atoms for optical metamaterials. Optics Letters, 2005, 30(23): 3198-3200.

[22]Feth N, Enrich C, Wegener M, et al. Large-area magnetic metamaterials via compact interference lithography. Optics Express, 2007, 15(2): 501-7.

[23]Kildishev A V, Yuan H K, Chettiar U K, et al. Metamagnetics with rainbow colors. Optics Express, 2007, 15(6): 3333-3341.

[24]Pendry J B, Holden A J, Stewart W J, et al. Extremely low frequency plasmons in metallic mesostructures. Phys. Rev. Lett., 1996, 76(25): 4773-4776.

[25]Pendry J B, Holden A J, Robbins D J, et al. Magnetism from conductors and enhanced nonlinear phenomena. IEEE Trans. Microwave Theory Tech., 1999, 47(11): 2075-2084.

[26]Smith D R, Padilla W J, Vier D C, et al. Composite medium with simultaneously negative permeability and permittivity. Phys. Rev. Lett., 2000, 84(18): 4184-4187.

[27]Shelby R A, Smith D R, Schultz S. Experimental verification of a negative index of refraction. Science, 2001, 292(6): 77-79.

[28]Hyodo K. Comparison of magnetic response between dielectric metamaterials and ferromagnetic materials, toward application to microwave absorbers. Japanese Journal of Applied Physics, 2021, 60(4): 040901-04908.

[29]Jian X, Zong J, Gao J H, et al. Extraction and control of permittivity of hyperbolic metamaterials with optical nonlocality. Optics Express, 2021, 29(12): 18572-18586.

[30]Muhammad, Lim C W. From photonic crystals to seismic metamaterials: A review via phononic crystals and acoustic metamaterials. Archives of Computational Methods in Engineering, 2021, 4: 1-62.

[31]Pendry J B, Holden A J, Robbins D J, et al. Magnetism from conductors and enhanced nonlinear phenomena[J]. IEEE Transactions on Microwave Theory and Techniques, 1999, 47(11): 2075-2084.

[32]Pendry J B. Radiative exchange of heat between nanostructures[J]. Journal of Physics: Condensed Matter, 1999, 11(35): 6621.

[33]Pendry J B. Negative refraction makes a perfect lens[J]. Physical Review Letters, 2000, 85(18): 3966.

[34]Shelby R A, Smith D R, Schultz S. Experimental verification of a negative index of refraction[J]. science, 2001, 292(5514): 77-79.

[35]Kong J A, Wu B I, Zhang Y. A unique lateral displacement of a Gaussian beam transmitted through a slab with negative permittivity and permeability[J]. Microwave and Optical Technology Letters, 2002, 33(2): 136-139.

[36]Kong J A. Electromagnetic wave interaction with stratified negative isotropic media[J]. Progress In Electromagnetics Research, 2002, 35: 1-52.

[37]Pendry J B. Negative refraction makes a perfect lens. Physical Review Letters, 2000, 85(18): 3966-3969.

[38]Pendry J B, Ramakrishna S A. Near-field lenses in two dimensions. Journal of Physics: Condens. Matter, 2002, 14: 8463-8479.

[39]Pendry J B, Schurig D, Smith D R. Controlling electromagnetic fields. Science, 2006, 312: 1780-1782.

[40]Chen H S, Wu B I, Zhang B L, et al. Electromagnetic wave interactions with a metamaterial cloak. Phys. Rev. Lett., 2007, 99: (063903): 1-4.

[41]Parazzoli C G, Greegor R B, Li K, et al. Experimental verification and simulation of negative index of refraction using Snell's law. Phys. Rev. Lett., 2003, 90: (107401): 1-4.

[42]Eleftheriades G V, Siddiqui O, Iyer A K. Transmission line models for negative refractive index media and associated implementations without excess resonators. IEEE Microwave and Wireless Components Letters, 2003, 13(2): 51-53.

[43]Iyer A K, Kremer P C, Eleftheriades G V. Experimental and theoretical verification of focusing in a large, periodically loaded transmission line negative refractive index metamaterial. Optics Express, 2003, 11(4): 696-708.

[44]Parazzoli C G, Greegor R B, Li K, et al. Experimental verification and simulation of negative index of refraction using Snell's law[J]. Physical Review Letters, 2003, 90(10): 107401.

[45]Eleftheriades G V, Siddiqui O, Iyer A K. Transmission line models for negative refractive index media and associated implementations without excess resonators[J]. IEEE Microwave and Wireless Components Letters, 2003, 13(2): 51-53.

[46]Grbic A, Eleftheriades G V. Periodic analysis of a 2-D negative refractive index transmission line structure[J]. IEEE Transactions on Antennas and Propagation, 2003, 51(10): 2604-2611.

[47]Foteinopoulou S, Soukoulis C M. Negative refraction and left-handed behavior in two-dimensional photonic crystals[J]. Physical Review B, 2003, 67(23): 235107.

[48]Cubukcu E, Aydin K, Ozbay E, et al. Negative refraction by photonic crystals[J]. Nature, 2003, 423(6940): 604,605.

[49]Engheta N, Salandrino A, Alù A. Circuit elements at optical frequencies: Nanoinductors, nanocapacitors, and nanoresistors. Phys. Rev. Lett., 2006, 95: (095504): 1-5.

[50]Wheeler M S, Aitechison J S, Mojahedi M. Three-dimensional array of dielectric spheres with an isotropic negative permeability at infrared frequencies. Phys. Rev. B, 2005, 72: 193103: 1-4.

[51]Yannopapas V, Moroz A. Negative refractive index metamaterials from inherently non-magnetic materials for deep infrared to terahertz frequency ranges. J. Phys. Condens. Matter, 2005, 17: 3717-3714.

[52]Wheeler M S, Aitechison J S, Mojahedi M. Coated nonmagnetic spheres with a negative index of refraction at infrared frequencies. Phys. Rev. B, 2006, 73: (045105): 1-7.

[53]Hoffman A J, Alekseyev L, Narimanov E E, et al. Negative refraction in mid-infrared semiconductor metamaterials. IEEE, 2007.

[54]Liu B Q, Zhao X P, Zhu W R, et al. Multiple pass-band optical left-handed metamaterials based on random dendritic cells. Advanced Functional Materials, 2008, 18: 3523-3528.

[55]Su R, Fieramosca A, Zhang Q, et al. Perovskite semiconductors for room-temperature exciton-polaritonics[J]. Nature Materials, 2021, 20(10): 1315-1324.

[56]Alù A, Silveirinha M, Salandrino A, et al. Epsilon-near-zero metamaterials and electromagnetic sources: Tailoring the radiation phase pattern. Physical Review B Condensed Matter, 2007, 75(15): 1418-1428.

[57]Ziolkowski R W. Propagation in and scattering from a matched metamaterial having a zero index of refraction. Physical Review E Statistical Nonlinear & Soft Matter Physics, 2004, 70(2): 046608.

[58]Zhang X, Liu Z. Superlenses to overcome the diffraction limit[J]. Nature materials, 2008, 7(6): 435-441.

[59]Má. Theory of supercoupling, squeezing wave energy, and field confinement in narrow channels and tight bends using epsilon near-zero metamaterials. Physical Review B Condensed Matter & Materials Physics, 2007, 76(24): 1-57.

[60]Alu A, Bilotti F, Engheta N, et al. Theory and simulations of a conformal omni-directional subwavelength metamaterial leaky-wave antenna. IEEE Transactions on Antennas & Propagation, 2007, 55(6): 1698-1708.

[61]Silveirinha M, Engheta N. Tunneling of electromagnetic energy through subwavelength channels and bends using epsilon-near-zero materials. Physical Review Letters, 2006, 97(15): 157403.

[62]Navarro-Cía M, Beruete M, Sorolla M, et al. Lensing system and Fourier transformation using epsilon-near-zero metamaterials. Phys. Rev. B, 2012, 86(86): 5505-5511.

[63]Bilotti F, Tricarico S, Vegni L. Electromagnetic cloaking devices for TE and TM polarizations. New Journal of Physics, 2008, 10(11): 115035.

[64]Tricarico S, Bilotti F, Alù A, et al. Plasmonic cloaking for irregular objects with anisotropic scattering properties. Physical Review E Statistical Nonlinear & Soft Matter Physics, 2010, 81(2 Pt 2): 026602.

[65]Feng S. Loss-induced omnidirectional bending to the normal in epsilon-near-zero metamaterials. Physical Review Letters, 2012, 108(19): 193904.

[66]Sun L, Feng S, Yang X. Loss enhanced transmission and collimation in anisotropic epsilon-near-zero metamaterials. Applied Physics Letters, 2012, 101(24): 213902.

[67]Vassant S, Archambault A, Marquier F, et al. Epsilon-near-zero mode for active optoelectronic devices. Physical Review Letters, 2012, 109(23): 237401.

[68]Feng S. Loss-induced omnidirectional bending to the normal in epsilon-near-zero metamaterials[J]. Physical Review Letters, 2012, 108(19): 193904.

[69]Sun L, Feng S, Yang X. Loss enhanced transmission and collimation in anisotropic epsilon-near-zero metamaterials[J]. Applied Physics Letters, 2012, 101(24): 213902.

[70]Daniel D, Mankin M N, Belisle R A, et al. Lubricant-infused micro/nano-structured surfaces with tunable dynamic omniphobicity at high temperatures[J]. Applied Physics Letters, 2013, 102(23): 231603.

[71]Abdi-Ghaleh R, Suldozi R. Magneto-optical characteristics of layered Epsilon-Near-Zero metamaterials[J]. Superlattices & Microstructures, 2016, 97: 242-249.

[72]Yang J J, Francescato Y, Maier S A, et al. Mu and epsilon near zero metamaterials for perfect coherence and new antenna designs. Optics Express, 2014, 22(8): 9107-9114.

[73]Yu K, Guo Z, Jiang H, et al. Loss-induced topological transition of dispersion in metamaterials. Journal of Applied Physics, 2016, 119(20): 10096-10099.

[74]Jiang H, Liu W, Yu K, et al. Experimental verification of loss-induced field enhancement and collimation in anisotropic μ-near-zero metamaterials. Physical Review B, 2015, 91(4): 045302.

[75]Podolskiy V A, Narimanov E E. Strongly anisotropic waveguide as a nonmagnetic left-handed system. Physical Review B, 2005, 71(20): 201101R(1-4).

[76]Smolyaninov I I, Narimanov E E. Metric signature transitions in optical metamaterials. Phys. Rev. Lett., 2010, 105(6): 067402.

[77]Smolyaninov I I, Hung Y J, Davis C C. Magnifying superlens in the visible frequency range[C]. Lasers and Electro-Optics, 2007. CLEO 2007 Conference on IEEE, 2008: 1699-1701.

[78]Liu Z, Lee H, Xiong Y, et al. Far-field optical hyperlens magnifying sub-diffraction-limited objects[J]. Science, 2007, 315(5819): 1686-1686.

[79]Jacob Z, Smolyaninov I I, Narimanov E E. Broadband Purcell effect: Radiative decay engineering with metamaterials. Applied Physics Letters, 2012, 100(18): 681-657.

[80]Narimanov E E, Li H, Barnakov Y A, et al. Darker than black: radiation-absorbing metamaterial. Electronics and Laser, 2010, 1109: 54691-546911.

[81]Narimanov E E, Smolyaninov I I. Lasers and electro-optics, beyond Stefan-Boltzmann law: Thermal hyper-conductivity. //Quantum Electronics and Laser Science Conference. Optical Society of America 2011, 39(14): 1-2.

[82]Smolyaninov I I. Quantum topological transition in hyperbolic metamaterials based on high TC superconductors. Journal of Physics Condensed Matter An Institute of Physics Journal, 2014, 26(30): 305701.

[83]Hoffman A J, Alekseyev L, Howard S S, et al. Negative refraction in semiconductor metamaterials. Nature Materials, 2007, 6(12): 946-50.

[84]Naik G V, Liu J, Kildishev A V, et al. Demonstration of Al: ZnO as a plasmonic component for near-infrared metamaterials. Proceedings of the National Academy of Sciences of the United States of America, 2012, 109(23): 8834-8838.

[85]Kalusniak S, Orphal L, Sadofev S. Demonstration of hyperbolic metamaterials at telecommunication wavelength using Ga-doped ZnO. Optics Express, 2015, 23(25): 32555-32560.

[86]Grace A A, Floresco S, Goto Y, et al. Regulation of firing of dopaminergic neurons and control of goal-directed behaviors[J]. Trends in Neurosciences, 2007, 30(5): 220-227.

[87]Naik G V, Liu J, Kildishev A V, et al. Demonstration of Al:ZnO as a plasmonic component for near-infrared metamaterials[J]. Proceedings of the National Academy of Sciences of the United States of America, 2012, 109(23): 8834-8838.

[88]Kalusniak S, Orphal L, Sadofev S. Demonstration of hyperbolic metamaterials at telecommunication wavelength using Ga-doped ZnO[J]. Optics Express, 2015, 23(25):32555-32560.

[89]Imbert C. Calculation and experimental proof of the transverse shift induced by total internal reflection of a circularly polarized light beam[J]. Physical Review D, 1972, 5(4): 787-796.

[90]Onoda M, Murakami S, Nagaosa N. Hall effect of light.[J]. Physical Review Letters, 2004, 93(8): 083901.

[91]Bliokh K Y, Bliokh Y P. Conservation of angular momentum, transverse shift, and spin Hall effect in reflection and refraction of an electromagnetic wave packet.[J]. Physical Review Letters, 2006, 96(7): 073903.

[92]Gao F, Qiu J, Du J, et al. Incident-polarization-sensitive and large in-plane-photonic-spin-splitting at the Brewster angle. Opt. Lett., 2015, 40(6): 1018-21.

[93]Hosten O, Kwiat P. Observation of the spin Hall effect of light via weak measurements[J]. Science, 2008, 319(5864): 787-790.

[94]Tang T, Li J, Luo L, et al. Loss enhanced spin Hall effect of transmitted light through anisotropic epsilon- and munear-zero metamaterial slab. Opt. Express, 2017, （25）: 2347.

[95]Bliokh K Y, Rodríguezfortuño F J, Nori F, et al. Spin-orbit interactions of light. Nat. Pho., 2015, 9 (12): 156-163.

[96]Tang T T, Li J, Zhang Y, et al. Spin Hall effect of transmitted light in a three-layer waveguide with lossy epsilon-near-zero metamaterial[J]. Optics Express, 2016, 24 (24): 28113.

[97]Zhou X, Ling X, Luo H, et al. Identifying graphene layers via spin Hall effect of light, App. Phys. Lett., 2012, 101 (25): 1530.

[98]Yin X, Ye Z, Rho J, et al. Photonic spin Hall effect at metasurfaces. Science, 2013, 339 (6126): 1405-1407.

[99]Luo H l, Wen S C, Shu W, et al. Spin Hall effect of light in photon tunneling[J]. Physical Review A, 2010, 82 (4): 178-181.

[100]Kort-Kamp W M. Topological phase transitions in the photonic spin Hall effect. Phys. Rev. Lett., 2017, 119 (14): 147401.

[101]Zhang X, Wu Y. Effective medium theory for anisotropic metamaterials[J]. Sci Rep, 2015, 5: 7892.

[102]Bliokh K Y, Samlan C T, Prajapati C, et al. Spin-Hall effect and circular birefringence of a uniaxial crystal plate[J]. Optica, 2016, 3 (10): 1039.

[103]Kort-Kamp W J M. Topological phase transitions in the photonic spin Hall effect[J]. Physical Review Letters, 2017, 119 (14): 147401.

[104]Luo X G, Pu M B, Li X, et al. Broadband spin Hall effect of light in single nanoapertures[J]. Light: Science & Applications, 2017, 6 (6): e16276.

[105]Tang T, Li J, Luo L, et al. Loss enhanced spin Hall effect of transmitted light through anisotropic epsilon and munear-zero metamaterial slab. Opt. Express, 2017, 25: 2347.

[106]Tang T, Bi L, Luo L, et al. Imbert-Fedorov effect in kretschmann configuration with anisotropic metamaterial. Plasmonics, 2017, （12）: 1-8.

[107]Tang T T, Li C, Luo L. Enhanced spin Hall effect of tunneling light in hyperbolic metamaterial waveguide[J]. Scientific Reports, 2016, 6:30762.

[108]Tang T T, Li J, Luo L, et al. Loss enhanced spin Hall effect of transmitted light through anisotropic epsilon- and mu-near-zero metamaterial slab[J]. Optics Express, 2017, 25 (3):2347.

[109]Tang T T, Bi L, Luo L, et al. Imbert-Fedorov effect in Kretschmann configuration with anisotropic metamaterial[J]. Plasmonics, 2018, 13: 1425-1432.

[110]Tang T T, Li C, Luo L. Enhanced spin Hall effect of tunneling light in hyperbolic metamaterial waveguide[J]. Scientific Reports, 2016, 6: 30762.

[111]Tang T, Qin J, Xie J, et al. Magneto-optical Goos-Hanchen effect in a prism-waveguide coupling structure. Opt. Express, 2014, 22 (22): 27042.

[112]Yin X, Hesselink L. Goos-Hänchen shift surface plasmon resonance sensor. App. Phys. Lett., 2006, 89 (26): 1108.

[113]Wang X, Yin C, Sun J, et al. High-sensitivity temperature sensor using the ultrahigh order mode-enhanced Goos-Hänchen effect. Opt. Express, 2013, 21 (11): 13380.

[114]Jayaswal V, Schramm S J, Mann G J, et al. VAN: An R package for identifying biologically perturbed networks via differential variability analysis[J]. Bmc Research Notes, 2013, 6(1): 430.

[115]Tamir T, Bertoni H L. Lateral displacement of optical beams at multilayered and periodic structures. J. Opt. Soc. Am., 1971(61): 1397.

[116]Birman J L, Pattanayak D N, Puri A. Prediction of a resonance-enhanced laser-beam displacement at total internal reflection in semiconductors. Phys. Rev. Lett., 1983, 50: 1664.

[117]Peccianti M, Dyadyusha A, Kaczmarek M, et al. Tunable refraction and reflection of self-confined light beams[J]. Nature Physics, 2006, 2(11): 737-742.

[118]Li C F, Wang Q. Prediction of simultaneously large and opposite generalized Goos-Hänchen shifts for TE and TM light beams in an asymmetric double-prism configuration. Phys. Rev. E, 2004, 69: 055601.

[119]Peccianti M, Dyadyusha A, Kaczmarek M, et al. Tunable refraction and reflection of self-confined light beams. Nat. Phys, 2006, 2 (11): 737-742.

[120]Wang X, Yin C, Sun J, et al. All-optically tunable Goos-Hänchen shift owing to the microstructure transition of ferrofluid in a symmetrical metal-cladding waveguide. App. Phys. Lett., 2013, 103(15): 151113-151113-4.

[121]Wang Y, Cao Z Q, Li H, et al. Electric control of spatial beam position based on the Goos–Hänchen effect[J]. Applied Physics Letters, 2008, 93(9): 333.

[122]Qin J, Deng L, Xie J, et al. Highly sensitive sensors based on magneto-optical surface plasmon resonance in Ag/CeYIG heterostructures[J]. AIP Advances, 2015, 5(1): 017118.

[123]Yu T, Li H, Cao Z Q, et al. Oscillating wave displacement sensor using the enhanced Goos-Hänchen effect in a symmetrical metal-cladding optical waveguide[J]. Optics Letters, 2008, 33(9): 1001-1003.

[124]Chen L, Liu X, Cao Z Q, et al. Mechanism of giant Goos–Hänchen effect enhanced by long-range surface plasmon excitation[J]. Journal of Optics, 2011, 13(3): 035002.

[125]Liu X, Cao Z, Zhu P, et al. Large positive and negative lateral optical beam shift in prism-waveguide coupling system[J]. Physical Review E, 2006, 73(5): 056617.

[126]Kock W E. Metallic delay lenses[J]. Bell System Technical Journal, 1948, 27(1): 58-82.

[127]Pendry J B, Holden A J, Stewart W J, et al. Extremely low frequency plasmons in metallic mesostructures. Phys. Rev. Lett., 1996, 76(25): 4773-4776.

[128]Sievenpiper D F, Sickmiller M E, Yablonovitch E. 3D wire mesh photonic crystals. Phys. Rev. Lett., 1996, 76(14): 2480-2483.

[129]Bracewell R N, Harwood J, Steaker T W. The ionospheric propagation of radio waves of frequency 30–65 kc/s over short distances[J]. Proceedings of the IEE-Part IV: Institution Monographs, 1954, 101(6): 154-162.

[130]Rotman W. Plasma simulation by artificial dielectrics and parallel-plate media[J]. IRE Transactions on Antennas and Propagation, 1962, 10(1): 82-95.

[131]Seyed Mohammad Reza Vaziri, Amir Reza Attari. An improved method of designing optimum microstrip Rotman lens based on 2D‐FDTD[J]. International Journal of RF and Microwave Computer‐Aided Engineering, 2020, 30(2): 22030.

[132]Pendry J B, Holden A J, Stewart W J, et al. Extremely low frequency plasmons in metallic mesostructures[J]. Physical Review Letters, 1996, 76(25): 4773.

[133]Pendry J B, Holden A J, Robbins D J, et al. Magnetism from conductors and enhanced nonlinear phenomena[J]. IEEE Transactions on Microwave Theory and Techniques, 1999, 47(11): 2075-2084.

[134]Pendry J B, Holden A J, Robbins D J, et al. Magnetism from conductors and enhanced nonlinear phenomena[J]. IEEE Transactions on Microwave Theory and Techniques, 1999, 47(11): 2075-2084.

[135]Pendry J B, Schurig D, Smith D R. Controlling electromagnetic fields[J]. Science, 2006, 312(5781): 1780-1782.

[136]Smith D R, Schurig D, Pendry J B. Negative refraction of modulated electromagnetic waves[J]. Applied Physics Letters, 2002, 81(15): 2713-2715.

[137]Smith D R, Padilla W J, Vier D C, et al. Composite medium with simultaneously negative permeability and permittivity[J]. Physical Review Letters, 2000, 84(18): 4184.

[138]Zhao X P, Luo W, Huang J X, et al. Trapped rainbow effect in visible light left-handed heterostructures. Applied Physics Letter, 2009, 95: (071111): 1-3.

[139]Alù A, Engheta N. Guided modes in a waveguide filled with a pair of single-negative (SNG), double-negative (DNG), and/or double positive (DPS) layers. IEEE Trans. Microw. Theory Tech., 2004, 52: 199-210.

[140]Engheta N. An idea for thin subwavelength cavity resonators using metamaterials with negative permittivity and permeability. IEEE Trans. Antennas Propagation, 2002, 1: 10-13.

[141]Hrabar S, Bartolic J, Sipus Z. Experimental verification of subwavelength resonator based on backward-wave metamaterials. IEEE AP-S Int. Symp. Dig., 2004: 12.

[142]Abro K A, Atangana A, Gomez-Aguilar J F. Role of bi-order Atangana-Aguilar fractional differentiation on Drude model: An analytic study for distinct sources[J]. Optical and Quantum Electronics, 2021, 53(4): 1-14.

[143]Caloz C, Itoh T. A novel mixed conventional microstrip and composite right/left-handed backward wave directional coupler with broadband and tight coupling characteristics. IEEE Microw. Wireless Compon. Lett., 2004, 12(1): 31-33.

[144]Engheta N, Ziolkowski R W. A positive future for double-negative metamaterials. IEEE Trans. Microwave Theory Tech., 2005, 53: 1535-1556.

[145]Luo H, Zhou X, Shu W, et al. Enhanced and switchable spin Hall effect of light near the Brewster angle on reflection, Phys. Rev. A, 2011, 84(4): 1452-1457.

[146]Hrabar S, Bartolic J, Sipus Z. Experimental investigation of subwavelength resonator based on backward-wave meta-material[C]//IEEE Antennas and Propagation Society Symposium, 2004. IEEE, 2004, 3: 2568-2571.

[147]Caloz C, Itoh T. A novel mixed conventional microstrip and composite right/left-handed backward-wave directional coupler with broadband and tight coupling characteristics[J]. IEEE Microwave and Wireless Components Letters, 2004, 14(1): 31-33.

[148]Chen, L; Cao Z Q, Ou F, et al. Observation of large positive and negative lateral shifts of a reflected beam from symmetrical metal-cladding waveguides. Optics Letters, 2007, 32(11): 1432-4.

[149]胡中, 徐涛, 汤蓉, 等. 几何相位电磁超表面: 从原理到应用. 激光与光电子学进展, 2019, 56(20): 113-133.

[150]Lin C, Yiming Z, Dawei Z, et al. Investigation of the limit of lateral beam shifts on a symmetrical metal-cladding waveguide. Chinese Phys. B, 2009, 18(11): 4875-4880.

[151]Yu T, Li H, Cao Z, et al. Oscillating wave displacement sensor using the enhanced Goos-Hänchen effect in a symmetrical metal-cladding optical waveguide. Optics Letters, 2008, 33(9): 1001-1003.

[152]Wang X, Yin C, Sun J, et al. Reflection-type space-division optical switch based on the electrically tuned Goos-Hänchen effect. Journal of Optics, 2013, 15(1): 4007.

[153]Chen L, Liu X, Cao Z, et al. Mechanism of giant Goos-Hänchen effect enhanced by long-range surface plasmon excitation. Journal of Optics, 2011, 13(3): 035002.

[154]Liu X, Cao Z, Zhu P, et al. Large positive and negative lateral optical beam shift in prism-waveguide coupling system. Physical Review E, 2006, 73(5): 56617-0.

[155]Chen L, Cao Z, Ou F, et al. Observation of large positive and negative lateral shifts of a reflected beam from symmetrical metal-cladding waveguides. Optics Letters, 2007, 32(11): 1432-5.

[156]Yin X, Hesselink L. Goos-Hänchen shift surface plasmon resonance sensor. Applied Physics Letters, 2006, 89(26): 261108.

[157]Chen G, Cao Z, Gu J, et al. Oscillating wave sensors based on ultrahigh-order modes in symmetric metal-clad optical waveguides. Applied Physics Letters, 2006, 89(8): 081120-081120-3.

[158]Liu X B, Cao Z, Zhu P, et al. Large positive and negative lateral optical beam shift in prism-waveguide coupling system[J]. Physical Review E, 2006, 73(5): 056617.

[159]Chen L, Cao Z, Ou F, et al. Observation of large positive and negative lateral shifts of a reflected beam from symmetrical metal-cladding waveguides.[J]. Optics Letters, 2007, 32(11): 1432-1434.

[160]Wang Y, Cao Z, Li H, et al. Electric control of spatial beam position based on the Goos-Hänchen effect. Applied Physics Letters, 2008, 93(9): 333.

[161]Chen X, Shen M, Zhang Z F, et al. Tunable lateral shift and polarization beam splitting of the transmitted light beam through electro-optic crystals. Journal of Applied Physics, 2008, 104(12): 123101.

[162]Gilles H, Girard S, Hamel J. Simple technique for measuring the Goos–Hänchen effect with polarization modulation and a position-sensitive detector[J]. Optics Letters, 2002, 27(16): 1421-1423.

[163]Peccianti M, Dyadyusha A, Kaczmarek M, et al. Tunable refraction and reflection of self-confined light beams[J]. Nature Physics, 2006, 2(11): 737-742.

[164]Cao Z Q, Qin Q H. A Study on driving interference-fit fastener using stress wave[C]//Materials Science Forum. Trans Tech Publications Ltd, 2006, 532: 1-4.

[165]Chen X, Shen M, Zhang Z F, et al. Tunable lateral shift and polarization beam splitting of the transmitted light beam through electro-optic crystals[J]. Journal of Applied Physics, 2008, 104(12):123101.

[166]Tang T T, Deng L, Qin J, et al. Enhancement of Goos-Hänchen effect in a prism-waveguide coupling system with magneto-optic material[C]//Physics and Simulation of Optoelectronic Devices XXII. SPIE, 2014, 8980: 212-223.

[167]Tang T T. Giant lateral shift in a prism-waveguide coupling system with anisotropic metamaterial and its application in precision processing. Applied Physics B Lasers & Optics, 2013, 111(2): 249-253.

[168]Mi C, Chen S, Zhou X, et al. Observation of tiny polarization rotation rate in total internal reflection via weak measurements. Photonics Research, 2017, 5(02): 92-96.

[169]Zhou X, Zhang J, Ling X, et al. Photonic spin Hall effect in topological insulators. Phys. Rev. A, 2013, 88(5): 053840.

[170]Santana O J, Carvalho S A, De L S, et al. Weak measurement of the composite Goos-Hanchen shift in the critical region. Opt. Lett., 2016, 41 (16): 3884-3887.

[171]Chen S, Mi C, Cai L, et al. Observation of the Goos-Hänchen shift in graphene via weak measurements. Appl. Phys. Lett., 2017, 110: 031105.

[172]Liu X B, Cao Z Q, Zhu P F, et al. Large positive and negative lateral optical beam shift in prism-waveguide coupling system. Phys. Rev. E, 2006, 73: 056617.

[173]Li C F, Wang Q. Prediction of simultaneously large and opposite generalized Goos-Hänchen shifts for TE and TM light beams in an asymmetric double-prism configuration. Phys. Rev. E, 2004, 69: 055601.

[174]Hoffman A J, Alekseyev L, Howard S S, et al. Negative refraction in semiconductor metamaterials. Nature Materials, 2007, 6(12): 946-50.

[175]Marcatili E A J. Dielectric rectangular waveguide and directional coupler for integrated optics. Bell. Syst. Tech. J., 1969, 48: 2071-2102.

[176]Knox R M, Toulios P P. Integrated circuits for the millimeter through optical frequency range. Proc. Submillimeter Waves Symp., NY, 1970: 497-516.

[177]Dudorov S N, Lioubtchenko D V, Antti V R. Modification of Marcatili′s method for the calculation of anisotropic rectangular dielectric waveguides. IEEE Trans. Microwave Theory Tech., 2002, 50(6): 1640-1642.

[178]王振永, 周骏, 张玲芬, 等. 左手介质矩形波导导模和表面模的场分布. 光学学报, 2008, 28(8): 1558-1564.

[179]Meng F Y, Wu Q, Fu J H, et al. An anisotropic metamaterial-based rectangular resonant cavity. Appl. Phys. A, 2008, 91: 573-578.

[180]Jiang T, Chen Y, Feng Y J. Subwavelength rectangular cavity partially filled with left-handed materials. Chin. Phys., 2006, 15(6): 1154-1160.

[181]Jiang T, Zhao J M, Feng Y J. Planar sub-wavelength cavity resonator containing a bilayer of anisotropic metamaterials. J. Phys. D: Appl. Phys., 2007, 40: 1821-1826.

[182]王健, 王薇, 佘守宪. 有增益和吸收的矩形介质波导的微扰分析. 光电子·激光, 2001, 12(2): 137-140.

[183]Tang W X, Mei Z L, Cui T J. Theory, experiment and applications of metamaterials. Science China(Physics, Mechanics & Astronomy), 2015, 58(12): 148-158.

[184]马春生, 刘式墉. 光波导模式理论. 吉林: 吉林大学出版社, 2006: 206-219.

[185]Valanju P M, Walser R M, Valanju A P. Wave refraction in negative-index media: Always positive and very inhomogeneous. Phys. Rev. Lett., 2002, 88(18): 187401: 1-4.

[186]Yablonovitch E. Inhabited spontaneous emission in solid-state physics and electronicsp. hys. Rev. Lett., 1987, 58(20): 2059-2062.

[187]John S. Strong localization of photons in certain disordered dielectric superlattices. Phys. Rev. Lett., 1987, 58(20): 2486-2489.

[188]Johnson S G, Fan S H, Villeneuve P R, et al. Guided modes in photonic crystal slabs. Phys. Rev. B, 1999, 60: 5751-5758.

[189]Chow E, Lin S Y, Wendt J R, et al. Quantitative analysis of bending efficiency in photonic-crystal waveguide bends at λ=1. 55μm wavelengths. Opt. Lett., 2001, 26: 286-288.

[190]Mekis A, Chen J C, Kurland I, et al. High transmission through sharp bends in photonic crystal waveguide. Phys. Rev. Lett., 1996, 77(18): 3787-3790.

[191]Foresi J S, Villeneuve P R, Ferrera J, et al. Photonic- band gap microcavities in optical waveguides. Nature, 1997, 390(6656): 143-145.

[192]宋明丽, 王小平, 王丽军, 等. 光子晶体制备及其应用研究进展. 材料导报, 2016, 30(07): 22-27.

[193]Soljacic M, Ibanescu M, Johnson S G, et al. Optimal bistable switching in nonlinear photonic crystal. Phys. Rev., 2002, E66(4): 055601: 1-4.

[194]Sabarinathan J, Bhattacharya P, Yu P C, et al. An electrically injected 1nAs/GaAs quantum-dot photonic crystal microcavity light-emitting diode. Appl. Phys. Lett., 2002, 81(20): 3876-3878.

[195]Akahane Y, Asano T, Song B S, et al. Hihg-Q photonic nanocavity in a two dimensional photonic crystal. Nature, 2003, 425, (6961): 944-947.

[196]Nefedov I S, Tretyakov S A. Photonic band gap structure containing metamaterial with negative permittivity and permeability. Phys. Rev. E, 2002, 66: 036611: 1-4.

[197]Wu L, He S L, Shen L F. Band structure for a one-dimensional photonic crystal containing left-handed materials. Phys. Rev. B, 2003, 67: 235103: 1-6.

[198]Li J, Zhou L, Chan C T, et al. Photonic band gap from a stack of positive and negative index materials. Phys. Rev. Lett., 2003, 90: 083901: 1-4.

[199]Jiang H T, Chen H, Zhang Y W, et al. Properties of one-dimensional photonic crystals containing single-negative materials. Phys. Rev. E, 2004, 69: 066607: 1-5.

[200]Ouchani N, Moussaouy A E, Aynaou H, et al. Optical transmission properties of an anisotropic defect cavity in one-dimensional photonic crystal. Physics Letters A, 2018, 382(4): 231-240.

[201]Nefedov I S, Tretyakov S A. Photonic band gap structure containing metamaterial with negative permittivity and permeability[J]. Physical Review E, 2002, 66(3): 036611.

[202]Wu L, He S, Shen L. Band structure for a one-dimensional photonic crystal containing left-handed materials[J]. Physical Review B, 2003, 67(23): 235103.

[203]Li J, Zhou L, Chan C T, et al. Photonic band gap from a stack of positive and negative index materials[J]. Physical Review Letters, 2003, 90(8): 083901.

[204]Deng X H, Liu N H. Resonant tunneling properties of photonic crystals consisting of single-negative materials. Chinese Science Bulletin, 2008, 53: 529-533.

[205]Jiang H, Chen H, Li H, et al. Properties of one-dimensional photonic crystals containing single-negative materials[J]. Physical Review E, 2004, 69(6): 066607.

[206]He J, Cada M. Combined distributed feedback and Fabry-Perot structures with a phase-matching layer for optical bistable devices. Appl. Phys. Lett., 1992, 61(18): 2150-2152.

[207]AbramenkoV, Merg J, Petrovl, et al. Influence of magnetic and nonmagnetic layers in an axially laminated anisotropic rotor of a high-speed synchronous reluctance motor including manufacturing. aspects[J]. IEEE Access, 2020: 769-772.

[208]Wang S M, Tang C J, Pan T, et al. Bistability and gap soliton in one-dimensional photonic crystal containing single-negative materials. Phys. Lett. A, 2006, 348: 424-431.

[209]Munazza Zulfiqar Ali, Tariq Abdullah. Nonlinear localization due to a double negative defect layer in a one-dimensional photonic crystal containing single negative material layers. Chin. Phys. Lett., 2008, 25(1): 137-140.

[210]蒋美萍. 一维光子晶体的光子带隙、光学双稳态和相位共轭波. 南京理工大学博士论文, 2006: 68-69.

[211]Liao Y P, Lu R C, Yang C H, et al. Passive Ni: $LiNbO_3$ polarization splitter at 1. 3 mm wavelength. Electron. Lett., 1996, 32(11): 1003-1005.

[212]Rajarajan M, Themistos C, Rahman B M A, et al. Characterization of metal-clad TE/TM mode splitters using the finite element method. J. Lightw. Technol, 1997, 15: 2264-2269.

[213]Chen K X, Chu P L, Chan H P. A vertically coupled polymer optical waveguide switch. Opt. Commun., 2005, 244: 153-158.

[214]Hu M H, Haung J Z, Scarmozzino R, et al. Tunable Mach-Zehnder polarization splitter using height tapered Y-branches. IEEE Photon. Technol. Lett., 1997, 9: 773-775.

[215]Okuno M, Sugita A, Jinguji K, et al. Birefringence control of silica waveguides on Si and its application to a polarization-beam splitter/switch. J. Lightw. Technol., 1994, 12(4): 625-633.

[216]Hanshizume Y, Kasahara R, Saida T, et al. Integrated polarization beam splitter using waveguide birefringence dependence on waveguide core width. Electron. Lett., 2001, 37: 1517-1518.

[217]Zhao C Z, Li G Z, Liu E K, et al. Silicon on insulator Mach-Zehnder waveguide interferometers operating at 1. 3 mm. Appl. Phys. Lett., 1995, 67: 2448-2449.

[218]Treyz G V, May P G, Halbout J M. Silicon Mach-Zehnder waveguide inter- ferometers based on the plasma dispersion effects. Appl. Phys. Lett., 1991, 59: 771-773.

[219]Shao Y H, Jiang Y L, Zheng Q, et al. Novel interleaver based on modified Michelson interferometer with three-mirror Fabry-Perot interferometer and Gires-Tournois resonator in optical components and transmission systems. Proc. SPIE, 2002, 4: 906-909.

[220]R Shine. Bautista J. Interleavers make high-channel-count systems economical. Lightwave, 2000, 8: 140-144.

[221]Lin J P, Thaniyavarn S. Four-channel Ti: $LiNbO_3$ wavelength division multiplexer for 1. 3μm wavelength operation. Opt. Lett., 1991, 16: 473-475.

[222]Zhu Y N, Shum P, Lu C, et al. Promising compact wavelength-tunable optical add-drop multiplexer in dense wavelength-division multiplexing systems. Opt. Lett., 2004 29: 682-684.

[223]Xiao S S, Shen L F, He S L. A novel directional coupler utilizing a left-handed material. IEEE Photon. Technol. Lett., 2004, 16: 171-173.

[224]Kim K Y. Polarization-dependent waveguide coupling utilizing single negative materials. IEEE Photon. Technol. Lett., 2005, 17: 369-371.

[225]Melo L, Burton G, Kubik P, et al. Refractive index sensor based on inline Mach-Zehnder interferometer coated with hafnium oxide by atomic layer deposition. Sensors & Actuators: B. Chemical, 2016, 236: 537-545.

[226]孟方, 王亚新, 毛强, 等. 基于多模干涉结构的可调控偏振分束器设计与分析. 激光与光电子学进展, 2019, 56(05): 148-152.

[227]Naveen Kumar, Shenoy M R, Thyagarajan K, et al. Graphical representation of the supermode theory of a waveguide directional coupler. Fiber and Integrated Optics, 2006, 25: 231-244.

[228]Rajarajan M, Rahman B M A, Grattan K T V. A novel compact optical polarizer incorporating a layered waveguide core structure. J. Lightwave Technol., 2003, 21: 3463-3470.

[229]Kim T D, Kang J W, Luo J. Ultralarge and thermally stable electrooptic activities from supramolecular self-assembled molecular qlasses. Journal of the American Chemical Society, 2007, 129(3): 488, 489.

[230]Veselago V G. The electrodynamics of substances with simultaneously negative values of ε and μ. Sov Phys Usp., 1968, 10: 509.

[231]Shelby R A, Smith D R, Schultz S. Experimental verification of a negative index of refraction. Science, 2001, 292: 77.

[232]Pendry J B. A Chiral Route to Negative Refraction//Progress In Electromagnetics Research Symposium. Hangzhou China, 2005: 23.

[233]Xiao Sanshui, Shen Linfang, He S L. A novel directional coupler utilizing a left-handed material. IEEE Photon. Technol. Lett., 2004, 16: 171-173.

[234]Kim K Y. Polarization-dependent waveguide coupling utilizing single negative materials. IEEE Photon. Technol. Lett., 2005, 17: 369-371.

[235]Pendry J B, Holden A J, Robbins D J, et al. Magnetism from conductors and enhanced nonlinear phenomena. IEEE Trans. Microw. Theory Tech., 1999, 47: 2075-2081.

[236]Pendry J B, Holden A J, Strart W J, et al. Extremely low frequency plasmons in metallic mesostructures. Phys. Rev. Lett, 1996, 76: 4773-4776.

[237]Wang T B, Dong J W, Yin C P, et al. Complete evanescent tunneling gaps in one-dimensional photonic crystals. Phys. Lett. A, 2008, 373: 169-172.

[238]Hrabar S, Bartolic J, Sipus Z. Waveguide miniaturization using uniaxial negative permeability metamaterial. IEEE Trans. Ant. Prop., 2005, 53: 110-119.

[239]Jiang H T, Chen H, Zhang Y W. Properties of one-dimensional photonic crystals containing single-negative materials. Phys. Rev. E, 2004, 69: 066607.

[240]Fedorov F I. To the theory of total reflection. Journal of Optics, 2013, 15(1): 4002.

[241]Almpanis E, Amanollahi M, Zamani M. Controlling the transverse magneto-optical Kerr effect with near-zero refractive index bi-gyrotropic metamaterials. Optical Materials, 2020, 99: 109539.

[242]Jiang L, Fang B, Yan Z G, et al. Terahertz high and near-zero refractive index metamaterials by double layer metal ring microstructure. Optics and Laser Technology, 2020: 123.

[243]Imbert C. Calculation and experimental proof of the transverse shift induced by total internal reflection of a circularly polarized light beam. Physical Review D, 1972, 5(4): 787-796.

[244]Vukoman Jokanović, Božana Čolović, Miloš Nenadović, et al. Ultra-high and near-zero refractive indices of magnetron sputtered thin-film metamaterials based on Ti_xO_y. Advances in Materials Science and Engineering, 2016, 2016: 7, 8.

[245]Zeng S, Yong K T, Roy I, et al. A review on functionalized gold nanoparticles for biosensing applications. Plasmonics, 2011, 6(3): 491.

[246]Wu Q N, Wang J Y, Sun B Y, et al. New mechanism for optical super-resolution via anisotropic near-zero index metamaterials. Journal of Optics, 2021, 23(5): 055101.

[247]Zhou X, Ling X. Enhanced photonic spin Hall effect due to surface plasmon resonance. IEEE Photonics Journal, 2016, 8(1): 1-8.

[248]Yin X, Zhang X. P hotonic spin Hall effect at metasurfaces. Science, 2013, 339(6126): 1405-1407.

[249]Huang Y Y, Yu Z W, Gao L. Tunable spin-dependent splitting of light beam in a chiral metamaterial slab. Journal of Optics, 2014, 16(7): 075103.

[250]Goswami N, Kar A, Saha A. Long range surface plasmon resonance enhanced electro-optically tunable Goos-Hänchen shift and Imbert-Fedorov shift in ZnSe prism. Optics Communications, 2014, 330: 169-174.

[251]Luo H, Wen S, Shu W, et al. Spin Hall effect of light in photon tunneling. Physical Review A, 2010, 82(4): 178-181.

[252]Zhou X, Ling X, Zhang Z, et al. Observation of spin Hall effect in photon tunneling via weak measurements. Scientific Reports, 2014, 4: 7388.

[253]Zhou X, Xiao Z, Luo H, et al. Experimental observation of the spin Hall effect of light on a nano-metal film via weak measurements. 2011, 85(4): 9335-9340.

[254]Zhou X, Ling X, Luo H, et al. Identifying graphene layers via spin Hall effect of light. Applied Physics Letters, 2012, 101(25): 1530.

[255]Luo X G, Pu M B, Li X, et al. Broadband spin Hall effect of light in single nanoapertures. Light: Science & Applications, 2017, 6(6): e16276.

[256]Zhou X, Xiao Z, Luo H, et al. Experimental observation of the spin Hall effect of light on a nanometal film via weak measurements. Physical Review A, 2012, 85(4): 43809.

[257]Zhou X, Ling X, Luo H, et al. Identifying graphene layers via spin Hall effect of light. Applied Physics Letters, 2012, 101(25): 251602.

[258]Luo H, Ling X, Zhou X, et al. Enhancing or suppressing the spin Hall effect of light in layered nanostructures. Physical Review A, 2011, 84(3): 033801.

[259]Yin X, Hesselink L. Goos-Hänchen shift surface plasmon resonance sensor. Applied Physics Letters, 2006, 89(26): 261108.

[260]Peccianti M, Dyadyusha A, Kaczmarek M, et al. Tunable refraction and reflection of self-confined light beams. Nature Physics, 2006, 2(11): 737-742.

[261]Qiu X, Xie L, Liu X, et al. Estimation of optical rotation of chiral molecules with weak measurements. Optics Letters, 2016, 41(17): 4032.

[262]Qiu X, Xie L, Liu X, et al. Estimation of optical rotation of chiral molecules with weak measurements. Optics Letters, 2016, 41(17): 4032.

[263]Zhou X, Ling X, Luo H, et al. Identifying graphene layers via spin Hall effect of light. Applied Physics Letters, 2012, 101(25): 1530.

[264]Yin X, Zhang X. Photonic spin Hall effect at metasurfaces. Science, 2013, 339(6126): 1405-1407.

[265]Luo X G, Pu M B, Li X, et al. Broadband spin Hall effect of light in single nanoapertures. Light Science & Applications, 2017, 6(6): e16276.

[266]Zhou X, Xiao Z, Luo H, et al. Experimental observation of the spin Hall effect of light on a nano-metal film via weak measurements. Phys. Review A, 2011, 85(4): 9335-9340.

[267]Qiu X, Zhou X, Hu D, et al. Determination of magneto-optical constant of Fe films with weak measurements. Applied Physics Letters, 2014, 105(13): 131111.

[268]Qiu X, Xie L, Liu X, et al. Estimation of optical rotation of chiral molecules with weak measurements. Optics Letters, 2016, 41(17): 4032.

[269]Tang T T, Li C, Luo L. Enhanced spin Hall effect of tunneling light in hyperbolic metamaterial waveguide. Scientific Reports, 2016, 6: 30762.

[270]Tang T T, Li J, Zhang Y, et al. Spin Hall effect of transmitted light in a three-layer waveguide with lossy epsilon-near-zero metamaterial. Optics Express, 2016, 24(24): 28113.

[271]Tang T T, Li J, Luo L, et al. Loss enhanced spin Hall effect of transmitted light through anisotropic epsilon- and mu-near-zero metamaterial slab. Optics Express, 2017, 25(3): 2347.

[272]TangT T, Bi L, Luo L, et al. Imbert-Fedorov effect in kretschmann configuration with anisotropic metamaterial. Plasmonics, 2017, 13: 1425-1432.

[273]Liu X, Cao Z, Zhu P, et al. Large positive and negative lateral optical beam shift in prism-waveguide coupling system. Physical Review E, 2006, 73(5): 56617-0.

[274]Tang T T, Li C, Luo L. Enhanced spin Hall effect of tunneling light in hyperbolic metamaterial waveguide. Scientific Reports, 2016, 6: 30762.

[275]Hosten O, Kwiat P. Observation of the spin Hall effect of light via weak measurements. Science, 2008, 319(5864): 787-790.

[276]Zhou X, Li X, Luo H, et al. Optimal preselection and postselection in weak measurements for observing photonic spin Hall effect. Appl. Phys. Lett., 2014, 104(5): 1351.

[277]Hosten O, Kwiat P. Observation of the spin Hall effect of light via weak measurements. Science, 2008, 319(5864): 787-790.

[278]Alù A, Má, Silveirinha R G, et al. Epsilon-near-zero metamaterials and electromagnetic sources: Tailoring the radiation phase pattern. Physical Review B Condensed Matter, 2007, 75(15): 1418-1428.

[279]Dolling G, Enkrich C, Wegener M, et al. Low-loss negative-index metamaterial at telecommunication wavelengths[J]. Optics Letters, 2006, 31(12): 1800-1802.

[280]Shu Yang, Zhi Ning Yin. Surface plasmon polaritons excited by narrow beam in kretschmann structure. Applied Mechanics and Materials, 2012, 1471: 1867.

[281]Bi L, Hu J, Jiang P, et al. On-chip optical isolation in monolithically integrated non-reciprocal optical resonators. Nat. Photonics, 2011, 5(12): 758-762.

[282]Shoji Y, Mizumoto T. Ultra-wideband design of waveguide magneto-optical isolator operating in 1.31μm and 1.55μm band. Opt. Express, 2007, 15(2): 639-45.

[283]Qiu X, Zhou X, Hu D, et al. Determination of magneto-optical constant of Fe films with weak measurements. Appl. Phys. Lett., 2014, 105(13): 131111.

[284]Huang H, Chen P, Ger T, et al. Magneto-optical Kerr effect enhanced by surface plasmon resonance and its application on biological detection. IEEE Trans. Magn., 2013, 50(1): 1-4.

[285]Demidenko Y, Makarov D, Schmidt O G, et al. Surface plasmon-induced enhancement of the magneto-optical Kerr effect in magnetoplasmonic heterostructures. J. Opt. Soc. Am. B, 2011, 28(9): 2115-2122.

[286]Belotelov V, Bykov D, Doskolovich L, et al. Extraordinary transmission and giant magneto-optical transverse Kerr effect in plasmonic nanostructured films. J. Opt. Soc. Am. B, 2009, 26(8): 1594-1598.

[287]Belotelov V, Doskolovich L, Zvezdin A. Extraordinary magneto-optical effects and transmission through metal-dielectric plasmonic systems. Phy. Rev. Lett., 2007, 98(7): 077401.

[288]Luo X, Zhou M, Liu J, et al. Magneto-optical metamaterials with extraordinarily strong magneto-optical effect. Appl. Phys. Lett., 2016, 108(13): 1989-115.

[289]Kalusniak S, Sadofev S, Puls J, et al. ZnCdO/ZnO–a new heterosystem for green‐wavelength semiconductor lasing[J]. Laser & Photonics Reviews, 2009, 3(3): 233-242.

[290]Luo H, Zhou X, Shu W, et al. Enhanced and switchable spin Hall effect of light near the Brewster angle on reflection. Phys. Rev. A, 2011, 84(4): 1452-1457.

[291]Jiang H, Chen H, Li H, et al. Omnidirectional gap and defect mode of one-dimensional photonic crystals with single-negative materials[J]. Applied Physics Letters, 2003, 83(26): 5386-5388.

[292]Zeper W, Greidanus F, Carcia P. Evaporated Co/Pt layered structures for magneto-optical recording. IEEE Trans. Magn., 1989, 25(5): 3764-3766.